中华现代学术名著丛书

中国数学大纲

上册

李俨 著

图书在版编目(CIP)数据

中国数学大纲:上、下册/李俨著.—北京:商务印书馆,2020(2021.8重印)
(中华现代学术名著丛书)
ISBN 978-7-100-19156-2

Ⅰ.①中… Ⅱ.①李… Ⅲ.①数学史—中国—古代
Ⅳ.①O112

中国版本图书馆CIP数据核字(2020)第187747号

中华现代学术名著丛书
中国数学大纲
(上、下册)
李 俨 著

商 务 印 书 馆 出 版
(北京王府井大街36号 邮政编码100710)
商 务 印 书 馆 发 行
北京通州皇家印刷厂印刷
ISBN 978-7-100-19156-2

2020年12月第1版　　开本880×1240 1/32
2021年8月北京第2次印刷　　印张22⅞

定价:98.00元

出版说明

百年前,张之洞尝劝学曰:“世运之明晦,人才之盛衰,其表在政,其里在学。”是时,国势颓危,列强环伺,传统频遭质疑,西学新知亟亟而入。一时间,中西学并立,文史哲分家,经济、政治、社会等新学科勃兴,令国人乱花迷眼。然而,淆乱之中,自有元气淋漓之象。中华现代学术之转型正是完成于这一混沌时期,于切磋琢磨、交锋碰撞中不断前行,涌现了一大批学术名家与经典之作。而学术与思想之新变,亦带动了社会各领域的全面转型,为中华复兴奠定了坚实基础。

时至今日,中华现代学术已走过百余年,其间百家林立、论辩蜂起,沉浮消长瞬息万变,情势之复杂自不待言。温故而知新,述往事而思来者。“中华现代学术名著丛书”之编纂,其意正在于此,冀辨章学术,考镜源流,收纳各学科学派名家名作,以展现中华传统文化之新变,探求中华现代学术之根基。

“中华现代学术名著丛书”收录上自晚清下至20世纪80年代末中国大陆及港澳台地区、海外华人学者的原创学术名著(包括外文著作),以人文社会科学为主体兼及其他,涵盖文学、历史、哲学、政治、经济、法律和社会学等众多学科。

出版“中华现代学术名著丛书”，为本馆一大夙愿。自1897年始创起，本馆以“昌明教育，开启民智”为己任，有幸首刊了中华现代学术史上诸多开山之著、扛鼎之作；于中华现代学术之建立与变迁而言，既为参与者，也是见证者。作为对前人出版成绩与文化理念的承续，本馆倾力谋划，经学界通人擘画，并得国家出版基金支持，终以此丛书呈现于读者面前。唯望无论多少年，皆能傲立于书架，并希冀其能与“汉译世界学术名著丛书”共相辉映。如此宏愿，难免汲深绠短之忧，诚盼专家学者和广大读者共襄助之。

商务印书馆编辑部

2010年12月

凡　　例

一、“中华现代学术名著丛书”收录晚清以迄20世纪80年代末，为中华学人所著，成就斐然、泽被学林之学术著作。入选著作以名著为主，酌量选录名篇合集。

二、入选著作内容、编次一仍其旧，唯各书卷首冠以作者照片、手迹等。卷末附作者学术年表和题解文章，诚邀专家学者撰写而成，意在介绍作者学术成就，著作成书背景、学术价值及版本流变等情况。

三、入选著作率以原刊或作者修订、校阅本为底本，参校他本，正其讹误。前人引书，时有省略更改，倘不失原意，则不以原书文字改动引文；如确需校改，则出脚注说明版本依据，以“编者注”或“校者注”形式说明。

四、作者自有其文字风格，各时代均有其语言习惯，故不按现行用法、写法及表现手法改动原文；原书专名（人名、地名、术语）及译名与今不统一者，亦不作改动。如确系作者笔误、排印舛误、数据计算与外文拼写错误等，则予径改。

五、原书为直（横）排繁体者，除个别特殊情况，均改作横排简体。其中原书无标点或仅有简单断句者，一律改为新式标点，专名号从略。

六、除特殊情况外，原书篇后注移作脚注，双行夹注改为单行夹注。文献著录则从其原貌，稍加统一。

七、原书因年代久远而字迹模糊或纸页残缺者，据所缺字数用“□”表示；字数难以确定者，则用“（下缺）”表示。

目　录

上　册

下　册

上　　册

第一编　中国上古数学

第一章　中国数学的分期

中国有悠久的历史、悠久的文化，这不是一句空话，不独政治如此，就是各门科学在中国也是如此。《毛泽东选集》第二卷里曾说："中国是世界文明发达最早的国家之一，中国已有了将近四千年的有文字可考的历史。"所以我们需要研究中国数学发展史，数学是各门科学的基础，以往虽有不少的科学家和历史学家计划研究中国数学发展的情况，由于此项工作范围广大，任务十分繁重，所以到现在还是没有成熟。

中国数学的历史，暂时分作五期：

第一期：上古　从黄帝到汉初　公元前 2491 ~ 前 100 年

第二期：中古　从汉初到隋中　公元前 100 ~ 公元 600 年

第三期：近古　从隋唐到宋元　公元 600 ~ 1367 年

第四期：近世　从明到清中叶　公元 1367 ~ 1800 年

第五期：最近世　从清中叶到清末　公元 1800 ~ 1912 年

公元以前黄帝以及尧舜禹汤文武的时代，是根据李兆洛《历代纪元编》估计的，在殷墟甲骨文字发现的前后，此项古代纪年的估计，已有了不同的见解，现在为便利起见，还暂时照李兆洛的估计，就是：

黄帝元年庚寅	在公元前2491年
唐尧元年丙子	在公元前2145年
虞舜元年	在公元前2042年
夏禹元年	在公元前1989年
殷汤癸亥	在公元前1558年
周武王辛卯灭殷	在公元前1050年
周共和元年庚申	在公元前841年
秦始皇帝元年乙卯	在公元前246年
汉高祖元年	在公元前206年
汉武帝建元辛丑	在公元前140年
汉元帝初元癸酉	在公元前48年①

其中春秋、战国是在公元前500年前后。

有时我们在数学史上，将远古黄帝起到五代末年，即公元前2491年到公元960年称作“古代”，以后由北宋开始到现在称作“近代”。这只是为便利研究起见，所以并不十分确定。

① 据陈梦家《殷墟卜辞综述》年代结论说：

夏总年	在公元前2100～前1600年
商总年	在公元前1600～前1028年
殷总年	在公元前1300～前1028年
西周总年	在公元前1027～前771年，即由武王克殷到幽王末年
汉初元元年	在公元前47年

参看陈梦家：《殷墟卜辞综述》，第212，214～216页，科学出版社1956年7月版。

第二章　太古的数学

中国太古的数学，是从实际需要而产生的。恩格斯《反杜林论》第一编称："和其他所有科学一样，数学是从人们的实际需要上产生的，是从丈量地段面积，和衡量器物容积，从计算时间，从制造工具中产生的。"①

中国数学具有悠久的历史，在五六十万年前中国已有中国猿人的发现。现在知道十万年前河套人已在骨器上刻有菱形图纹。②根据地下发现所得资料，古代劳动人民已知道如何在陶器上，用几何图案做装饰；新石器时代的石斧、石铲也十分整齐，这说明当时有配制物品的工具。国外学者认为石器时代的末期，就是公元前17000年前，中国人已具有天文的知识，已知道计算时间了。③

第三章　殷代的数学

殷代的数学，可靠的有下列数事：

1）甲子；2）算数。

① 恩格斯：《反杜林论》（吴黎平译），第38页，人民出版社1956年2月版。

② 见贾兰坡《河套人》（修订本），第50页，龙门联合书局，1954年5月第四版。又旧石器时代文化分期，见裴文中：《中国旧石器时代的文化》，中国猿人第一个头盖骨发现二十五周年纪念会报告专集，科学出版社1955年9月版。

③ G. Schlegel, *Uranographic Chinoise*, v. 2, Ⅱ, p. 796 (Leyden, 1875).

1. 甲子

甲子是用来记录历日次序的，甲骨文有一片，作下列记载：

“月一，正，曰，食麦，甲子，乙丑，丙寅，丁卯，戊辰，己巳，庚午，辛未，壬申，癸酉；甲戌，乙亥，丙子，丁丑，戊寅，己卯，庚辰，辛巳，壬午，癸未；甲申，乙酉，丙戌，丁亥，戊子，己丑，庚寅，辛卯，壬辰，癸巳；二月父□□，甲午，乙未，丙申，丁酉，戊戌，己亥，庚子，辛丑，壬寅，癸卯；甲辰，乙巳，丙午，丁未，戊申，己酉，庚戌，辛亥，壬子，癸丑；甲寅，乙卯，丙辰，丁巳，戊午，己未，庚申，辛酉，壬戌，癸亥。”

这是二个月的历日，一个月三十天，二个月刚好从甲子到癸亥六十天。[①] 这种以甲子记日名，一直沿用到现在不变。

2. 算数

殷代已应用数字一、十、百、千、万，都是十进，复位数记到四位，如二千六百五十六。在贞卜时将贞卜次数在龟甲上的记法，有自左而右，有自上而下，或一行或二行。如贞卜十次曾自上而下，分作两行，左行一、三、五、七、九；右行二、四、六、八、十；在十个数

① 见董作宾：《殷历谱》卷下，年历谱引。

字内已分析成奇耦。①

第四章　关于殷代以前数学的传说

殷代既有甲子、算数，可能在殷代以前已产生，故周秦以后诸家，遂多传说，现归纳为下列各条：

1. 伏牺；
2. 大挠作甲子；
3. 隶首作算数；
4. 垂作规矩；
5. 禹的测量。

这些传说，还需要地下发现的新资料后，方可证实。

1. 伏牺

汉班固的《汉书·律历志》说："自伏羲画八卦，由数起，至黄帝、尧、舜而大备。三代稽古，法度章焉。"②

伏牺亦作伏羲、伏戏、庖牺、宓牺、宓牺，亦有误作伏亏的。传说和神话以为他是人面蛇身，曾作结绳，九九，还执规矩，画八卦。是历史传说中最先知算的人物。③

---

① 见《小屯》第二本，《殷墟文学》乙编下辑，科学出版社1953年版。

② ［汉］班固：《前汉书卷》二十一上，律历志，第一上。

③ 李俨：《中算史论丛》，第五集，第2、3页："上古中算史，二，伏牺"，科学出版社1955年7月版。

2. 大挠作甲子

《世本》所说大挠造甲子是说明应用干支纪日法，即甲子纪日法，乃是以十干和十二支交相组合，而成六十单位。以一个单位（如甲子）代表一日。在两个月内，甲子是不相重的，可以依序排成六行：

甲子，乙丑，丙寅，丁卯，戊辰，己巳，庚午，辛未，壬申，癸酉；
甲戌，乙亥，丙子，丁丑，戊寅，己卯，庚辰，辛巳，壬午，癸未；
甲申，乙酉，丙戌，丁亥，戊子，己丑，庚寅，辛卯，壬辰，癸巳；
甲午，乙未，丙申，丁酉，戊戌，己亥，庚子，辛丑，壬寅，癸卯；
甲辰，乙巳，丙午，丁未，戊申，己酉，庚戌，辛亥，壬子，癸丑；
甲寅，乙卯，丙辰，丁巳，戊午，己未，庚申，辛酉，壬戌，癸亥。

这六行都以甲为开始，所以汉唐称作为“六甲”。①

梁刘昭补《后汉书》卷十一律历志第一，称“大挠作甲子”，注引：“《吕氏春秋》曰：黄帝师大挠。……《月令章句》：大挠探五行之情，占斗纲所建，于是始作甲乙以名日，谓之干，作子丑以名日*，谓之枝，枝干相配，以成六旬。”②

① 陈梦家：《殷墟卜辞综述》，第235～236页，科学出版社1956年7月版。

* 卢文弨谓“日”当作“月”。

② 参看《文史地研究集刊》第23期，记：广州市1950年后出土殷周玉简，有一简记“六甲”，自甲子至癸亥共十行，称“安阳行简”。

3. 隶首作算数

黄帝使隶首作算数，史书都是本着《世本》的传说。[①] 由殷代卜辞所看到的数字是十进制的。汉徐岳撰《数术记遗》又强调说："隶首注术乃有多种"；又说：

> 黄帝为法，数有十等，及其用也，乃有三焉。十等者：亿、兆、京、垓、秭、壤、沟、涧、正、载。三等者谓上中下也。其下数者十十变之。若言十万曰亿，十亿曰兆，十兆曰京也；中数者万万变之，若言万万曰亿，万万亿曰兆，万万兆曰京也；上数者数穷则变，若言万万曰亿，亿亿曰兆，兆兆曰京也。[②]

后周甄鸾撰《五经算术》卷上和唐慧琳《一切经音义》卷二十七引算经，引着上文。这都是和《数术记遗》一样假托黄帝、隶首作算数。可是在殷代已经确定是用十进制，不只是殷代，是在殷以前。

《礼记·内则》第十二，记录古代数学教育，曾说："九年教之数日。"宋王应麟《困学纪闻》卷五，仪礼条，释《内则》以为"九年教数日，《汉志》所谓六甲也。"

因《前汉书·食货志》称："八岁入小学，学六甲、五方、书计之

① 李俨：《中国古代数学史料》，第 12 页，科技出版社 1956 年 8 月版。李俨：《中算史论丛》，第五集，第 3、4 页，科学出版社 1955 年 7 月版。

② 徐岳撰，甄鸾注：《数术记遗》，第 16，13 ~ 14 页，商务印书馆，《丛书集成初编》，第 1266 本，据《秘册汇函》本（1939 年 12 月）。

事。”以后魏王粲(177～217)《儒吏论》也称：“古者八岁入小学，学六甲、五方、书计之事。”又唐徐坚(659～729)《初学记》也称：“古者子生六岁，而教数与方名，十岁入小学，学六甲、书计之事。”元胡三省音注《资治通鉴》“未窥六甲”条，以为：“六甲，谓六十甲子也。”①都说明大挠造甲子是应用干支纪日法即甲子纪日法。就是以十干和十二支交相组合成六十单位，每一单位代表一日。干支纪日在晚殷卜辞，兽骨刻辞和铜器铭文都可以看到。

4. 垂作规矩

上古应用规矩来制方圆，相传是始于伏羲，也说是垂所制。

垂亦作倕。相传是黄帝时代的人或尧时人。

周尸佼《尸子》卷下称：“古者倕为规矩、准绳，使天下仿焉。”又《庄子》卷七称：“工倕旋而盖规矩。”《吕氏春秋》卷第一：“倕至巧也。”汉高诱注：“倕，尧之巧工也。”《淮南子》：“尧之佐九人，舜为司徒……，倕为工师。”

在垂之后有奚仲和公输般也应用规矩准绳工作。②

5. 禹的测量

夏禹在公元前约二千年有应用数学的故事，在《史记》卷二夏

---

① 《资治通鉴》，卷一百七十六。

② 参看李俨：《中算史论丛》，第五集第4页：“上古中算史，四。垂”内注文，科学出版社1955年7月版。

本记载：（禹）“陆行乘车，水行乘船，泥行乘撬（音敲），山行乘檋（音局），左准绳，右规矩，载四时，以开九州，通九道。”①在《山海经》卷下，海外东经第九，载：“帝命竖亥步自东极，至于西极，五亿十选竖亥，健行人。选：万也九千八百步。竖亥右手把筭，左手指青丘（国）北。一曰禹令竖亥，一曰五亿十万九千八百步。”②又《淮南子》卷四，墬形训本文也载：“禹乃使太章步自东极至于西极，二亿三万三千五百里七十五步，使竖亥步自北极至于南极，二亿三万三千五百里七十五步。太章，竖亥善行人，皆禹臣也……”③

《周髀算经》卷上之一，本文：“昔者周公问于商高……商高曰……是谓积矩。故禹之所以治天下者，此数之所生也。”又汉赵爽注称：“禹治洪水，决疏江河，望山川之形，定高下之势，除滔天之灾，释昏垫之厄，使东注于海，而无侵逆，乃勾股之所由生也。”④

以上都说明禹治水时曾用着准绳和规矩的工具。禹使太章（或大章）和竖亥（即竖亥或孺亥）丈量大地时，还右手把算来计算。这是禹治水和勾股测量的史实。⑤

① 参看《史记》卷二十九，河渠书，《前汉书》卷二十九，沟洫志。

② 《山海经》十八卷本。

③ 《淮南子》二十一卷本。

《周髀算经》卷上之三汉赵爽注引：“《淮南子·地形训》云，禹使大章步自东极至于西极，孺亥（即竖亥）步自北极至于南极，而数皆然，……夫言亿者，十万曰亿也。”

④ ［宋］罗泌撰，罗苹注《路史》后纪第十二卷引称：“《周髀经》：商高语周公积矩之法，禹所以治天下者也，数之所生也。赵语云：禹治洪水，决疏江河，望山川之形，定高下之势，除滔天之灾，使东注海，无侵溺之患，此勾股之所繇生也。”见《四部备要》本史部，《路史》第 141 页，中华书局刊本。

⑤ 章鸿剑：“禹之治水与勾股测量术”，《中国数学杂志》，第 1 卷第 1 期（1951 年 10 月），第 16～17 页。

第五章　周秦时期的数学

周武王克殷曾拟在公元前1027年。《周礼》卷三，地官司徒第二，记：

> 三曰六艺：礼，乐，射，御，书，数。

又《周礼》卷四，地官司徒下，记：

> 保氏，掌……养国子以道，乃教之六艺：一曰五礼，二曰六乐，三曰五射，四曰五驭，五曰六书，六曰九数。①

汉郑玄（康成）释周官保氏九数，以为："九数：方田，粟米，差分，少广，商功，均输，方程，赢不足，旁要；今有重差，夕桀，勾股也。"

《周髀算经》卷上本文记："昔者周公问于商高曰：窍闻乎大夫善数也……请问数安从出？"宋李籍撰《周髀算经》音义注"周髀"因称："《周髀算经》者以九数：勾股，重差，算日月周天行度……其传自周公，受之于大夫商高，周人志之，故曰周髀。"②

现在总结周秦时期和周秦时期以前的数学事实，如下各项：

---

① 《周礼》十二卷本，商务印书馆，《四部丛刊》，经部，影明翻宋本。

② 汲古阁影宋钞本《周髀算经》（《天禄琳琅丛书》之一），1931年，故宫博物院影印本。

1. 结绳

《周易·系辞下》卷八记称:"上古结绳而治,后世圣人,易之以书契。"①《庄子》卷四,胠箧第十称:"昔者容成氏,大庭氏,伯皇氏,中央氏,栗陆氏,骊畜氏,轩辕氏,赫胥氏,尊卢氏,祝融氏,伏羲氏,神农氏。当是时也,民结绳而用之。"②《典论》也以为伏羲作结绳。③

它的制度,三国吴虞翻《易九家义》引郑玄注,以为:"事大,大结其绳,事小,小结其绳,结之多少,随物众寡。"

它的实例,吐蕃国、大羊同国、鞑靼、白罗罗、日本、秘鲁、西非洲、澳洲、西藏、琉球、台湾、苗族都还有。④

2. 书契,数字

《周易·系辞》称:"上古结绳而治,后世圣人,易之以书契。"梁刘昭补并注《后汉书·祭祀志》称:"尝闻儒言:三皇无文,结绳而治,自五帝始有书契。"唐司马贞补并注《史记》三皇本记,指明说:

① 参看《周易》十卷本,商务印书馆,《四部丛刊》,经部,影宋刊本。

② 《庄子》,郭象子玄注,引:"司马云:此十二氏皆古帝王。"见《庄子》十卷本,中华书局,《四部备要》,子部,据明世德堂本。

③ 《北堂书钞》卷十二引《典论》。

④ 详注见李俨:《中算史论丛》,第五集,第5页,科学出版社1955年7月版,并参看:F. Caiori, *A History of Mathematical Notations*, Vol. 1(1928), pp. 38~41.

"太皞庖牺氏……造书契以代结绳之政。"也有说"少皞始作书契"的。①

书契所用的资材,在殷墟可以看到的,是天然兽骨、已经刮治过的肩胛骨和龟壳。

书契用在数字方面,现在可以知道的,是殷甲骨文、周秦金文,和东汉许慎《说文》。如下表所记。

殷代的数字是十进制的。一,二,三,四,五,六,七,八,九,十之外有廿,卅,卌,百,千,万各字。就构形来说,一类是抽象的象形字,如一,二,三,四,十,廿,卅,卌;一类是假借字,如五,六,七,八,九,百,千,万。假借字中百、千二字是合文,因百为一、白的合文,千为一、人(读若千)的合文,其他五是午,六是入,七是切,八是分的初形,九为蛇形,万为虿,禼(即蝎子)的象形。②

	一,二,三,四,五; 六; 七,八,九;十	十一,十二,十三;	二十,三十,四十
殷甲骨文	一;二;三;亖;㐅; ∧∩; +;)(;九;丨;	丅,亍,[illegible],	廿,卅,卌,
周秦金文	一;二;三;亖;[illegible]㐅; [illegible]; +;)(;九;[illegible];		廿,卅,卌,
许慎《说文》	一;二;三;[illegible];㐅; [illegible]; [illegible];)(;九;十;		

① 少皞始作书契是本王符《潜夫论》内五德志,或以为据《世本》"少昊名契"的传说,见童书业:《潜夫论中的五德系统跋》,《史学集刊》第三期,1937年,第93~94页。

② 参看陈梦家:《殷虚卜辞综述》,第109页,科学出版社1956年7月版。

3. 规矩，几何图案

上古应用规和矩的工具来制方圆，还相传是伏羲所创造，也有说是垂所创造的。在《墨子》《孟子》《荀子》《庄子》《韩非子》《尸子》《周礼》，以及《淮南子》《潜夫论》《史记》《前汉书》都记录此项传说。[①] 其中《前汉书》卷七十四，魏相传称：

> 东方之神，太昊乘震，执规司春；南方之神，炎帝乘离，执衡司夏；西方之神，少昊乘兑，执矩司秋；北方之神，颛顼乘坎，执权司冬；中央之神，黄帝乘坤艮，执绳司下土；兹五帝所司，各有时也。

这是本着古来的传说。

现在山东历城县汉孝堂山郭氏基石祠（公元129年）、嘉祥县汉武梁祠石室（145～167）造象还有伏羲氏手执矩，女娲氏手执规的刻像。又山东沂南汉墓的石柱上，也有伏羲手执矩，女娲手执规的刻像。[②]

---

① 详注见李俨：《中算史论丛》，第五集，第7～8页，科学出版社1955年7月版。

② 参看《沂南古画像石墓发掘报告》。北大藏：焦虎臣先生杂著（手稿本）二册，第二册内，规：引《说文》《太玄经》《淮南子》《国语》《左传》《考工记》。矩：引《荀子》《考工记》。

4. 九九

古代有九九的传说如:

《管子》轻重篇称:宓戏作九九之数。

扬雄《太玄经》称:"陈其九九,以为数生。"

魏刘徽《九章算术》序(公元263年)称:"庖羲氏……作九九之术,以合六爻之变。"都是说明九九方法,上古已经开始。

关于九九歌诀,是散见在各家书记之内,有如下面古九九表所载:

古九九表:

九九八十一,八九七十二,七九六十三,六九五十四,五九四十五,四九三十六,三九二十七,二九一十八

见《淮南子》卷四墬形训和《孔子家语》、《大戴礼记》。

八八六十四

见《前汉书·律历志》。

七八五十六

见《管子》卷十九地员篇。

六八四十八

见《灵枢经》卷四脉度。

五八四十

见《淮南子》卷三天文训。

四八三十二,三八二十四(缺)

见《易乾凿度》郑注。

二八一十六

见《淮南子》卷三和《大戴礼记·本命》第八十,《孝经·援神契》。

七七四十九,六七四十二,五七三十五,四七二十八,三七二十一,二七十四

见《管子》卷十九,地员篇第五十八。

六六三十六

见《荀子》,大略篇,《鹖冠子》,《淮南子》。

五六三十

见贾谊《新书》卷四,匈奴事势。

四六二十四

见《易乾凿度》。

三六一十八

见《灵枢经》卷四脉度。

二六十二

见《穆天子传》卷一。

五五二十五

见《逸周书》卷三,《内经素问》卷二,《鹖冠子》。

四五二十(缺)

三五十五

见《礼记·礼运》,《穆天子传》卷二。

二五十

见《灵枢经》卷四脉度。

四四十六

见《淮南子》卷三,天文训。

三四十二

见董仲舒,《春秋繁露·考功名》,《淮南子》。

二四八

见《灵枢经》卷四脉度。

三三九

见《淮南子》,《孔子家语》,《大戴礼记·易本命》第八十一。

二三六(缺)。

二二四(缺)。

此外还有记录九九以上的,如:

《管子》内一七到七七的乘法口诀后,还继续下去。

“八七五十六尺,而至于泉;”	8×7=56 尺
“杜陵九施,九七六十三尺,而至于泉;”	施=7 尺 9×7=63 尺
“延陵十施,……七十尺,而至于泉;”	10×7=70 尺
“环陵十一施,……七十七尺,而至于泉;”	11×7=77 尺
“蔓山十二施,……八十四尺,而至于泉;”	12×7=84 尺
“付山十三施,……九十一尺,而至于泉;”	13×7=91 尺
“付山白徒十四施,九十八尺;”	14×7=98 尺
“中陵十五施,一百五尺;”	15×7=105 尺
“青山十六施,百一十二尺;”	16×7=112 尺
“赤壤埶山十七施,百一十九尺;”	17×7=119 尺
“陞山白壤十八施,百二十六尺;”	18×7=126 尺

“徙山十九施，百三十三尺；”	19×7=133 尺
“高陵土山二十施，百四十尺。”	20×7=140 尺

5. 记数方法

古代记数方法最有实例的是殷代卜辞。在卜辞中，殷人是以十为单位，十之半为小单位为计算，殷代的数字是十进制的，所以殷尺分十寸，十日为一旬，卜辞所见的数字，最高是三万，最小是一，没有小于一的分数。①

古代用十进法，所以《前汉书·律历志》说：“数者一，十，百，千，万也。”万以上十万为亿，唐颜师古注《前汉书》卷十一，哀帝纪第十一：“宜蒙福祐，子孙千亿之报。”注文称：“十万曰亿。”又《逸周书》世俘篇称：“武王遂征四方，凡憝国九十有九国，馘磿亿有七万七千七百七十有九，俘人三亿万有二百三十，凡服国六百十有二。”又：“凡武王俘商旧宝玉四千，佩玉亿有八万。”赵君卿注《周髀算经》卷上吕氏曰本文引“《淮南子》墬形训……夫言亿者十万曰亿也”，都说明十万曰亿。

中国古代大数记数法，在万以上又有亿，兆，经（京），姟（垓，畡），秭，选，载，极，诸字，见《风俗通》，都是十进。

所以韦昭解《国语》②郑语第十六“计亿事，材兆物，收经入，行姟极”句称：“计，算也，材，裁也，贾唐说皆以万万为亿，郑后司农云：十万曰亿，十亿曰兆，从古数也。”又“经，常也，姟，备也，数极于

① 参看陈梦家：《殷虚卜辞综述》，第112页，科学出版社1956年7月版。

② 见《国语》二十一卷本，韦昭解，商务印书馆，《四部丛刊》，史部，景明刊本。

姟，万万曰姟。”又韦昭解《国语·周语》第二还注称：“十亿曰兆”，又以“万万曰姟”，也是十进。

还有一个实例，如：郑康成注《礼记·王制》[①]第五：

“方一里者为田九百亩；	$1^{\text{方里}}=900^{\text{亩}}$
方十里（原误七里）者为	方$(10)^2$里$=100^{\text{方里}}$
方一里者百，为田九万亩；	$=100\times900$
	$=9^{\text{万}}0000^{\text{亩}}$
方百里者为方十里者百，	方$(100)^2$里$=10000^{\text{方里}}$
为田九十亿亩；	$=10000\times900$
	$=100\times90000$
	$=90^{\text{亿}}00000^{\text{亩}}$
方千里者为方百里者百，	方$(1000)^2$里$=1000000^{\text{方里}}$
为田九万亿亩。”[②]	$=1000000\times900$
	$=100\times9000000$
	$=9000^{\text{亿}}00000^{\text{亩}}$

汉以后万以上有十进和万进二法：

所以《资治通鉴》卷二百二十四，“费逾万亿”条，元胡三省注引“（唐）孔颖达曰：亿之数有大小二法：其小数以十为等，十万曰亿，十亿为兆也；其大数以万为等，数万至万，是万万为亿，又从亿数至万，万亿为兆”。

这个例子，在《诗经》卷十九，毛诗周颂注有“数万至万曰亿”，

---

① 见纂图互注，《礼记》二十卷本，商务印书馆，《四部丛刊》，经部，景宋本。

② 其中末句“为田九万亿亩”应作“为田九千亿亩”。

和《左传正义》“万万曰亿”的记载。[①]

6. 数学教育

周人在小学时期开始教授书算以后有六年、八年之例，亦有不记年月的。

《礼记·内则》第十二，称：“六年教之数与方名，……九年教之数日；十年出就外傅，居宿于外，学书计。”

《白虎通·辟雍篇》称：“八岁入小学”，又：“八岁毁齿，始有识知，入学，学书计。”

宋王应麟（1223～1296）《困学纪闻》卷五，仪礼条，释《内则》之说称“六年教之数与方名”：数者一至十也。“方名”，《汉书·食货志》所谓五方也。“九年教数日”，《汉志》所谓六甲也。“十年学书计”，六书九数也，计者，数之详，十、百、千、万、亿也。《汉志》六甲、五方、书计，皆以八岁学之，与此不同。

八岁学书计的例子，在上述《白虎通》之外，还有：

《前汉书·食货志》：“八岁入小学，学六甲、五方、书计之事。”

又魏王粲（177～217）《儒吏论》（《太平御览》卷六百三十引）称：“古者八岁入小学，学六甲、五方、书计之事。”（隋，虞世南，《北堂书钞》卷八十三引同。）

---

① 《毛诗注疏》，中华书局，《四部备要》，经部，据阮刻本校刊本，卷十九，本文：“丰年多黍多稌，亦有高廪，万亿及秭。”注：“数万至万曰亿，数亿至亿曰秭。”

《左传注疏》，中华书局，《四部备要》，经部，据阮刻本校刊本，卷第十一，本文：“万盈数也。”疏：正义曰：以算法从一至万，每十则改名。至万以后，称一万，十万，百万，千万，万万始名亿。从是以往，皆以万为极，是至万则数满也。

这都说明周秦时期开始注重数学教育。①

7. 会算专业

周秦时期会计已有专职，称作“司会”，在军中称作“法算”，如：《周礼》卷第一，天官冢宰上：“司会中大夫二人，下大夫四人，上士八人，中士十有六人，府四人，史八人，胥五人，徒五十人。”

又《周礼》卷第二，天官冢宰下，说明：“司会掌邦之六典八法，八则之贰，……凡在书契版图者之贰，以逆群吏之治，而听其会计。”②

上面司会之外，府即府治，掌档案；史即掌书掌书记；胥和徒是劳动人民给徭役的。

此时军中也需要会计人员，所以：《六韬》卷三，龙韬，王翼，记：“（周）武王问太公曰：王者帅师，必有股肱羽翼，……太公曰：……有股肱羽翼七十二人，……腹心一人，……法算二人，主计会三军营壁，粮食，财用出入。”③

所以汉代《史书》和居延汉简所记士民，还注重他“能书会计”的资历。④

---

① 参看李俨：《中国古代数学史料》，第20页。

② 据《周礼》十二卷本，商务印书馆，《四部丛刊》，经部，影明翻宋本。

③ 据《六韬》（卷第三）六卷本，商务印书馆，《四部丛刊》，子部，影宋钞本。

④ 参看李俨：《中算史论丛》，第五集，第14页，“能书会计”的注文。

第六章 《周髀算经》和诸家数学

1.《周髀算经》

《周髀算经》是中国古代的最古数学书,宋嘉定六年(1213 年)鲍澣之,称:

"《周髀算经》二卷,古盖天之学也。……其书出于商周之间,自周公受之于商高,周人志之,谓之周髀,其所从来远矣。

《隋书·经籍志》有《周髀》一卷,赵婴注;《周髀》一卷,甄鸾重述[①]。而唐之艺文志天文类有赵婴注《周髀》一卷,甄鸾注《周髀》一卷;其历算类仍有李淳风注《周髀算经》二卷,本此一书耳。至于本(宋)朝《崇文总目》,与夫《中兴馆阁书目》皆有《周髀算经》二卷,云赵君卿注,甄鸾重述,李淳风等注释。赵君卿名爽,君卿其字也。如是则在唐以前,则有赵婴之注,而本朝以来,则是赵爽之本,所记不同。意者赵婴,赵爽止是一人,岂其字文相类,转写之误耶。"[②]

这是说明《周髀算经》的出处,和唐宋以来流传的情况。

现存宋本《周髀算经》卷上本文有"吕氏曰:凡四海之内,东西二万八千里,南北二万六千里"的引文。吕氏是秦相吕不韦,作《吕

① [唐]魏徵:《隋书》卷三十四,志第二十九,经籍三,又有《周髀图》一卷。

② 据汲古阁影宋钞本《周髀算经》(《天禄琳琅丛书》之一),1931 年,北京。

氏春秋》，卷十三有始第一篇有此文。赵君卿注已说明“非《周髀》本文”，这说明现存《周髀算经》其中还有非《周髀算经》本文的文字。

《周髀算经》在算术方面可以看到分数乘除和诸等数法的演算步骤。例如卷下：“小岁：月不及，故舍三百五十四度万七千八百六十分度之六千六百一十二”，按术文演算次序如下：

（1）小岁

$$354\frac{348}{940}\times 13\frac{7}{19}\div 365\frac{1}{4}$$

$$=\frac{333108\times 254}{17860}\div 365\frac{1}{4}$$

$$=4737\frac{6612}{17860}\div 365\frac{1}{4}$$

$$=\frac{84609432}{17860}\div 365\frac{4465}{17860}$$

$$=\frac{84609432}{17860}\div\frac{6523365}{17860}$$

$$=\frac{84609432}{6523365}=12\text{日}\frac{6329052}{6523365}$$

得日数后，再求度数，如：

$$=12\text{日}\frac{\frac{6329052}{6523365}\times\frac{6523365}{17860}}{365\frac{1}{4}}$$

$$=12\text{日}\frac{\frac{6329052}{17860}}{365\frac{1}{4}}$$

$$=12\text{日}\frac{354\frac{6612}{17860}}{365\frac{1}{4}}。$$

《周髀算经》本文称:“此月不及故舍之分度数,他皆仿此。”这个计算方法,就是诸等数算法,以后历算家曾广泛应用。

因此(2)大岁

$$383\frac{847}{940}\times13\frac{7}{19}\div365\frac{1}{4}$$

$$=14\text{日}\frac{18\text{度}\frac{11628}{17860}}{365\frac{1}{4}}。$$

(3)经岁

$$365\frac{235}{940}\times13\frac{7}{19}\div365\frac{1}{4}$$

$$=13\text{日}\frac{134\text{度}\frac{10105}{17860}}{365\frac{1}{4}}。$$

(4)小月

$$29\times13\frac{7}{19}\div365\frac{1}{4}$$

$$=1\text{日}\frac{22\text{度}\frac{7755}{17860}}{365\frac{1}{4}}。$$

(5)大月

$$30\times13\frac{7}{19}\div365\frac{1}{4}$$

$$=1\text{ 日}\frac{35\text{ 度}\frac{14335}{17860}}{365\frac{1}{4}}。$$

（6）经月

$$29\frac{499}{940}\times 13\frac{7}{19}\div 365\frac{1}{4}$$

$$=1\text{ 日}\frac{29\text{ 度}\frac{9481}{17860}}{365\frac{1}{4}}。$$

《周髀算经》用四分历术，和秦汉时期颛顼历①（公元前246年）相同。

---

① 颛顼历（公元前246年），称：

1 岁 $=365\frac{1}{4}$ 日，做“岁实”或“岁周”，

1 岁 $=12\frac{7}{19}$ 月，

1 月 $=29\frac{499}{940}$ 日，做“朔策”或“月策”，

其中称：499做“朔余”。

940做“日法”。

通分内子后，颛顼历称：

1 岁 $=365\frac{1}{4}$ 日 $=\frac{1461}{4}$ 日，

其中称：1461做“纪日”，

4做“纪法”，

1 岁 $=12\frac{7}{19}$ 月 $=\frac{235}{19}$ 月，

其中称：235做“章月”，

19做“章岁”，

又 1 月 $=29\frac{499}{940}$ 日 $=\frac{27759}{940}$，

其中称：27759做“通数”。

《周髀算经》,令1岁=365 $\frac{1}{4}$日

十九岁七闰=235月。

1岁=235÷19=12 $\frac{7}{19}$月……月距日度数

即:"经岁月数"。

又　12 $\frac{7}{19}$+1=13 $\frac{7}{19}$月……月后天度数

1月=29 $\frac{499}{940}$日　即:"经月日数"。

上文系据《周髀算经》注文:

"小岁者,一十二月为一岁。"

"大岁者,一十三月为一岁。"

"(经岁),即一十二月一十九分月之七也。"……经岁月数,

"小月者,二十九日为一月。"

"大月者,三十日为一月。"

又据本文:

"经月:二十九日九百四十分日之四百九十九。"……经月日数,和"月后天十三度十九分度之七……月后天度数"来计算。

《周髀算经》在算术方面又可以看到等差级数的演进次序,如七衡的直径,从第一衡到第七衡,从238000里到476000里,每次递加39666里200步,其中:300步=1里。

又二十四气:从冬至到夏至,从1350分到160分,每次递减99 $\frac{1}{6}$分,从夏至到冬至,从160分到1350分,每次递加99 $\frac{1}{6}$分,其中10分=1寸,10寸=1尺,10尺=1丈。

《周髀算经》在几何方面可以看到勾股定理的建立。《周髀算经》本文说:“勾广三,股修四,径隅五”,即:

$$3^2+4^2=5^2。$$

《周髀算经》本文又说:“若求邪至日者,以日下为勾,日高为股,勾股各自乘,并而开方除之,得邪至日。”即:

$$a^2+b^2=c^2 \quad \cdots\cdots (1)$$

其中 a=日下=勾,b=日高=股,c=邪至日=(弦)。

由上式,又可得　$a^2=c^2-b^2$,或 $a=\sqrt{c^2-b^2}$ ⋯⋯ (2)

$b^2=c^2-a^2$,或 $b=\sqrt{c^2-a^2}$ ⋯⋯ (3)

所以举例中有

$$a=\sqrt{238000^2-206000^2}$$

$$=\sqrt{14208000000}=119197\frac{75191}{238395}$$

$$\frac{1}{2}a=59598\frac{1}{2};$$

和

$$b=\sqrt{476000^2-206000^2}$$

$$=\sqrt{184140000000}=429115\frac{316775}{858231}$$

$$\frac{1}{2}b=214557\frac{1}{2};$$

和

$$b=\sqrt{810000^2-206000^2}=783367\frac{143311}{1566735}$$

$$\frac{1}{2}b=391683\frac{1}{2}$$

的算例。

《周髀算经》说明某一直径上所成各勾股形顶点的轨迹,可成圆形,因有:“环矩以为圆”的定义,又说明圆可内外切方,因有:“方中为圆者,谓之圆方;圆中为方者,谓之方圆也”的定义。由于勾股定理和各定义的建立,以后赵君卿勾股方圆图注,刘徽(公元 263 年)割圆术,秦九韶(1247 年)三角形面积计算,杨辉(1261 年)弧矢式,都由勾股定理和各定义推算出来。

国外学者亦有对《周髀算经》作深入研究的,如日本能田忠亮,曾就《周髀算经》上下卷,分十二节目来研究。①

德国俾厄内替克(K. L. Biernatzki)曾就《周髀算经》,归纳为下列八事:

(1)割圆说引源。

(2)平面量法。

(3)正三角形有 3:4:5 相比各边,即 $3^2+4^2=5^2$。

(4)二正三角形为矩形。

(5)全量为各部之和。

(6)勾幂股幂为弦幂,即 $a^2+b^2=c^2$。

(7)三角量法应用于量地。

(8)圆为正三角形所转成。②

2. 诸家数学

周秦时期百家争鸣,讨论哲学也用数学做基础,《墨子》、《庄

---

① 能田忠亮:《东洋天文学史论丛》,内:“《周髀算经》之研究”,第 27 ~ 184 页,日本,东京,恒星社,昭和十八年(1943 年)十月。

② K. L. Biernatzki:*Die Arithmetik der Chinesen*, *Crelle's Journal*, L Ⅱ(1856 年)。

子》就是例子。

《汉书·艺文志》记:“《墨子》七十一篇。”注称:“(墨子)名翟,为宋大夫。”又《隋书·经籍志》记:“《墨子》十五卷,目一卷。”注称:“宋大夫墨翟撰。”唐宋以后续有记录。①

《墨子》卷十,经上四十,称:

(1)“平,同高也。”这和《几何原本》卷一,就平行线定义运用到各算题,意义相同,如:

《几何原本》卷一,曾由平行线定义推广到第三十八题:“两平行线内,有两三角形,若底等,则两形必等。”

周秦时期《墨子》以后各家著作如“九章算术”卷一“圭田”已说:三角形面积 $s=\frac{1}{2}ab$,其中正从(高)$=a$,广(底)$=b$。这和“平,同高也”意义相符。

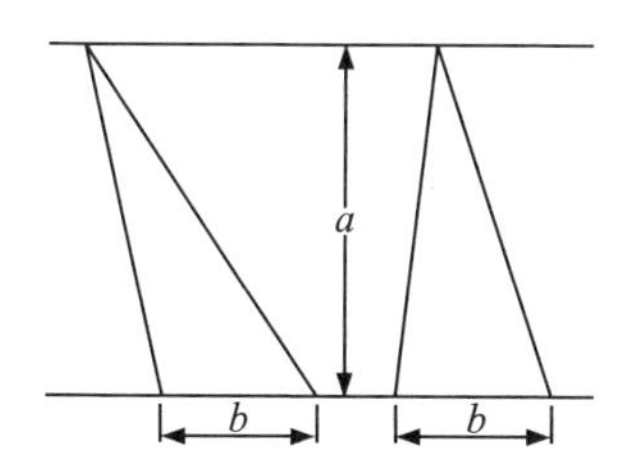

(2)“中,同长也。”说明平分直线成两段,每段同长。

(3)《墨子》卷十,经上四十,又称:

“圜,一中同长也。”

① 如马总,《意林》,《唐书·经籍志》,《新唐书·艺文志》,《宋史·艺文志》,郑樵《通志》,马端临《文献通考·经籍考》,王应麟《玉海》,晁公武《郡斋读书志》,陈振孙《直斋书录解题》,焦竑《国史经籍志》,钱曾《读书敏求志》各书,都记录《墨子》。参看谭戒甫:《墨辩发微》,科学出版社1958年版。

这又和《几何原本》卷一之首,第十五界至第十八界,“圜”的界说相同。因《几何原本》此处说明作圆的方法。即据圆内半径相等的原则。

《墨子》对规矩的应用,十分注重,所以在卷一,法仪第四说:“百工为方以矩,为圆以规。”又卷七,天志上第二十六,称:“譬若轮人之有规,匠人之有矩。轮、匠执其规矩以度天下之方圆。曰:中者是也,不中者非也。”又卷七,天志中第二十七,再称:“无异以轮人之有规,匠人之有矩也。今夫轮人操其规,将以量度天下之圜与不圜也。曰:中吾规者谓之圜,不中吾规者,谓之不圜,是以圜与不圜,皆可得而知也。此其故何,则圜法明也。匠人亦操其矩,将以量度天下之方与不方也。曰:中吾矩者谓之方,不中吾矩者谓之不方。是以方与不方,皆可得而知之,此其故何,则方法明也。”又卷七天志下第二十八,再称:“……以为仪法,若轮人之有规,匠人之有矩也,今轮人以规,匠人以矩,以此知方圜之别矣。”

以上都十分通俗,说明规矩工具的用处。

由于掌握规矩的工具,所以现在所发现周秦时期和周秦时期以前的青铜器,所有图案都十分严整,合乎规矩。也有直接用几何形来做图案,①到汉代还十分广泛应用。

当时齐国有稷下之宫,是当时学术讨论之所。② 其中也包括数

---

① 容庚,张维持:《殷周青铜器通论》,第103~108页内“二,青铜器的几何纹样”,科学出版社1958年10月版。

② 齐桓立稷下之宫,见徐干:《中论》,并参看郭沫若:《稷下黄老学派的批判》,《十批判书》,第158~160页,1950年群联版。

学，故古籍上记载有以九九之说见齐桓公。[1]

管仲是齐国人，他所著《管子》书内有当时数学上的术语，如："少半""衰""赢不足""居勾如矩"等。[2]

《考工记》也是齐国的作品。[3] 其中记载许多工艺品制造程序，也有讲到数学的。

---

① 《吕氏春秋》《韩诗外传》《战国策》和《说苑》都引东野有人以九九见齐桓公的故事。

② 见《管子》地员篇，弟子职篇，事语篇，海王篇。

③ 见郭沫若：《希望有更多的古代铁器出土》，1956年9月8日，人民日报。

第二编　中国中古数学

第一章　中古的数学

中古数学,自汉到隋,经过八个世纪。西汉数学事实有:张苍、耿寿昌删定《九章》,陈农访求遗书,尹咸校稽数术,刘歆创定圆率各事。东汉数学事实,有张衡、蔡邕续论圆率,马续、郑玄续述《九章》。到魏刘徽注《九章》(公元263年),创立重差法。此时勾股和九章的研究告一段落。到两晋南北朝诸家纷起,最著名的是祖冲之的圆率,祖暅的球形体积求法,此外《孙子算经》《张丘建算经》《夏侯阳算经》《五曹算经》《五经算术》亦系此时著作。隋时开始算学教育。

故中古数学总结可得下开四项:

(1)《九章算术》的整理;(2)圆周率的创造;(3)几何学的应用;(4)《算经十书》的编定。

第二章　九数、算术和《九章算术》

1. 九数

九数称谓,各家各有不同,例如:

汉郑玄释《周礼》作：方田，粟米，差分，少广，商功，均输，方程，赢不足，旁要；今有重差，夕桀，勾股也。

《广韵》卷四，“数”条作：“方田，粟米，差分，少广，商功，均输，方程，赢不足，旁要也。”

《宋史》卷六十八律历志，作：方田，粟米，差分，少广，商功，均输，方程，赢朒，旁要。

唐李贤注《后汉书·郑玄传》作：方田，粟米，差分，少广，均输，方程，旁要，盈不足，勾股。

宋李石《续博物志》，宋《册府元龟》，都照上面李贤注《后汉书·郑玄传》的解释，这是一说。

魏刘徽《九章注》，现存的作：方田，粟米，衰分，少广，商功，均输，盈不足，方程，勾股。

《隋书》卷一十六，律历志，作：方田，粟米，衰分，少广，商功，均输，盈朒，方程，勾股。

唐李贤注《后汉书》马援传，作：方田，粟米，差分，少广，商功，均输，盈不足，方程，勾股。

宋杨辉，《详解九章算法》（1261 年）作：方田，粟米，衰分，少广，商功，均输，盈朏，方程，勾股；旁要附。

宋秦九韶，《数书九章》（1247 年）作：方田，粟米，衰分，少广，商功，均输，盈朏，方程，勾股；重差和夕桀附。这又是一说。《九章》自刘徽编注之后，没有什么改动。

2. 算术

《周髀算经》卷上之后又有“算术”的名称，因卷上记：“陈子曰:然,此皆算术之所及。"

《前汉书·律历志》论记数筹算云:"其法在算术,宣于天下,小学是则,职在太史,羲和掌之。"

以后《后汉书》单飏传,《史记》唐司马贞索隐,和晋王嘉《拾遗记》,《南史》都引算术,[①]未记篇名,当和九章无关。

3.《九章算术》

《九章算术》一书,《隋书》以后史书都有记录。[②]《隋书·经籍志》记有:《九章术义序》一卷,《九章算术》十卷,刘徽撰注(公元263年);《九章算术》二卷,徐岳、甄鸾重述;《九章算术》一卷,李遵义疏;《九章算术》二卷,杨椒撰;《九章别术》二卷,《九章算经》二十九卷、徐岳、甄鸾等撰;《九章算经》二卷,徐岳注;《九章六曹算经》一卷,《九章重差图》一卷,刘徽撰;《九章推图经法》一卷,张峻撰。

《旧唐书·经籍志》,有:《九章算经》一卷,徐岳撰;《九章重差》一卷,刘向(?)撰;《九章重差图》一卷,刘徽撰;《九章算经》九卷,甄鸾撰;《九章杂算文》二卷,刘祐撰;《九章术疏》九卷,宋泉之撰。

《新唐书·艺文志》,记:《旧唐书》所引上述六种外,另有李淳

① 参看李俨:《中国古代数学史料》,第21页。

② 在前则"汉光和斛"(约公元180年)和《后汉书·马援传》有《九章算术》名称的记录。参看吴荣光:《筠青金石》卷六和《后汉书·马援传》说马续〔马融(79～166)兄〕"善《九章算术》"。

风注,《九章算术》九卷,注《九章算经要略》一卷。

刘徽、李淳风注本出后,他本浸失,所以《宋史·艺文志》仅记有:李淳风注释,《九章算经要略》一卷,刘微一作徽《九章算田草》九卷,注《九章算经》九卷,魏刘徽、唐李淳风注,和贾宪《九章算经细草》九卷。[①]

其中《九章算术》卷第一"方田",记分数四则和简单平面形算法,其中"约分"用"分母子,以少减多,更相减损,求其等"的方法。又"合分"用"母互乘子并以为实,母相乘为法"的齐同方法。这齐同名义,赵君卿注《周髀算经》,已在 $365\frac{4465}{17860}=365\frac{1}{4}$"当于齐同"说过。刘徽另作定义称:"凡母互乘子谓之齐,群母相乘谓之同。"其中亩法二百四十步是秦汉田亩制度。

又卷二"粟米",记各项粟和米交换的方法。

又卷三"衰分",记各项物品差分分配方法,其中大夫、不更、簪裊、上造、公士是秦汉爵次名称。

又卷四"少广",记开平方,开立方,和简单平面形、立体形算法。其中曾记单分数

$$1+\frac{1}{2}+\frac{1}{3}+\frac{1}{4}+\frac{1}{5}+\frac{1}{6}+\frac{1}{7}+\frac{1}{8}+\frac{1}{9}+\frac{1}{10}+\frac{1}{11}+\cdots$$

等的加法。

又卷五"商功",记立体形体积算法,另了解土壤难易,运输远

---

① 参看《隋书》卷三十四,志第二十九,经籍三,子。[后晋]刘昫:《旧唐书》卷四十七,经籍下。

[宋]欧阳修:《新唐书》卷五十九,艺文志第四十九。

《宋史》卷二百零七,艺文志第一百六十,艺文六。

近，互相配合，求合实际应用。

又卷六“均输”，记汉代均输制度。汉代均输由桑弘羊开始（公元前110年）。本卷术语记：“有分者上下辈之”，说明“四舍五入”方法。此卷另有比例和等差级数算题。

又卷七“盈不足”，即“假借法”。

又卷八“方程”，记联立方程计算。

又卷九“勾股”，记勾股定理，即

$$a^2+b^2=c^2$$

定理的应用。

本“勾股”卷内又详记勾股弦互求，勾股和较，勾股容方圆，相似勾股形比例各术。其中第二十问是记：

$$x^2+(14+20)x=2(1775\times20)$$

的形式的二次方程。

关于篇目，《隋书·律历志》称：

一曰：方田，以御　田畴界域；
二曰：粟米，以御　交质变易；
三曰：衰分，以御　贵贱廪税；
四曰：少广，以御　积幂方圆；
五曰：商功，以御　功程积实；
六曰：均输，以御　远近劳费；
七曰：盈朒，以御　隐杂互见；
八曰：方程，以御　错糅正负；
九曰：勾股，以御　高深广远；

同书又叠引刘徽注《九章》。以上篇目是指刘徽注《九章算术》的篇目,现在宋本《九章算术》还是如此。

《九章算术》,清初有两种传本,一种由《永乐大典》辑出,由聚珍版印行,又一种由毛扆钞黄虞稷藏宋刊本,现收入《天禄琳琅丛书》。①

宋元民间另有一种"《黄帝九章》"的名称。据明程大位《算法统宗》(1592年)"算经源流"所记宋元丰七年(1084)刻入秘书省,又刻于汀州学校的有《黄帝九章》等十书即指此书。

另有一种"贾宪《九章》"是元丰、绍兴、淳熙以来刊刻的。又《详解黄帝九章》等各书,是嘉定、咸淳、德祐等年刊刻的。

第三章 勾股方圆图注

"勾股圆方图"列在《周髀算经》卷上之内,甄鸾称作:(赵)君卿注。宋李籍《周髀算经音义》以为"君卿,赵爽字也,不详何代人"。《隋书·经籍志》和《唐书·艺文志》都有赵婴注《周髀》一卷。宋鲍澣之(1213年)以为"君卿者,其亦魏晋之间人乎"(即三四世纪人)。现在将赵君卿"勾股方圆图注",分左右两列解释如下:

① 据汲古阁景宋钞本《九章算经》卷一至卷五,余缺(《天禄琳琅丛书》之一,北京,1931年)。

“（赵君卿曰）：勾股各自乘，并之，为弦实，开方除之，即弦。

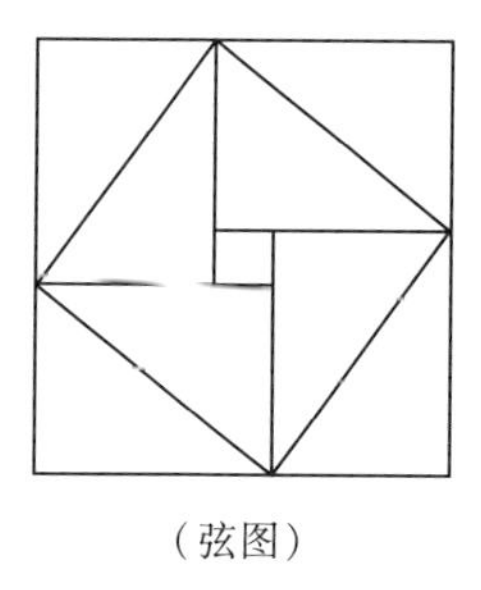

（弦图）

案弦图，又可以勾股相乘为朱实二，倍之为朱实四，以勾股之差自相乘为中黄实。加差实，亦成弦实。

以差实减弦实，半其余，以差为从法，开方除之，复得勾矣。加差于勾，即股。

凡并勾股之实，即成弦实。或矩于内，或方于外。形诡而量均，体殊而数齐。

勾实之矩，以股弦差为广，股弦并为袤。而股实方其里。减矩勾之实于弦实，开其余，即

令 a = 勾，b = 股，c = 弦，

则 $$a^2+b^2=c^2$$

$$c=\sqrt{a^2+b^2} \qquad (1)$$

如弦图：

$$2ab+(b-a)^2=c^2 \qquad (2)$$

这和印度巴斯卡刺·阿阇黎（Bhāskara Açarya）在1150年所证明者相类①。

从(2)得 $$\frac{c^2-(b-a)^2}{2}=ab$$

$$=A。 \qquad (3)$$

令 $b-a=p, a=x,$

则 $x^2+px-A=0,$ (4)

$x+p=b$。

$$(c-b)(c+b)=c^2-b^2$$

$$=a^2=B, \qquad (5)$$

$$\sqrt{c^2-(c-b)(c+b)}=b,$$

① F. Cajori, *A History of Elementary Mathematics*, p. 123, N. Y. 1917. 又此式在《九章算术》和《缉古算经》多见其应用。宋元人言演段的，亦以此式为基本定理。

股。倍股在两边，为从法，开矩勾之角，即股弦差。加股为弦。

令 $2b=q, c-b=y$，

则 $$y^2+qy-B=0, \tag{6}$$

$y+b=c$。

以差除勾实，得股弦并。以并除勾实，亦得股弦差。

$$\left.\begin{aligned}\frac{a^2}{c-b}&=c+b,\\ \frac{a^2}{c+b}&=c-b,\end{aligned}\right\} \tag{7}$$

令并自乘，与勾实为实。倍并为法。所得亦弦。勾实减并自乘，如法为股。

$$\left.\begin{aligned}\frac{(c+b)^2+a^2}{2(c+b)}&=c,\\ \frac{(c+b)^2-a^2}{2(c+b)}&=b,\end{aligned}\right\} \tag{8}$$

……………………………

两差相乘，倍而开之。所得以股弦差增之为勾。以勾弦差增之为股。两差增之为弦。

$\sqrt{2(c-a)(c-b)}=a+b-c$,

$(a+b-c)+(c-b)=a$

$(a+b-c)+(c-a)=b$

$$(a+b-c)+(c-b)+(c-a)=c \tag{9}$$

倍弦实，列勾股差实，见弦实者，以图考之：倍弦实满外大方，而多黄实，黄实之多，即勾股差实。以差实减之，开其余，得外大方。大方之面，即勾股并也。令并自乘，倍弦实，乃减之，开其余，得中黄方。黄方之面，即勾股差。

$$2c^2-(a+b)^2=(b-a)^2 \tag{10}$$

$$\sqrt{2c^2-(b-a)^2}=a+b=s, \tag{11}$$

$$\sqrt{2c^2-(a+b)^2}=b-a=t。 \tag{12}$$

以差减并，而半之，为勾。加差于并，而半之，为股。

$$\frac{s-t}{2}=a \tag{13}$$

$$\frac{s+t}{2}=b。 \tag{14}$$

其倍弦为广袤合。令勾股见者自乘为其实,四实以减之,开其余,所得为差。以差减合,半其余为广。减广于弦,即所求也。……”	因	$2c=y(=c-b)$ $+y_1(=c+b)$	(15)
	而	$yy_1=a^2$	(16)
	则	$\sqrt{4c^2-4a^2}=y_1-y$。	(17)
		$y=\dfrac{2c-\sqrt{4c^2-4a^2}}{2}$,	(18)
	故	$b=c-y$。	(19)

第四章　中古数学家小传(一)

前汉:1. 张苍　2. 耿寿昌　3. 许商
4. 杜忠　5. 尹咸　6. 刘歆

1. 张苍　阳武人,好书律历。秦时为柱下御史,明习天下图书计籍,又善用算律历。汉高祖六年(公元前202年)封北平侯,迁为计相,吕后八年(公元前180年)为御史大夫。文帝四年(公元前176年)为丞相。文帝后元二年(公元前162年)八月免相。孝景五年(公元前152年)薨。谥为文侯。年百余岁。汉家言律历者本张苍,著书八十篇,言阴阳律历事。①

魏刘徽《九章算术注序》(公元263年)称:“往者暴秦焚书,经术散坏,自时厥后,汉北平侯张苍、大司农中丞耿寿昌,皆以善算命

① 参看李俨:《中国古代数学史料》,第44页,引《史记》卷九十二,张丞相列传第三十六;《前汉书》卷一十九下,百官公卿表第七下和卷四十二,张赵周任申屠传第一十二;[汉荀]悦《前汉纪》第二册。

世。苍等因旧文之遗残,各称删补。”①

2. 耿寿昌　汉宣帝(在位年,前73～前49)时为大司农,以善为算,能商功利,得幸于宣帝,寿昌习于商功分铢之事。神爵元年(公元前61年)籴二百万斛谷,羌人不敢动。五凤四年(公元前54年)奏设常平仓以给北边,省转漕。甘露二年(公元前52年)以图仪度日月行,考验天运,状日月行。初元元年(公元前48年)宣帝卒葬杜陵。耿寿昌造杜陵,赐爵关内侯。耿(寿)昌有《月行帛图》二百三十二卷,《月行度》二卷。②

3. 许商　一作许商,字长伯,长安人。善为算,能度功用,著《五行论历》。善《九章术》,著《许商算术》二十六卷。自建始元年(公元前32年)任博士,共襄治河事,历任将作大匠,河堤都尉,詹事,侍中光禄大夫,大司农,至绥和元年(公元前8年)转为光禄勋。许商曾凿商河近海,商水因以商得名,后人加水作滴。许商又曾任成帝经学大师。河平三年(公元前26年)使谒者陈农求遗书于天下,太史令尹咸校数术,许商、杜忠《算术》亦在其列。③

4. 杜忠　善《九章术》,河平三年(公元前26年)求遗书内有杜忠著《算术》一十六卷,尹咸曾经校过。④

5. 尹咸　汝南人,汉元帝永光四年(公元前40年)时谏大夫尹更始之子。传父《春秋左氏传》学,官至大司农。官丞相史时,因通《左氏传》,曾和刘歆共校经传。河平三年(公元前26年)校陈农所

① 参看李俨:《中国古代数学史料》,第44页,引《九章算术》,序,第1页。

② 同上书,第44～45页,引《前汉书》《后汉书》和扬雄《扬子法言》。

③ 同上书,第45～47页,引《前汉书》《资治通鉴》《广韵》。

④ 同上书,第47页,引《前汉书》《广韵》。

求天下遗书内数术书。许商、杜忠《算术》曾经尹咸校过。[①]

6. 刘歆　字子骏，少为黄门郎，汉刘向（公元前77～前6）子。河平中（公元前28～前25）和父向同领校秘书，数术方技，无所不究。永始二年（公元前15年）翟方进为丞相。方进好《左氏传》，天文星历，其中《左氏传》是以国师刘歆为师，星历以长安令田终术为师。绥和二年（公元前7年）翟方进死，过六年汉哀帝再死（公元前1年），王莽持政，留歆做右曹太中大夫，元始五年（公元5年）升为羲和，后封红休侯。王莽篡位，以歆为国师嘉新公，更始元年（公元23年）又为莽所杀，年七十余。歆曾考定律历，著有《三统历谱》。班固《前汉书》内律历志实本刘歆旧文。[②]《太平御览》引有"刘歆《钟律书》"。

刘歆开始以所求圆周率（π）配合当时的量器"嘉量"。假定它的圆率 $\pi=3.1547$，所以"嘉量"可得到1620立方寸的容量。

第五章　刘歆圆周率

汉嘉量"律嘉量斛，方尺而圜其外，庣旁九厘五毫，幂百六十二寸，深尺，积千六百二十寸，容十斗。"[③]"祖冲之以圆率考之，此斛当径一尺四寸三分六厘一毫九秒二忽。庣旁一分九毫有奇。刘歆庣旁少一厘四毫有奇，歆数术不精之所致也。"[④]

---

① 参看李俨：《中国古代数学史料》，第47页，引《前汉书》。

② 同上书，第48页，引《前汉书》。

③《隋书》卷十六，律历志。《西清古鉴》卷三四，第一至四页，上海商务印书馆。

④《隋书》卷十六，律历志。

因 $\frac{1}{2}\times 14.36193$ 寸 $=7.180965$ 寸　（半径）

$(7.180965)^2=51.566258331225$ 方寸　（半径幂）

$\pi=\frac{355}{113}$　（祖冲之圆率）

$10\pi(7.180965)^2=1620.00192=1620$（立方）寸（容积）

庣旁 $=7.180965-(\sqrt{5^2+5^2}=7.071068)=0.109+$，即一分九毫有奇。又按王莽铜斛，则半径为 $0.095+7.071068=7.166068$ 寸（半径）

$(7.166068)^2=51.352530580624$　（半径幂）

$\pi=3.1547$　（刘歆圆率）

$10\pi(7.166068)^2=1620.018282226945328$

$=1620$（立方）寸。　（容积）

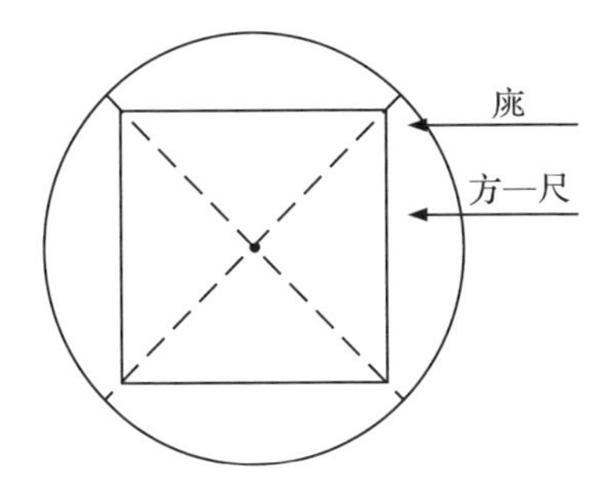

王莽铜斛谓："龙在己巳，岁次实沈，初班天下，万国永遵。"因斛成于建国元年（公元 9 年）孟夏，刘歆圆率 $\pi=3.1547$ 亦当成于此年。[1]《隋书》称："圆周率三，圆径率一，其术疏舛。自刘歆、张衡、

① 《西清古鉴》卷三四，第一至四页。

刘徽、王蕃、皮延宗之徒,各设新率,未臻折衷。”[①]祖冲之与戴法兴论历,谓:“立员旧误,张衡述而弗改。汉时斛铭,刘歆诡谬其数,此则算氏之剧疵也。”[②]《九章》注的 $\pi=\frac{3927}{1250}$,清岑建功《割圜密率捷法序》谓:“注载王莽铜斛云云,未详谁氏之率,兹据《隋志》,定此为歆率。”[③]是属误记。此率疑出于祖冲之。

第六章　中古数学家小传(二)

后汉:7. 张衡　8. 刘洪　9. 马续　10. 郑玄

11. 蔡邕　12. 徐岳　13. 赵爽

7. 张衡(78~139)　字平子,汉南阳西鄂人。生汉章帝建初三年(公元78年),卒顺帝永和四年(公元139年)。年六十二。衡少善属文。又善机巧,尤致力阴阳,天文历算。安帝(在位年,107~125)闻衡善学术,公车特征拜郎中,再迁为太史令。衡初任太史令时,“遂乃研核阴阳,妙尽璇玑之正,作浑天仪,著《灵宪》《算罔论》,言甚详明。”《经典集林》称:“张衡《灵宪》一卷,内用重差钩股。”

再迁为太史令后,“未几迁为尚书郎,顺帝(在位年,126~144)时,再转为太史令。积年不徙,遂自去太史令职,五年复还,嗣是续居史职,至阳嘉末(公元135年)乃迁。盖十八余年间,三任太史令矣。”

《后汉书》卷六又称阳嘉元年(公元132年)“秋七月,史官始作候风地动铜仪”。唐李贤注称:“时张衡为太史令,作之。”

---

① 《隋书》卷十六,律历志。

② [梁]沈约:《宋书》卷十三,志第三,历下。

③ 《割圜密率捷法序》第一页,石梁岑氏校刊,道光己亥(1829年)。

刘徽《九章注》少广开立圆术，引及张衡《算》。清李潢按："张衡《算》一节，文多舛错，……置周率一十之面，开方除之，得三·一六有奇，故云增周太多。"这说明张衡率：$\pi=\sqrt{10}=3.16$。

唐《开元占经》引祖暅浑天论，称：张衡"日月其径当周天七百三十六分之一，地广二百三十二分之一。按此而论，天周分母，圆周率也；广分母，圆径率也。以八约之，得周率九十二，径率二十九，其率份于周多径少，衡之疏也。"这又说明另一张衡率：$\pi=\frac{92}{29}$。

公元前500年印度耆那教经典中已有$\pi=\sqrt{10}$的记载，称："阎浮堤洲为一球形，直径为100000由旬，周围为316227由旬余"，这指：$\pi=\sqrt{10}=3.16227\cdots\cdots$印度梵藏（Brahma-gupta，598～?）在他的著作（*Brahma-Sphutu Sidd'-hanta*，公元628年）和八世纪亚拉伯算书中也有$\pi=\sqrt{10}$的记载。①②

8. 刘洪　字元卓，汉泰山蒙阴人，鲁王的宗室。延熹中（158～166），以校尉应太史征拜郎中。迁常山长史，以父忧去官。后为上计椽，拜郎中，检东观著作律历记，迁谒者。光和中（178～183）为

① 参看李俨：《中国古代数学史料》，第48～49页，引《后汉书》，［清］李潢《九章算术细草图说》，［唐］瞿昙悉达《开元占经》，张荫麟，"张衡别传"，《学衡杂志》第四十期（1925年4月）第3～4页，又同书引：H. G. Zeuten，：*Histoire des Mathématiques dans l'Antiquité et le Moyen Age*，Tr. par J. Mascart，p. 256. Paris（1902）. 互见：G. R. Kaye，*Indian Mathematics*，p. 33，Calcutta（1915），又：F. Cajori，*A History of Elementary Mathematics*，rev. ed.，p. 94，New York（1917）.

② 另参看《续古文苑》卷九，［梁］祖暅：《浑天论》；洪颐煊撰集《经典集林》卷二十六内张衡《灵宪》一卷。

杨荫深：《中国学术家列传》，第86～87页，上海光明书局（1948）。Bibhutibhusan Datta，*The Jaina School of Mathematics*，Bulletin Calcutta Math. Soc.，v. 21，pp. 115～145，1929.

谷城门侯。洪善算，当世无偶，作七曜术。及在东观，与蔡邕共述律历记，又造乾象术。“刘洪好学，以天文数术，探赜钩深，遂专心锐思”。

“汉灵帝时（在位年，168～188）会稽东部尉刘洪……作乾象法……献帝（在位年，189～220）建安元年（公元196年），郑玄受其法，以为穷幽极微，又加注释焉”。汉徐干《中论》称：“至（汉）灵帝四分历，犹复后天半日，于是会稽都尉刘洪更造乾象历，以追日月星辰之行，考之天文，于今为密。”又《宋书》引何承天曰：“光和中（178～183）谷城门侯刘洪始悟四分于天疏阔，更以五百八十九为纪法，百四十五为斗分，造乾象法。”

刘洪有《九章（或误作京）算术》。①

刘洪乾象历内“正负术定义”原文如下：

“强正弱负　强弱相并　同名相从　异名相消　其相减也

同名相消　异名相从　无对互之　二强进少而弱。”②

其中“无对”二字，和《九章算术》“无入”二字意义相同。所以后来刘徽注《九章算术》（公元263年）因称：“无入为无对也。”

9. 马续　字季则，扶风，茂陵人。马严（17～98）子。七岁能通《论语》，十三岁明《尚书》，十六治诗，博观群籍，善《九章算术》。班固（32～92）著《汉书》，其八表及天文志，未及竟而卒。由马续

① 参看李俨：《中国古代数学史料》，第49～50页，引《后汉书》，《玉海》卷二引《博物记》，《晋书》，［汉］徐干，《中论》，《蔡中郎集》，［唐］释慧琳《大藏经音义》。

② 上述刘洪乾象历内“正负术定义”见《晋书》卷十七，志第七，律历中。又《后汉书》卷十三，律历志第三，律历下“历法，四分历”，亦引文如下：

“强正弱直（应作负字）也　其强弱相减　同名相去　异名从之

从强进少为弱　从弱退少而强。”

述天文志。阳嘉三年(公元134年)马续为护羌校尉。永和元年(公元136年)代耿晔为度辽将军,永和六年(公元141年)率鲜卑五千骑,破乌桓,是年夏免官。①

10. 郑玄(127~200) 字康成,北海高密人。永建二年(公元127年)生,建安五年(公元200年)死,年七十四。玄少学书数,八九岁能下算乘除。年二十一博极群书,兼精算术。郑玄师事京兆第五元先始通《三统历》《九章算术》。建安元年(公元196年)受《乾象历》于刘洪,为加注释。

郑玄释周官保氏九数称:"九数:方田,粟米,差分,少广,商功,均输,方程,赢不足,旁要;今有:重差,夕桀,勾股也。"唐,贾公彦疏郑(玄)注称:"方田已下,皆依《九章算术》而言。云今有:重差,夕桀,勾股也者,此汉法增之。"②

11. 蔡邕(133~192) 字伯喈,陈留圉人。阳嘉二年(公元133年)生,初平三年(公元192年)死,年六十。蔡邕好辞章、数术、天文。曾与刘洪共论历法。光和元年(公元178年)任中议郎,与刘洪共补续律历志。

唐张守节《史记正义》于"璇玑玉衡,以齐七政"条引:"蔡邕云:玉衡长八尺……玑径八尺,圆周二丈五尺而强也。"这说明蔡邕率:$\pi>3.125$ 或 $\pi>\frac{25}{8}$,③明王文素,《古今算学宝鉴》(1524年)称

① 参看李俨:《中国古代数学史料》,第50页,引《后汉书》。

② 同上书,第50~51页,引《后汉书》《世说新语》《晋书》《太平御览》《水经注》《周礼》(郑玄注)。

③ 参看李俨:《中国古代数学史料》,第51页,引《后汉书》,《蔡中郎集》,吴修《续疑年录》,《史记》[唐]张守节正义。

它做璇玑率。

12. 徐岳　字公河，东莱人，生于汉末，受历学于汉灵帝（在位年，168～188）时会稽东部都尉刘洪（约160～200）。相传会稽刘洪因述天目先生之语，徐岳为成《数术记遗》一卷。吴中书令阚泽受刘洪乾象法于东莱徐岳，又加解注。徐岳在黄初中（220～226）和韩翊、许芝、董巴，在魏与太史令高堂隆详议历法。魏王朗《塞势》亦称："余所与游处，惟东莱徐先生素习《九章》，能为计数。"

徐岳著作目录，见于《隋书》《旧唐书》《新唐书》《宋史》，卷数各有不同，如：

《隋书·经籍志》，记有："《九章算术》二卷，徐岳（撰），甄鸾重述，《九章别术》二卷，《九章算经》二十九卷徐岳、甄鸾等撰，《九章算经》二卷徐岳注。"

《旧唐书·经籍志》，记有："《九章算经》一卷徐岳撰，……《数术记遗》一卷徐岳撰，甄鸾注，……《算经要用百法》一卷徐岳撰。"

《新唐书·艺文志》，记有："徐岳，《九章算术》九卷，又《算经要用百法》一卷，《数术记遗》一卷甄鸾注。"

《宋史》记有："甄鸾注，徐岳，《大衍算术注》一卷。"

现传本《数术记遗》有宋嘉定五年（1212年）鲍澣之撰序。[①]

13. 赵爽　一曰名婴，字君卿。宋李籍《周髀算经音义》称"不详何代人"。宋鲍澣之《周髀算经序》，疑为"魏晋之间人"。明赵开美校刊本《周髀算经》题"汉赵君卿撰注"。清阮元《畴人传》因

① 参看李俨：《中国古代数学史料》，第52页，引《后汉书》《晋书》《宋书》，鲍澣之《数术记遗》序（1212年），《太平御览》，又《隋书》《旧唐书》《新唐书》《宋史》。

系之于汉代。①

第七章　《数术记遗》

《旧唐书·经籍志》称："《数术记遗》一卷，徐岳撰，甄鸾注。"《数术记遗》称："黄帝为法，数有十等，及其用也，乃有三焉。十等者亿，兆，京，垓，秭，壤，沟，涧，正，载。三等者，谓上中下也。其下数者，十十变之，若言十万曰亿，十亿曰兆，十兆曰京也。中数者万万变之，若言万万曰亿，万万亿曰兆，万万兆曰京也。上数者数穷则变，若言万万曰亿，亿亿曰兆，兆兆曰京也。"又记天目先生之言称："隶首注术，乃有多种。及余遗忘，记忆数事而已。其一积算，其一太乙，其一两仪，其一三才，其一五行，其一八卦，其一九宫，其一运算*，其一了知，其一成数，其一把头，其一龟算，其一珠算，其一计算**。"②

4	9	2
3	5	7
8	1	6

甄鸾注谓："九宫者，即二四为肩，六八为足，左三右七，戴九履

① 参看李俨：《中国古代数学史料》，第53页，引［明］赵开美校刊本《周髀算经》，［清］阮元《畴人传》。

* 算，《数术记遗》下文作"筹"，钱宝琮校点本改作"筹"。——编者

** "算"，南宋本作"数"，下文均作"数"。——编者

② 《数术记遗》第七、八页，《算经十书》，孔继涵《微波榭丛书》本。

一,五居中央。”[①]如图所指是最初的纵横图。[②]

第八章　中古数学家小传(三)

三国:14. 吴陆绩　15. 阚泽　16. 王蕃

17. 陈炽　18. 魏王粲　19. 刘徽

14. 陆绩　字公纪,吴人。博学多识,星历算数,无不该览。孙权统事,辟为奏曹椽。出为郁林太守,年三十二卒。陆绩曾称周天一百七万一千里,东西南北径三十五万七千里,此言周三径一。即 $\pi=3$。[③]

15. 阚泽　字德润,吴会稽山阴人。赤乌五年(公元242年)任太子太傅又任中书令,尚书令。[④] 曾受刘洪《乾象历》于东莱徐岳,著有《乾象历注》。

唐徐坚(659～729)《初学记》器物部引:“阚泽《九章》曰:粟饭五十,粝饭七十,粺饭五十,糳饭四十八,御饭四十二。”今本《九章

① “九宫之图古矣。《大戴礼》明堂篇:二,九,四;七,五,三;六,一,八。明堂九室之制,盖准乎此。《易乾凿度》四正四维,皆合乎十五,亦谓此图也。”见[清]钱大昕,《十驾斋养新录》卷一,“河图洛书”条。参观[清]陆耀《切问斋集》卷三,第八至一〇页,恽吉堂刻本,乾隆壬子(1792年)。邹伯奇则不信此说,见“明堂会通图说”,《学计一得》卷下(1844年)。

② 此九宫数又和古代化学有关,见:H. E. Stapleton, *The antiquity of alchemy. Archives Internationales d'Histoire des Sciences*, No, 14, pp. 35～38, 1951.

③ 参看李俨:《中国古代数学史料》,第53页,引《三国志·吴志》《宋书》《晋书》《开元占经》。

④ 《法苑珠林》卷六十九引有“故吴主孙权问尚书令阚泽”云云。

算术》作:粟率五十,粝饭七十五,粺饭五十四,糳饭四十八,御饭四十二。①

16. 王蕃　字永元,庐江人,博览多闻,兼通术艺。始为尚书郎,孙休即位,为散骑中常侍,加驸马都尉,又为夏口监军。孙皓初,复入为中常侍。蕃善术数,传刘洪《乾象历》。甘露二年(公元 266 年)孙皓大会群臣,蕃沈醉顿伏,皓怒斩之,时年三十九(228 ~ 266)。

关于圆周率,蕃尝更考:周百四十二,径四十五。这说明王蕃率:$\pi=\frac{142}{45}=3.155$。②

17. 陈炽　吴人,善《九章术》,和汉许商、杜忠,魏王粲并称。③

18. 王粲(177 ~ 217)　字仲宣,山阳高平人,蔡邕(133 ~ 192)尝见重之;博物多识,强记默识。性善算,作《算术》,略尽其理。建安二十一年(216 年)从征吴。二十二年春病卒,年四十一。④

19. 刘徽　魏人,魏陈留王,景元四年(公元 263 年)注《九章算术》,徽有"九章算术注原序"称:"汉北平侯张苍,大司农中丞耿寿昌,皆以善算命世。苍等因旧文之遗残,各称删补,故校其目,则与古或异,而所论者多近语也。徽幼习《九章》,长再详览……为之作注。"又称:"徽寻九数有重差之名……辄造重差,并为注解,以究古人之意,缀于勾股之下。"这说明注《九章算术》,和编重差术的经

① 参看李俨:《中国古代数学史料》,第 52 ~ 53 页,引《三国志》《晋书》《初学记》《佛祖统记》。另参看《法苑珠林》卷六十九,和卷百二十,历算部。

② 同上书,第 53 ~ 54 页,引《三国志》《宋书》《晋书》《开元占经》《唐文粹》。另参看[唐]李淳风:《乙巳占》卷一,天数第二。

③ 同上书,第 54 页,引《广韵》。

④ 同上书,第 54 页,引《三国志》《广韵》《文选》。

过情形。《隋书·经籍志》列有刘徽《九章重差图》一卷。《旧唐书》,《新唐书》记有《九章重差》一卷,刘向(?)撰,《九章重差图》一卷,刘徽撰。

刘徽注《九章算术》内求圆周率用圆内容六边形起算,谓:"割之弥细,所失弥少,割之又割,以至于不可割,则与圆周合体,而无所失矣。"这方法前人未曾说过,因称为刘徽割圆术。徽照这原则由内容六边算到内容九十六边,得到:

$$\pi = 3.141024 = 3.14\frac{64}{625}$$,由是定:

$$\pi = \frac{157}{50} = 3.14$$。①

第九章 刘徽学说

1. 刘徽九章注

唐李贤《后汉书注》,称:"刘徽《九章算术》曰:方田第一,粟米第二,差分第三,少广第四,商功第五,均输第六,盈不足第七,方程第八,勾股第九。"②

刘徽注《九章算术》(公元263年)将《九章算术》详加整理,作

① 参看李俨:《中国古代数学史料》,第54~55页,引《九章算术》《隋书·经籍志》《旧唐书》《新唐书》《晋书》。

② 见《后汉书》,卷五四,马援列传第一四。

一结束,至此《九章算术》方有定本。除割圆术、重差术和《九章》商功术注,另节讨论外,其中关于算术方面,还有数项,散见在所注《九章算术》之内,现举数例如下:

(一)注《九章算术》卷一方田,“合分”内曾记分数“齐同”二字的定义,称:“(分数)凡母互乘子谓之齐,群母相乘谓之同。”

(二)注《九章算术》卷二粟米,“今有术”内说明$\frac{a}{b}\times c$应先乘后除。

(三)注《九章算术》卷九勾股,内“勾股容圆”。原术:容圆径

$$d=\frac{2ab}{a+b+c},$$

刘徽因知 $$a^2+b^2=c^2,$$

又 $$(a+b)^2-c^2=2ab,$$

因得容圆径 $$d=a+b-c,$$

或 $$d=\sqrt{2(c-a)(c-b)}。$$

(四)注《九章算术》卷六,均输,就《九章算术》原文“有分者上下辈之”,说明“四舍五入”的意义和应用。注称:“辈,配也,车、牛、人之数,不可分裂,(必须)推少就多,均赋之宜。”

(五)注《九章算术》卷四,少广,说明开方求小数步骤,称:“加定法如前,求其微数,微数无名者,以为分子,其一退以十为母,其再退以百为母,退之弥下,其分弥细。”此处所称“一退以十为母,再退以百为母”,就是小数的定义。

(六)亦有原术迂回,刘徽注文曾经指出的,如注《九章算术》卷六,均输,“今有金箠”题曾指原术迂回。又如立方和内容圆球体积之比,如16:9,刘徽认为:“是偶与实相近。”

2. 刘徽割圆术

刘徽求圆率，由圆内容六边形起算，以 l 为有法 n 边形一边之长，r 为圆半径。令 r 为弦，$\frac{l}{2}$为勾，求得$\sqrt{r^2-\left(\frac{l}{2}\right)^2}$为股。以半径减股得 $r-\sqrt{r^2-\left(\frac{l}{2}\right)^2}$ 为小勾，前之$\frac{l}{2}$勾为小股，求得小弦 L，即为有法 $2n$ 边形一边之长 $l_{2\pi}$。而 $4n$ 边形之面积，$S_{4\pi}=2n\cdot\frac{r\cdot L(=l_{2n})}{2}$。边数愈增，其面积与圆积愈近。终可与圆积合。

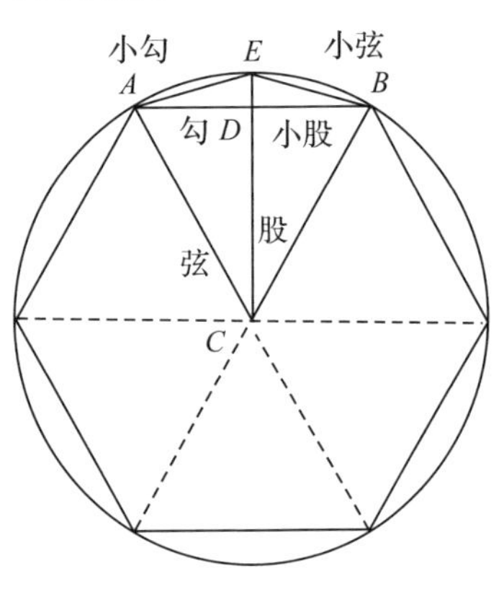

如圆内容六边形之一边为 AB，以 C 为中心，1 为半径；则大三角形 ABC 可分两相等勾股形 ADC 及 BDC。先于勾股形 ADC 求得 DC，次于小勾股形 ADE 求得 AE 小弦 0.517638，即为内容十二边形之一边 l_{12}。而内容二十四边形之面积，$S_{24}=12\times\frac{1\times 0.517638}{2}=3.105828$，或 $\pi_{12}=3.105828$。次以内容六边形内所求之小弦幂，或内容十二边形之一边幂 0.267949193445^{16}之四分一，即 0.066987298361 为勾幂，半径幂为弦幂，求得股。再得小勾，自乘得小勾幂 0.001161051105^{64}，以 0.066987298361 为小股幂，相和得二十四边形之一边幂 0.068148349466。同理得四十八边形之一边幂

0.01740278813。开方除之，得四十八边形之一边，$l_{48}=0.130806$。而内容九十六边形之面积，$S_{96}=48\times\frac{1\times0.130806}{2}=3.139344=3.13\frac{584}{625}$，或 $\pi_{48}=3.13\frac{584}{625}$。最后得九十六边形之一边幂 0.004282154012。开方除之，得九十六边形之一边，$l_{96}=0.065438$。而内容一百九十二边之面积，$S_{192}=96\times\frac{1\times0.065438}{2}=3.141024=3.14\frac{64}{625}$或 $\pi_{96}=3.14\frac{64}{625}$或 3.14。刘徽只以 $\pi=3.14$ 入算。《隋书》："刘徽注《九章》商功曰，当今大司农斛，圆径一尺三寸五分五厘，深一尺，积一千四百四十一寸十分之三。"①

因　$$\frac{1}{2}\times13.55\text{ 寸}=6.775\text{ 寸}\qquad（半径）$$

$$(6.775)^2=45.900625\text{ 方寸}\qquad（半径幂）$$

$$\pi=3.14\qquad（徽率）$$

则　$$10\pi\times(6.775)^2=1441\frac{3}{10}\text{（立方）寸}\qquad（容积）$$

在刘徽割圆术计算步骤中可以看到刘徽是认识：毕达哥拉斯定理（即勾股定理），圆内容整六边形，每边长和半径相等，如圆内容整多边形，由六边到十二边、二十四边、四十八边，以至无穷。边数愈增，此项圆内容整多边形的面积，愈和圆面积接近。如边数增至无穷时，此项面积和圆积相合。

如 S 为圆面积，S_n，S_{2n}为圆内容整 n 边形、整 $2n$ 边形的面积，

① 《隋书》卷一六，律历志第一一，律历上，《九章算术》卷五，第一八页，算经十书本。又 n 边形，n 边形之边，n 边形之面积，原书作 n 觚，n 觚之面，n 觚之幂。

则

$$S_{2n}<S<S_{2n}+(S_{2n}-S_{n})。$$

刘徽计算次序至为整齐,可于下表见之。①

	由六边形求十二边形	由十二边形求二十四边形
弦,r	1.000000	1.000000
勾,$\frac{l}{2}$	0.500000	$\frac{0.517638}{2}$
股,$\sqrt{r^2-\left(\frac{l}{2}\right)^2}$	0.866025 $\frac{4}{\ }$	0.965925 $\frac{8}{\ }$
弦幂,r^2	1.000000000000	1.000000000000
勾幂,$\left(\frac{l}{2}\right)^2$	0.250000000000	$\frac{0.267949193445\frac{16}{\ }}{4}$ =0.066987298361
股幂,$r^2-\left(\frac{l}{2}\right)^2$	0.750000000000	0.933012701639
小勾,$r-\sqrt{r^2-\left(\frac{l}{2}\right)^2}$	0.133974 $\frac{6}{\ }$	0.034074 $\frac{2}{\ }$
小股,$\frac{l}{2}$	0.500000	$\frac{0.517638}{2}$
小弦,$\sqrt{\left[r-\sqrt{r^2-\left(\frac{l}{2}\right)^2}\right]^2+\left(\frac{l}{2}\right)^2}$	0.517638 $=l_{12}$	0.261052 $\frac{3}{\ }$ $=l_{24}$
小勾幂,$\left[r-\sqrt{r^2-\left(\frac{l}{2}\right)^2}\right]^2$	0.017949193445 $\frac{16}{\ }$	0.001161051105 $\frac{64}{\ }$
小股幂,$\left(\frac{l}{2}\right)^2$	0.25	0.066987298361
小弦幂,$\left[r-\sqrt{r^2-\left(\frac{l}{2}\right)^2}\right]^2+\left(\frac{l}{2}\right)^2$	0.267949193445 $\frac{16}{\ }$	0.068148349466

① 《九章算术》卷一,第一一至一四页,《算经十书》本。李潢《九章算经细草图说》卷一,第二一至三四页。如按刘徽次序,再求一次得一百九十二边形之边为0.032724便可得 $\pi=3.1415$。

	由二十四边形求四十八边形	由四十八边形求九十六边形
弦, r	1.000000	1.000000
勾, $\frac{l}{2}$	$\frac{0.261052}{2}$	$\frac{0.130806}{2}$
股, $\sqrt{r^2-\left(\frac{l}{2}\right)^2}$	$0.991444\frac{8}{\ }$	$0.997858\frac{9}{\ }$
弦幂, r^2	1.000000000000	1.000000000000
勾幂, $\left(\frac{l}{2}\right)^2$	$\frac{0.068148349466}{4}$ $=0.017037087366$	$\frac{0.017110278813}{4}$ $=0.004277569703$
股幂, $r^2-\left(\frac{l}{2}\right)^2$	0.982962912634	0.995722430298
小勾, $r-\sqrt{r^2-\left(\frac{l}{2}\right)^2}$	$0.008555\frac{2}{\ }$	$0.002141\frac{1}{\ }$
小股, $\frac{l}{2}$	$\frac{0.261052}{2}$	$\frac{0.130806}{2}$
小弦, $\sqrt{\left[r-\sqrt{r^2-\left(\frac{l}{2}\right)^2}\right]^2+\left[\frac{l}{2}\right]^2}$	$0.130806=l_{48}$	$0.065438=l_{96}$
小勾幂, $\left[r-\sqrt{r^2-\left(\frac{l}{2}\right)^2}\right]^2$	$0.000073191447\frac{04}{\ }$	$0.000004584309\frac{21}{\ }$
小股幂, $\left(\frac{l}{2}\right)^2$	0.017037087366	0.004277569703
小弦幂, $\left[r-\sqrt{r^2-\left(\frac{l}{2}\right)^2}\right]^2+\left(\frac{l}{2}\right)^2$	0.017110278813	0.004282154012
	$S_{96}=48\cdot\frac{r\cdot l_{48}}{2}$ $=3.139344$ $=3.13\frac{584}{625}$ $\pi_{48}=3.13\frac{584}{625}$	$S_{192}=96\cdot\frac{r\cdot l_{96}}{2}$ $=3.141240$ $=3.14\frac{64}{625}$ $\pi_{96}=3.14\frac{64}{625}$

3. 刘徽重差术

刘徽《九章序》谓:"九数有重差之名,……以重差为率,故曰重差也。……,辄造重差,并为注解,以究古人之意,缀于勾股之下。度高者重表,测深者累矩,孤离者三望,离而又旁求者四望。"《隋书·经籍志》于《九章》增作十卷,下题刘徽撰,因重差列于《九章》终篇[①]。《隋志》《唐志》又皆有《九章重差图》一卷,今其图已亡。唐以后称重差为《海岛算》。《宋史》有《海岛算经》一卷,夏翰一作翶《新重演议海岛算经》一卷。[②] 清戴震于《永乐大典》中辑出一卷,有李淳风注释文。李潢并为补图。[③]

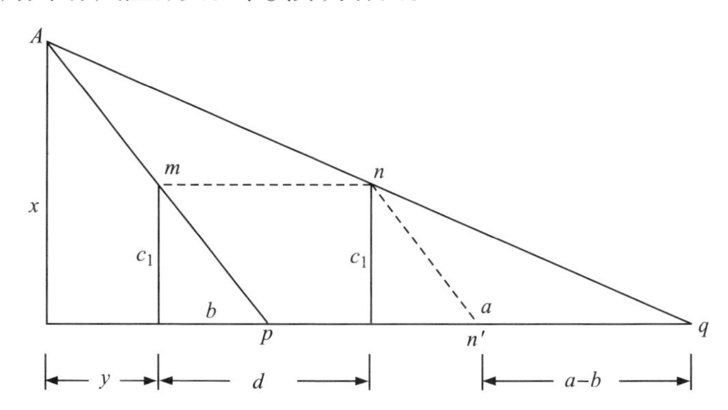

① 王孝通上《缉古算经表》,称:"九数即《九章》。……魏朝刘徽……更为之注。徽思极豪芒,触类增长,乃造重差之法,列于终篇。"见《缉古算经》,《算经十书》本。

② 《宋史》卷二〇七,艺文志第一六〇,艺文六。

③ 附李潢《九章算术细草图说》后。并于重差术之详细论述,参看李俨:《重差术源流及其新注》,《学艺杂志》,第七卷,学八号,1926 年,4 月。

《海岛算经》共记九个问题，[①]第一题如下：

1. 今有望海岛（x），立二表齐高三丈（$c_1=c_1$），前后相去千步（d），令后表与前表参相直，从前表却行一百二十三步（b），人目着地（p），取望岛峰（A）与表末（m）参合；从后表却行一百二十七步（a），人目着地（q），取望岛峰（A），亦与表末（n）参合。问岛高（x）及去表（y）各几何？

答曰：岛高四里五十五步，去表一百二里一百五十步。

如图作 nn′平行于 mp，因相似三角形比例得：

$$x=\frac{c_1 d}{a-b}+c_1，及\ y=\frac{bd}{a-b}。\qquad (1)$$

4. 刘徽九章商功术注

刘徽曾就《九章算术》卷五商功内所记计算各立体形术文加以注释。其中比较简单的用“斜解”方法说明。例如说：“邪解立方，得两堑堵，邪解堑堵，其一为阳马，一为鳖臑。阳马居二，鳖臑居一。”“中破阳马，得两鳖臑。”又将立体形用赤黑色来分别认识。现举数例来说明。

（一）算方亭的体积（即算四角锥平截体，frustum of a pyramid 的体积）

如图（1），方亭上方每边为 a，下方每边为 b，高为 h，此方亭可分成：

1 个中央立方，4 个四面堑堵，4 个四角阳马即：

① 参看李俨：《中国古代数学史料》，第 128 ~ 135 页，“26，海岛算经新注”。

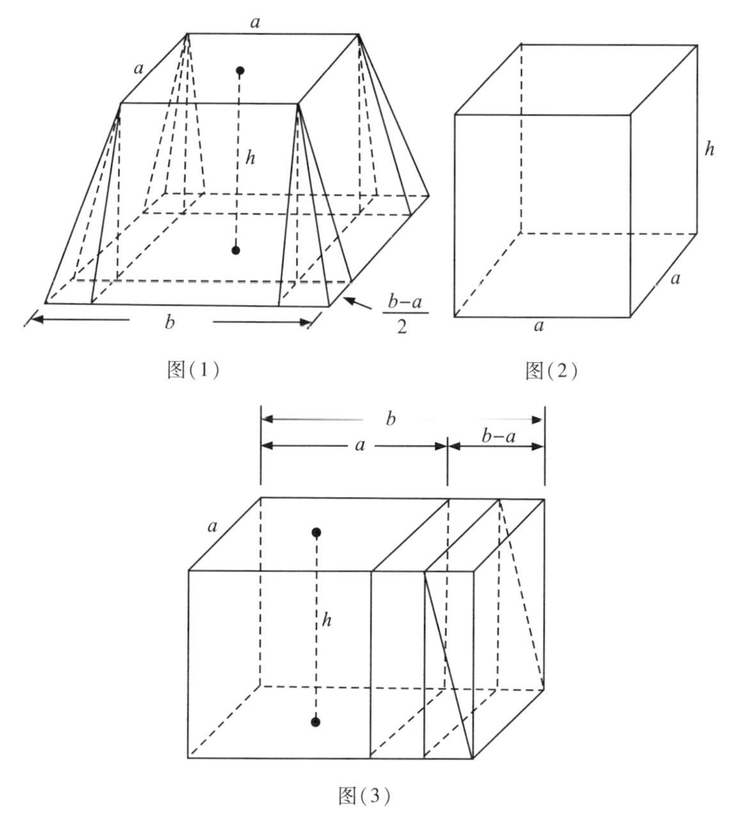

图(1)　图(2)

图(3)

$$V=1\cdot a^2h+4\cdot\frac{1}{2}a\left(\frac{b-a}{2}\right)h+4\cdot\frac{1}{3}\left(\frac{b-a}{2}\right)^2h。$$

又由图(2)可看出,它含有1个中央立方:

$$a^2h=a^2h。$$

又图(3)含有1个中央立方,4个四面堑堵:

$$abh=a[a+(b-a)]h=a^2h+a(b-a)h$$
$$=a^2h+4\cdot\frac{1}{2}a\left(\frac{b-a}{2}\right)h。$$

又图(4)含有1个中央立方,8个四面堑堵,12个四角阳马:

$$b^2h=[a+(b-a)]^2h=a^2h+2a(b-a)h+(b-a)^2h$$

$$=a^2h+8\cdot\frac{1}{2}a\left(\frac{b-a}{2}\right)h+12\cdot\frac{1}{3}\left(\frac{b-a}{2}\right)^2h。$$

将图(2)(3)(4)各形总和之,得:

$$a^2h+abh+b^2h\equiv3\left[a^2h+4\cdot\frac{1}{2}\left(\frac{b-a}{2}\right)+4\cdot\frac{1}{3}\left(\frac{b-a}{2}\right)^2h\right]$$

$$\equiv3V$$

或 $$V\equiv\frac{h}{3}(a^2+ab+b^2)。$$

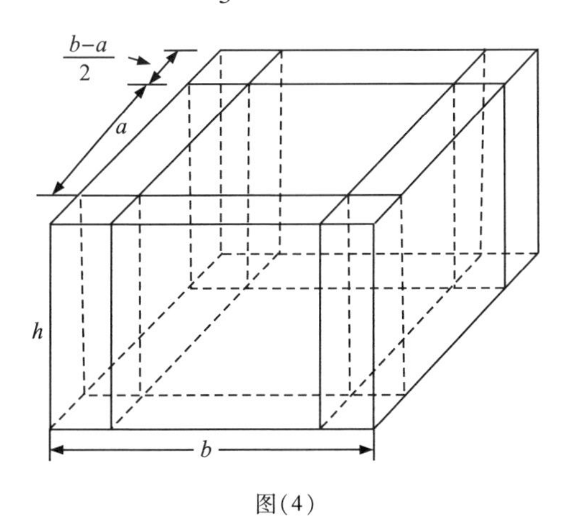

图(4)

又可由图(1)和图(3)直接看出:方亭是由图(3)和4个四角阳马组成。其中4个四角阳马,可并成1个阳马,体积是$\frac{1}{3}(b-a)^2h$。又图(3)含有1个中央立方,4个四面堑堵,它的体积是abh。总和之,亦得:

$$V=abh+\frac{1}{3}(b-a)^2h \quad (刘徽)$$

$$=abh+\frac{1}{3}(b^2-2ab+a^2)h$$

$$=\frac{3}{3}abh+\frac{1}{3}(b^2-2ab+a^2)h$$

$$=\frac{h}{3}(a^2+ab+b^2)。\qquad\text{（原术）}$$

（二）算刍童的体积（即算角锥平截体，frustum of a pyramid 的体积）

刍童上方广、长为 a,b；下方广、长为 c,d；高为 h。此刍童可分成：

2 个中央立方，	6 个四面堑堵，	和 4 个四角阳马。
即：	即：	即：
a^2h；	$2\times\frac{1}{2}a\left(\frac{d-b}{2}\right)h$；	$4\times\frac{1}{3}\left(\frac{c-a}{2}\right)\left(\frac{d-b}{2}\right)h.$
$a(b-a)h$；	$2\times\frac{1}{2}a\left(\frac{c-a}{2}\right)h$；	
	$2\times\frac{1}{2}(b-a)\left(\frac{c-a}{2}\right)h$；	

又知：倍下长 d，上长 b 从之，以高 h，（和下）广 c 乘之，即：$(2d+b)ch$，可得一组体积：

3 个中央立方：$3a^2h+3a(b-a)h$，

4 个两边堑堵：$4\times\frac{1}{2}a(d-b)h$，

6 个两旁堑堵：$6\times\frac{1}{2}a(c-a)h$，

6 个两旁堑堵：$6\times\frac{1}{2}(b-a)(c-a)h$，

6 个四角阳马：$6\times\frac{1}{3}(d-b)(c-a)h$。

因 $(2d+b)ch=\{2[b+(d-b)]+b\}[a+(c-a)]h$

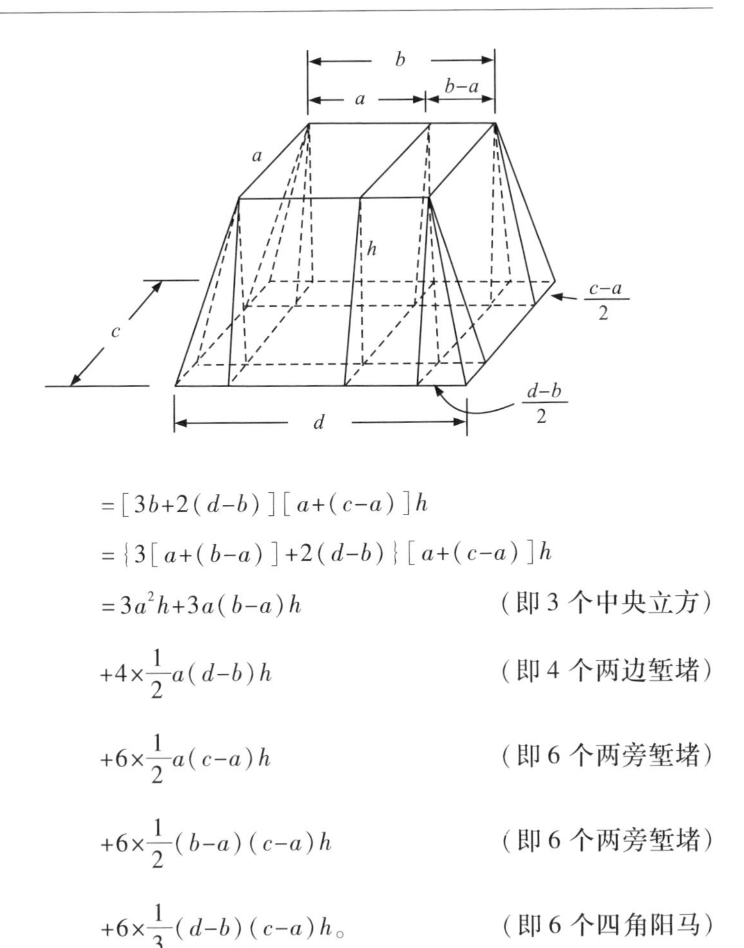

$$=[3b+2(d-b)][a+(c-a)]h$$

$$=\{3[a+(b-a)]+2(d-b)\}[a+(c-a)]h$$

$$=3a^2h+3a(b-a)h \qquad \text{（即 3 个中央立方）}$$

$$+4\times\frac{1}{2}a(d-b)h \qquad \text{（即 4 个两边堑堵）}$$

$$+6\times\frac{1}{2}a(c-a)h \qquad \text{（即 6 个两旁堑堵）}$$

$$+6\times\frac{1}{2}(b-a)(c-a)h \qquad \text{（即 6 个两旁堑堵）}$$

$$+6\times\frac{1}{3}(d-b)(c-a)h。 \qquad \text{（即 6 个四角阳马）}$$

又知:复倍上长 b,下长 d 从之,以高 h、(和上)广 a 乘之,即:$(2b+d)ah$,可得另一组体积:

3 个中央立方:$3a^2h+3a(b-a)h$,

2 个两边堑堵:$2\times\frac{1}{2}a(d-b)h$。

因　$(2b+d)ah=\{2b+[b+(d-b)]\}ah$

$$=\{3[a+(b-a)]+(d-b)\}ah$$
$$=3a^2h+3a(b-a)h+a(d-b)h$$
$$=3a^2h+3a(b-a)h \qquad \text{（即 3 个中央立方）}$$
$$+2\times\frac{1}{2}a(d-b)h。 \qquad \text{（即 2 个两边堑堵）}$$

两组并之，得：

$$[(2d+b)c+(2b+d)a]h=6a^2h+6a(b-a)h+6a\left(\frac{d-b}{2}\right)h$$
$$+6a\left(\frac{c-a}{2}\right)h+6(b-a)\left(\frac{c-a}{2}\right)h$$
$$+6\times\frac{1}{3}(d-b)(c-a)h。$$

即：$[(2d+b)c+(2b+d)a]h$

$$=6\left[a^2h+a(b-a)h+2\times\frac{1}{2}a\left(\frac{d-b}{2}\right)h\right.$$

$$\left.+2\times\frac{1}{2}a\left(\frac{c-a}{2}\right)h+4\times\frac{1}{3}\left(\frac{d-b}{2}\right)\left(\frac{c-a}{2}\right)h\right]$$
$$=6V$$

或刍童体积，$V=\frac{h}{6}[(2d+b)c+(2b+d)a]$。

由上二例知道：（一）刘徽将方亭、刍童都分成各“棋”，（如上二例，有三品棋，即：立方，堑堵，阳马）进行分析，以后王孝通也用这法。又（二）刘徽将 b,c,d 各数化分成：

$$b=a+(b-a),$$
$$c=a+(c-a),$$
$$d=b+(d-b)=a+(b-a)+(d-b)$$

各种方式来计算。以后王孝通《缉古算经》也广泛采用这法。

《九章算术》只知道圆球可以内容在立方形、圆柱形之内，定圆球的体积 $V=\frac{9}{16}D^3$，其中 $D=$全径。

假定“立方形∶圆柱形＝圆柱形∶圆球形”的比例式来计算，其中：

$$立方形体积=D^3,$$

$$圆柱形体积=\frac{\pi}{4}D^3。$$

如 $$圆球形体积=xD^3,\pi=3,$$

可得： $$D^3:\frac{\pi}{4}D^3=\frac{\pi}{4}D^3:xD^3,\pi=3。$$

$$x=\frac{9}{16},V=\frac{9}{16}D^3。$$

刘徽注文说明上面数值是“偶与实相近，而丸犹伤多耳”，就是说上面数值只和实际相近，此项圆球体积数值还嫌太多。

刘徽另外说明圆球不仅可以内容在立方形、圆柱形之内；还可以内容在纵横两圆柱形相交所组成和圆阳马（curvilinear pyramid）相似的合盖形之内。

后来祖冲之（429～500）的儿子祖暅就掌握这个启示来计算正确圆球体积，称：“祖暅开立圆术”，即：

$$圆球形体积:V=\frac{11}{21}D^3;$$

或 $$V=\frac{4}{3}\pi r^3,\pi=\frac{22}{7}。$$

刘徽在《九章算术》卷五商功章计算阳马体积注文称：“邪解立方，得两堑堵。邪解堑堵，其一为阳马，一为鳖臑。阳马居二，鳖臑居一,不易之率也。”如图,一个立方体形 $ABDC\text{-}EFHG$ 斜解成二个堑堵形,$EF\text{-}ABDC$ 和 $CD\text{-}EFHG$。又 $EF\text{-}ABDC$ 堑堵可斜解成:

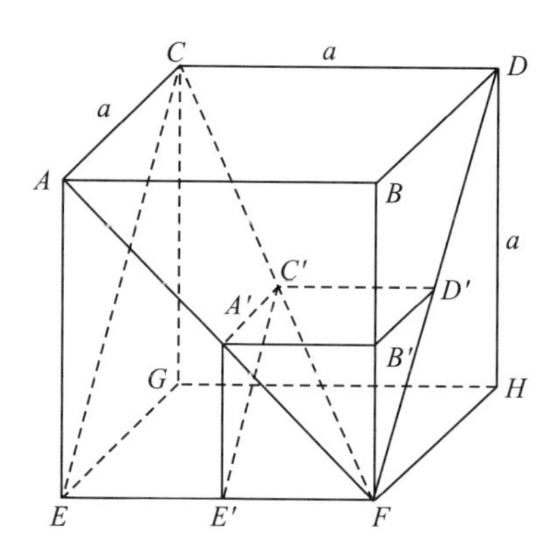

1 个 $F\text{-}ABDC$ 阳马形

1 个 $F\text{-}ACE$ 鳖臑形。

又 $CD\text{-}EFHG$ 堑堵可斜解成:

1 个 $C\text{-}EFHG$ 阳马形

1 个 $C\text{-}DFH$ 鳖臑形。

如“一纵一横”剖视之。即如上图将立方体形在中部纵横两面各和底面平行剖视。则在中部:$F\text{-}ABDC$ 阳马形有 $A'B'D'C'$ 平方剖面形。

$F\text{-}ACD$ 鳖臑形有 $A'C'E'$ 三角剖面形,即$\frac{1}{2}\cdot A'B'C'D'$平方剖面形。

其他各段,也可同样看到。

以上说明阳马形和鳖臑形,不独在体积上有“2∶1”的比率,即在剖面上也可以看到有“2∶1”的比率。因此将堑堵形斜解成一个阳马、一个鳖臑时可概括为“以阳马为分内，鳖臑为分外”。

刘徽又将一个黑色的阳马$\frac{2}{3}\left(\frac{1}{2}a^3\right)=\frac{1}{3}a^3$，和一个红色的鳖臑$\frac{1}{2}\left(\frac{1}{3}a^3\right)=\frac{1}{6}a^3$，组成一个堑堵$\frac{1}{2}(a^3)$，再另配一个同样红色的堑堵$\frac{1}{2}(a^3)$，组成一个立方$a^3$。用以证明各形体积公式的正确。另称：“有此分常率，知殊形异体，亦同也者，以此而已。”又说明只要掌握比率，至阳马又不必由立方形演出，因此在下段羡除体积注内称：“方锥与阳马同实”，即高和广袤还可以不同。

刘徽在此段最后称：“半之弥少，其余弥细，至细曰微，微则无形，由是言之，安取余哉？数而求穷之者，谓以情推，不用筹算。”这说明细微数值，不能用“筹算”计算，只可用推理方法，以后开立圆概念是由这方法导出的。

刘徽在《九章算术》卷五商功章计算羡除体积注文称：“按阳马之棋，两邪，棋底方。当其方也，不问旁角而割之，相半可知也。推此上连，无成不方。故方锥与阳马同实。角而割之者，相半之势。此大小鳖臑，可知更相表里，但体有背正也。”这说明等高等底的阳马和方锥等积。

以上说明刘徽知道：

（一）立体形平行面的定理。

（二）“幂势（剖面形）既同，即积不容异”的原则。

第十章 筹制

中国古代算数用筹。所以刘徽注《九章算术》(公元263年)还说:“数而求穷之者,谓以情推,不用筹算。”这说明惟有以情推的数,方可不用筹来算,反之其余所有的数,都要用筹来算。此项“筹”有策,算,筹,筹算,筹策,算筹,算子各不同的名称。盛筹或算的器具,有算袋,算縢,算子筒,算筒各物。①

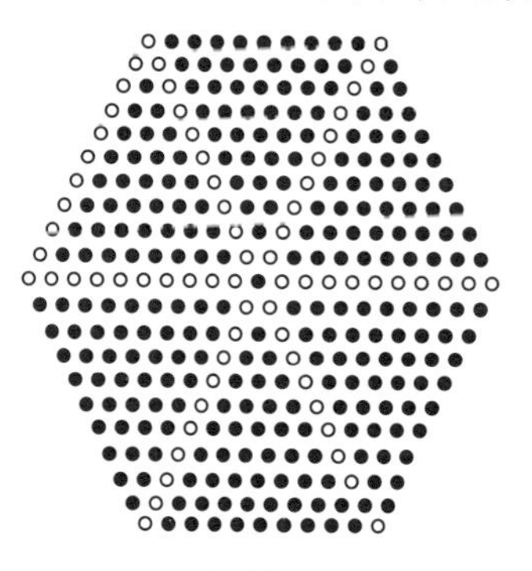

图(甲)

它的形式据《方言》称:“木细枝为策。”《说文》竹部称:“算长六寸,计历数者。”《前汉书·律历志》称:“其算法用竹,径一分,长六寸,二百七十一枚,而成六觚为一握。”前汉桓宽《盐铁论》贫富篇称:“运之六寸,转之息耗,取之贵贱之间耳。”此处“运之六寸”,即指运筹,因《说文》《前汉书·律历志》都说过“算长六寸”。此项“筹”径一分,是圆形物品。如图(甲)。

其后北周甄鸾注《数术记遗》称:“积算,今之常算者也,以竹为之。长四寸,以效四时;方三分,以象三才。”此时已由细木枝或圆形之物,进而为有规则之四方形矣。《隋书·律历志》曰:“其算用

① 参看李俨:《中国古代数学史料》,第139~144页,“28. 筹算制度”。又《咸淳临安志》卷五十八,风土,“果之品,瓜:有金支,沙皮,密瓮,算筒等品”。

竹，广二分，长三寸。正策三廉，积二百一十六枚，成六觚，乾之策也。负策四廉，积一百四十四枚成方，坤之策也。觚、方皆经十二，天地之大数也。”

按《周易》策数法已言：“乾之策二百一十有六，坤之策百四十有四。”

《北史》卷四十七，贾思伯传称：“蔡邕（132～192）论明堂之制云：堂方百四十四*尺，象坤之策；屋圆径二百一十六尺，象乾之策。”

其分别正负，亦有用赤黑色者。如魏刘徽注《九章算术》称：“正算赤，负算黑。”又《梦溪笔谈》卷八称：“算法用赤筹、黑筹，以别正负之数。”（见《四部丛刊续编》影明刊本宋沈括《梦溪笔谈》卷八第三页。）

清李锐于《知不足斋丛书》本《益古演段》卷上称：“秦道古（九韶）《数学九章》卷四上开方图，负算画黑，正算画朱。”盖李氏所见本如此。今所传《宜稼堂丛书》刻本，已无朱黑之别。至宋人杨辉，则以斜画为负，颇为后人所沿用。

又有将算筹就其形式分为正负二种：负者为四方形，正者为三角式，如下图（乙）及（丙）。

算筹长度，上记以外，清梅文鼎《古算器考》引宋浦江吴氏《中馈录》有：“切肉长三寸，各如算子样”之语（《图书集成》引同）。

算筹数目，虽《汉书》、《隋书》记有定数，以后却以“一把”，“盈握”为度。

---

* 原文脱“尺”前之“四”字，李俨补。——编者

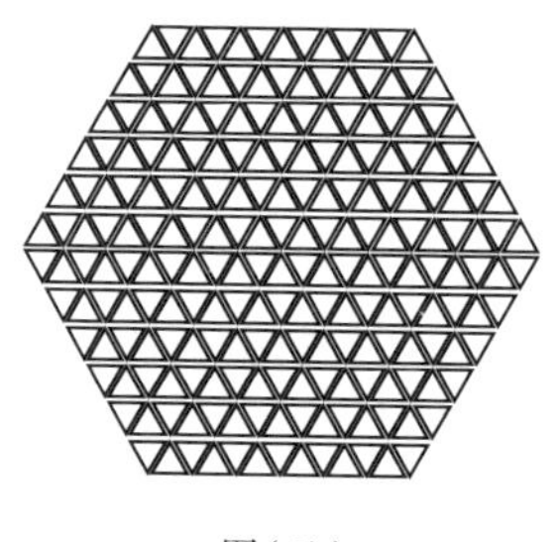

图(乙)

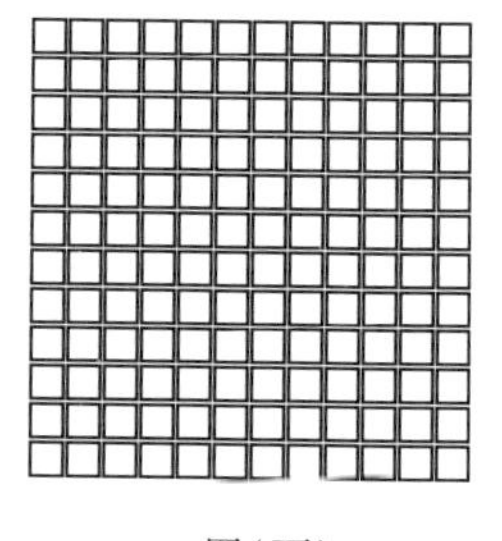

图(丙)

算筹其初用竹,如策、筹各字并从竹。亦有用木的。《方言》曾释策为木细枝。其后有用铁,用牙,用玉的。①

汉代算筹长六寸,如汉人按一尺约等于230毫米或23厘米计算,②则六寸约意为135毫米或13.5厘米。

第十一章　中古数学家小传(四)

20. 孙子　**21.** 张丘建　**22.** 夏侯阳

23. 北凉赵畋　**24.** 宋何承天　**25.** 皮延宗

26. 宋祖冲之　**27.** 梁祖晅

20. 孙子　著《孙子算经》三卷,《隋书·经籍志》作二卷,未详何代人。戴震以书中有长安、洛阳相去,及《佛书》二十九章语,断为汉明帝以后人。③ 阮元以书中有棋局十九道语,亦拟为汉以后

① 参看李俨:《中国古代数学史料》,第139~144页,“28. 筹算制度”。

② 参看吴承洛:《中国度量衡史》(1937)第69、65页。

③ 《孙子算经》,《四库提要》。

人。[1] 其言筹位，详纵横布算之义；九九则始九九，终于一一；下卷记物不知数题，大衍求一术之起源；并为他书所未述。《夏侯阳算经序》称："《五曹》、《孙子》，述作滋多。"《张丘建算经序》称："《夏侯阳》之方仓，《孙子》之荡杯。"则其人至迟在夏侯阳、张丘建之前。[2]

21. 张丘建　清河人。宋传本作《张丘建算经》三卷，甄鸾注，李淳风注释，刘孝孙细草。[3] 其鸡翁母雏题一问三答，如：

$$\left.\begin{array}{l}5x+3y+\frac{1}{3}z=100\\ x+y+z=100\end{array}\right\}\qquad \begin{array}{l}x=4,x=8,x=12,\\ y=18,y=11,y=4,\\ z=78;z=81;z=81.\end{array}$$

实著不定式一问数答之制。其分数除法及平面形与高线为比例，亦为前人所未论。球积计算尚凭古法。书中又示二次方程式题二问。如："今有弧田，弦六十八步五分步之三，为田二亩三十四步四十五分步之三十一，问矢几何？答曰：十二步三分步之二。"题，$x^2+68\frac{3}{5}x=2\times514\frac{31}{45}, x=12\frac{2}{3}$。又"今有圆篙，上周一丈五尺，高一丈二尺，受粟一百六十八斛五㪷二十七分㪷之五，问下周几何？答曰：一丈八尺。"今本前题是卷中的第二十二题，术文残缺不全。后

① ［清］阮元：《畴人传》卷一。

② 《孙子算经》，《算经十书》本，乾隆癸巳（1773年）刻，又《知不足斋丛书》本，乾隆四二年（1777年）刻。

③ ［宋］陈振孙：《直斋书录解题》卷一四，第一二页。

题术文称:“余(594)以上周尺数从而开方除之。”[①]草文称为“从法开方”,即:

$$x^2+15x=594,x=18。$$

《张丘建算经》算题有北魏初年田租户调制度。因北魏初年的田租户调是“天下户以九品混通”,“计赀定课”。和《张丘建算经》算题:“今有率户出绢三匹,依贫富欲以九等出之”意义相符。[②]

22. 夏侯阳　著《夏侯阳算经》三卷。[③] 今本《夏侯阳算经》是韩延所修补,用己说纂入原书之内,序亦当由韩延编成。清戴震曾拟韩延做隋代人。[④]《夏侯阳算经》“定脚价”内有“从纳洛州”之语是《北魏》制度,[⑤]原书至早是《北魏》以后所编。

关于数学方面视古代略有更革:定位之法,以本位为身,他位为外;相乘之辨,谓单位曰因,多位曰乘;又以倍,折代乘除;以添、减之谊,致用于身外,隔位,故有隔位加几,身外减几之说。以后宋杨辉《乘除通变算宝》(1274 年),元李治《益古演段》(1259 年),朱

---

① 《张丘建算经》,《算经十书本》。又《知不足斋丛书》本,乾隆四十五年(1780 年)刻。按前题“四十五分之三十二,”应作三十一。顾观光:《九数存古》卷四第三九至四〇页,江苏书局本,以意补草,实属强合题意。原题见《张丘建算经》卷中第二一至二二页,卷下第九至一〇页,《算经十书》本。

② 见王仲荦:《北魏初期(五世纪)社会性质与拓跋宏的均田迁都改革》,《文史哲》,1955 年 10 期第 45 页,山东大学文史哲编辑委员会编。

③ 《夏侯阳算经》:《隋志》作二卷,《唐志》作一卷,《文献通考》作一卷,《直斋书录解题》作三卷,元丰京监本,见《直斋书录解题》卷一四,第一二页。

④ 《夏侯阳算经跋》,《算经十书》本。《夏侯阳算经目录》,武英殿聚珍本。

⑤ 其“定脚价”条有“从纳洛州”之语。《魏书》卷一〇六,中,志第六,地形二中,称:洛州,“太宗置,太和十七年(公元 493 年)改为司州,天平初复”。其“分禄科”有:太守,别驾,司马,录事参军,司仓参军,司法参军,司户参军等名目,按《魏书·食货志》称“公田:太守十顷,治中别驾八顷”和“分禄科”太守十分别驾七分,约略相合。

世杰《四元玉鉴》(1303 年),还继续应用此项捷算方法。

《夏侯阳算经》引《时务》云:"十乘加一等,百乘加二等($10=10^1$, $100=10^2$, ……),十除退一等,百除退二等$\left(\frac{1}{10}=10^{-1},\frac{1}{100}=10^{-2},\cdots\cdots\right)$。"具有指数定义。唐李淳风所注《海岛》:称退位一等,退位二等,亦本此定义。又中半$\left(\frac{1}{2}\right)$,太半$\left(\frac{2}{3}\right)$,少半$\left(\frac{1}{3}\right)$,弱半$\left(\frac{1}{4}\right)$称为漏刻之数,自来历家并应用以记载十二辰的分数,是吾国应用十二进位的一个证据。①

又和《五曹算经》同样记不规则四边形(四不等田)的面积

$$A=\frac{a+b}{2}\times\frac{c+d}{2}$$

和埃及、希腊相同。

23. 赵䜩　北凉河西人。善历算。宋元嘉十四年(公元 437 年)北凉王河西沮渠茂虔献书于宋文帝,内有《赵䜩传》并《甲寅元历》一卷,《隋书·经籍志》有《赵䜩算经》一卷,河西《甲寅元历》一卷,凉太史赵䜩撰。又《甲寅元历序》一卷,《七曜历数算经》一卷,《阴阳历术》一卷,亦赵䜩撰。②

24. 何承天　东海郯人。生晋帝奕太和五年(公元 370 年)。卒元嘉二十四年(公元 447 年),年七十八。③ 宋太祖颇好历数。承天时为太子率更令,私撰新法。元嘉二十年(公元 443 年)上之。

① 参看李俨:《中算史论丛》,第一集,"中算家的分数论",第 19 ~25 页。

② 《隋书》卷三四,志第二九,经籍三。《宋书》卷九八,列传第五八,氐胡。

③ 《宋书》卷六四,列传第二四,……何承天。《南史》卷三三,列传第二三,……何承天。

二十二年(公元445年)遂普用《元嘉历》。[①] 或称:何承天曾受印度历法于僧慧严。[②] 何承天调日法,以四十九分之二十六为强率,十七分之九为弱率。累强弱之数,得中平之率,以为日法,朔余。唐宋演撰家,皆墨守其法,无敢失坠。[③] 承天论浑天象体,又云"周天三百六十五度三百四分之七十五。天常西转,一日一夜,过周一度。南北二极,相去一百一十六度三百四分之六十五强,即天径也。"[④]由是 $\pi=\dfrac{365\dfrac{75}{304}}{116\dfrac{65^{+}}{304}}=\dfrac{365\times304+75}{116\times304+65^{+}}=\dfrac{111035}{35329^{+}}=3.1428$,与 $\pi=\dfrac{22}{7}$ 之率相近。且南北二极相去度数下,本有一"强"字,或承天因 $\pi=\dfrac{22}{7}$ 而得周径之率。

25. 皮延宗 《宋书》称:"员外散骑郎皮延宗又难何承天。"事在《元嘉历》颁行(公元445年)之前。《隋书》称:"圆周率三圆径率一,其术疏舛,自刘歆,张衡,刘徽,王蕃,皮延宗之徒,各设新率,未臻折衷。"皮率现已亡失。[⑤]

26. 祖冲之(429~500) 字文远,范阳郡遒县(现涞水县)人,

---

① 《宋书》卷一二,志第二,历上。

② 见《高僧传》。

③ [清]李锐:《日法朔余强弱考》,《李氏算学遗书》本,上海醉六堂,光绪十六年(公元1890年)。按《新唐书》卷二十五,志第一十五,历志作:"宋御史中丞何承天"。

又《新唐书》卷二十七上,志第一十七,历志,称:"何承天反复相求,使气朔之母,合简易之率",即指调日法。

④ 《隋书》卷一十九,天文志第一十四,天文上,"天体"条。

⑤ 参看李俨:《中国古代数学史料》,第64~65页,引《宋书》《新唐书》《隋书》。

宋孝武帝（在位年，454～462）使直华林学省，赐宅宇车服，解褐南徐州从事史，公府参军。宋元嘉中（424～453）用何承天《元嘉历》比以前精密，冲之以为尚疏，大明六年（公元462年）冲之上书论所撰《大明历》计算精密。不久孝武帝死（公元462年），事未实行。到梁天监时（502～519）由其子祖暅再献给梁朝，方于梁天监八年（公元510年）起被采用，到陈后主祯明三年（公元589年）前后八十年。

关于算数，祖冲之曾定圆周率

$$3.1415926<\pi<3.1415927,$$

$$\text{密率},\pi=\frac{355}{113},$$

$$\text{约率},\pi=\frac{22}{7}。$$

《隋书·律历志》曾有记录，他著有《缀术》数十篇，《隋书·经籍志》列作《缀术》六卷。唐代曾入学官。《隋书·律历志》又称："（祖冲之）所著之书，名曰《缀术》，学官莫能究其深奥，是故废而不理。"所以十一世纪时，此书在中国即已失传。

祖冲之又注《九章算术》《海岛算经》。

祖冲之又善机械制造，曾制指南车，造有"水碓磨"。

冲之治学十分谨严。他自称："臣少锐愚，专功数术，搜练古今，博采沈奥，唐篇夏典，莫不揆量，周正汉朔，咸加该验，……此臣以俯信编识，不虚推古人。"又云"臣用是深惜毫厘，以全求妙之准，不辞积累，以成永定之制"，"臣测景历纪，躬辨分寸"，"臣考影弥年，穷察毫微"等语。

冲之子祖暅亦善数学，天文，机械制造。[①]

27. 祖暅　一作祖暅之，字景烁，冲之子。少传家业，究极精微。亦有巧思入神之妙。梁天监（502～519）初修乃父所改何承天历，位至太府卿。子皓少传家业，善算历。[②]《隋书·律历志》作员外散骑侍郎祖暅，并记天监三年（公元504年），八年（公元509年），九年（公元510年）三次上书论历。《天文志》，谓：梁奉朝请祖暅，天监中造八尺铜表，又称为漏经。《律历志》，谓：梁表尺即奉朝请祖暅所算造铜圭影表。[③]《梦溪笔谈》，谓：北齐祖亘有《缀术》二卷。[④] 按《隋书·经籍志》：《缀术》六卷，不著撰人姓名，或以为祖冲之所撰。[⑤]《旧唐书·经籍志》题《缀术》五卷，祖冲之撰，李淳风注。[⑥] 沈括所谓《缀术》二卷，或为暅修其父遗著，而简约之。《九章算术》开立圆术注："臣淳风等谨按：祖暅之谓刘徽，张衡二

① 参看李俨：《中国古代数学史料》，第65～67页，引南《齐书》《南史》《宋书》《日本见在书目》《旧唐书》《新唐书》《通志略》，宋李籍《周髀算经音义》，王孝通《上缉古算经表》，沈括《梦溪笔谈》，《宋史·楚衍传》，《数书九章》，李治《敬斋古今黈》和三上義夫《圓理ノ，發明ニ就テ》。

② 《南史》卷七二，列传第六二，文学，……祖冲之，子暅之。

③ 《隋书》卷一六，一七，律历志第一一，一二，律历上，中，又卷一九，天文志第一四，天文上。《北史》，《开元占经》，王应麟《玉海》卷三，《正字通》，［北齐］颜之推《颜氏家训》卷七并作暅，无"之"字。又，据《梁书·康绚传》：公元514年服务治淮工作，公元516年暅因拦水坝冲塌，坐下狱。

④ ［宋］沈括：《梦溪笔谈》卷一，第二页。

⑤ 《隋书》卷三四，志第二九，经籍三，子。《隋书》卷一六"考证"，（臣召南）按："经籍志有：《缀术》六卷，不言撰人，当即祖冲之所著也。"《南史》祖冲之传作："注《九章》，造《缀述》数十篇。"则讹以术为述字。

⑥ 《旧唐书》卷四七，经籍志第二七，经籍下。《算经十书》本，［宋］李籍《周髀算经音义》第三页，亦称："祖冲之……撰《缀术》五卷。"又《算经十书》本，［唐］王孝通《上缉古算经》表，则称："祖暅之《缀术》曾不觉方邑进行之术，全错不通；刍甍方亭之问，于理未尽。"

人，皆以圆囷为方率，丸为圆率，乃设新法。祖暅之开立圆术曰：以二十一乘积，十一而一*，开立方除之，即立圆径。”①是以 $2r=D=\sqrt[3]{\frac{21}{11}V}$，即 $V=\frac{11}{21}D^3$，或 $V=\frac{4}{3}\pi r^3$，而 $\pi=\frac{22}{7}$，V＝圆球之体积，D＝圆球的全径，r＝圆球的半径。已视《九章》原术 $D=\sqrt[3]{\frac{16}{9}V}$ 为加密，且知圆体立方的确比。《北史》称：“有江南人祖暅者，先于边境被获（约公元525年），在（魏安丰王）元延明（中大通二年，公元530年卒）家。旧明算历，而不为王所待。芳（即信都芳）谏王礼遇之。暅后还，留诸法授芳。”②

第十二章　祖冲之割圆术

《隋书》称：“祖冲之更开密法，以圆径一亿为一丈。圆周：盈数，三丈一尺四寸一分五厘九毫二秒七忽；朒数，三丈一尺四寸一分五厘九毫二秒六忽。正数在盈朒之间。密率，圆径一百一十三，圆周三百五十五；约率，圆径七，周二十二。又设开差幂，开差立，

* “以二十一乘积，十一而一”系依戴震误改。南宋本，大典本均作“以二乘积”，下式中 $\frac{11}{21}$ 当作 $\frac{1}{2}$。——编者

① 《九章算术》卷四，第一七页，孔刻《算经十书》本。

② ［唐］李延寿：《北史》卷八九，列传第七七，艺术上……信都芳。参看《梁书》卷十八，康绚传。按祖暅被获，当在徐州（公元525年）。因延明讨徐州在孝昌元年（公元525年）。卷三十六，江革传：公元525年祖暅在豫章王萧综幕府，萧综投奔元魏，祖暅被魏拘执。

兼以正圆参之。指要精密，算氏之最也。所著之书，名为《缀术》，学官莫能究其深奥，是故废而不理。”①因冲之 $3.1415926<\pi<3.1415927$，密率，$\pi=\frac{355}{113}$，约率，$\pi=\frac{22}{7}$。②《晋书》、《隋书》都称：“《周礼》㮚氏为量，鬴深尺，内方尺，而圆其外，其实一鬴。……祖冲之以算术考之，积凡一千五百六十二寸半，方尺而圆其外，减傍一厘八毫，其径一尺四寸一分四毫七秒二忽有奇，而深尺，即古斛之制也。”③

因
$$\frac{1}{2}\times 14.10472=7.05236 \quad \text{（半径）}$$
$$(7.05236)^2=49.7357815696 \quad \text{（半径幂）}$$
$$\pi=\frac{355}{113}, \quad \text{（祖冲之圆率）}$$
$$10\pi\times(7.05236)^2=1562.4957$$
$$=1562.5\text{（立方）寸。} \quad \text{（容积）}$$

祖冲之密率 $\pi=\frac{355}{113}$，在欧洲德人鄂图（Valentinus Otto）于 1573 年方始算出，④比祖冲之后一千一百余年。

祖冲之另著有一部纯粹的数学书《缀术》共数十篇。它的卷数，《隋书·经籍志》列作“《缀术》六卷”，《旧唐书》、《新唐书》经籍志都列作“祖冲之，《缀术》五卷”，并说明曾经唐李淳风注释过，

---

① 见《隋书》卷一十六，律历志第一十一，律历上。

② ［唐］李淳风注《九章算术》卷四，《张丘建算经》卷上，［宋］杨辉《田亩比类乘除捷法》卷上（1275 年）和［元］李治《益古演段》卷中（1259 年）都误称 $\pi=\frac{22}{7}$ 作密率。

③ 见《晋书》卷一十六，“嘉量”条，《隋书》卷一十六，“嘉量”条。

④ 见：D. E. Smith, *History of Mathematics*, v. I, p. 340.

列在学官。唐代数学学制，共有七年，分做两组，其中第二组是《缀术》四岁，《缉古》三岁，可见《缀术》一书是比较艰深的数学书。唐王孝通《上缉古算经表》，宋李籍《周髀算经音义》，宋沈括《梦溪笔谈》都提到《缀术》。《隋书·律历志》，又称："祖冲之所著之书，名为《缀术》，学官莫能究其深奥，是故废而不理。"所以十一世纪时此书在中国即已失传。"元丰算学条例"即未列有《缀术》，可是此书还流传到日本、朝鲜，在十二世纪时朝鲜还有流传。

朝鲜《三国史记》（金富轼奉宣撰）卷三八，职官上记："国学属礼部，神文王二年（公元682年）置，景德王（公元742年）改为大学监，惠蔡王（公元764年）复故，……以《缀经》（当即《缀术》），三开，九章，六章，教授之。"[1]又《高丽史》卷七三，志二七，称"仁宗十四年（1136年）十一月判……凡明算业式，经贴二日，内初贴《九章》十条，翌日贴《缀术》四条，三开三条，谢家三条，两日并全通。读九章十卷，破文兼义理通六机，每义六问，破文通四机；读缀四机内兼问义二机；三开三卷兼问义二机；谢家三机内兼问义二机。"[2]

日本延长五年（公元927年）完成的《延喜式》五十卷，其中卷二十，记明："孙子，五曹，九章，海岛，六章，缀术，三开重差，周髀，九司"，还和"令义解"（公元833年）所记相同，到《类聚符宣抄》（公元967年）方不记缀术。

清代李潢以为刘徽《九章算术》方田章"今有圆田，周一百八十

① 见朝鲜本，金富轼奉宣撰《三国史记》，卷三八。

② 见《高丽史》，卷七三，志二七，选举一，并参看《增补文献备考》，卷一八八，选举考。

一步……”，术文内注文自“晋武库”以下，疑是祖冲之语。①

此节注文称：“全径二尺，与周数通相约，径得一千二百五十，周得三千九百二十七。即其相与之率。若此者盖尽其纤微矣。举而用之，上法仍约耳。当求一千五百三十六觚之一面，得三千七十二觚之幂，而裁其微分。”②

---

① 参看李潢：《九章算术细草图说》，卷一，第35页。

② 现假定祖冲之推算步骤，和刘徽相同，令半径 $r=1.00000000$，则 $n=1536$ 时，S_{3072} 或 $\pi_{1536}=3.14159078\frac{4}{\ }$，可在下表看到：

	由六边形求十二边形	由十二边形求二十四边形
弦，r	1.00000000	1.00000000
勾，$\frac{l}{2}$	0.50000000	$\frac{0.51763809}{2}$
股，$\sqrt{r^2-\left(\frac{l}{2}\right)^2}$	$0.86602540\frac{4}{\ }$	$0.96592582\frac{6}{\ }$
弦幂，r^2	1.0000000000000000	1.0000000000000000
勾幂，$\left(\frac{l}{2}\right)^2$	0.2500000000000000	$\frac{0.2679491923733632}{4}$ =0.0669872980933408
股幂，$r^2-\left(\frac{l}{2}\right)^2$	0.7500000000000000	0.9330127019066592
小勾，$r-\sqrt{r^2-\left(\frac{l}{2}\right)^2}$	$0.13397459\frac{6}{\ }$	$0.03407417\frac{4}{\ }$
小股，$\frac{l}{2}$	0.50000000	$\frac{0.51763809}{2}$
小弦，$\sqrt{\left[r-\sqrt{r^2-\left(\frac{l}{2}\right)^2}\right]^2+\left(\frac{l}{2}\right)^2}$	$0.51763809\frac{0}{\ }=l_{12}$	$0.26105238\frac{4}{\ }=l_{24}$
小勾幂，$\left[r-\sqrt{r^2-\left(\frac{l}{2}\right)^2}\right]^2$	$0.0179491923733632\frac{16}{\ }$	$0.0011610493337822\frac{76}{\ }$
小股幂，$\left(\frac{l}{2}\right)^2$	0.2500000000000000	0.0669872980933408
小弦幂，$\left[r-\sqrt{r^2-\left(\frac{l}{2}\right)^2}\right]^2+\left(\frac{l}{2}\right)^2$	0.2679491923733632	0.0681483474271230

（接上页）

	由二十四边形求四十八边形	由四十八边形求九十六边形
弦，r	1. 00000000	1. 00000000
勾，$\frac{l}{2}$	$\frac{0.26105238}{2}$	$\frac{0.13080625}{2}$
股，$\sqrt{r^2-\left(\frac{l}{2}\right)^2}$	0. 99144486 $\frac{1}{\quad}$	0. 99785892 $\frac{2}{\quad}$
弦幂，r^2	1. 0000000000000000	1. 0000000000000000
勾幂，$\left(\frac{l}{2}\right)^2$	$\frac{0.0681483474271230}{4}$	$\frac{0.0171102772600900}{4}$
	＝0. 0170370868597807	＝0. 0042775693150225
股幂，$r^2-\left(\frac{l}{2}\right)^2$	0. 9829629131432193	0. 9957224306849775
小勾，$r-\sqrt{r^2-\left(\frac{l}{2}\right)^2}$	0. 00855513 $\frac{9}{\quad}$	0. 00214107 $\frac{7}{\quad}$
小股，$\frac{l}{2}$	$\frac{0.26105238}{2}$	$\frac{0.13080625}{2}$
小弦，$\sqrt{\left[r-\sqrt{r^2-\left(\frac{l}{2}\right)^2}\right]^2+\left(\frac{l}{2}\right)^2}$	0. 13080625 $\frac{9}{\quad}=l_{48}$	0. 06543816 $\frac{6}{\quad}=l_{96}$
小勾幂，$\left[r-\sqrt{r^2-\left(\frac{l}{2}\right)^2}\right]^2$	0. 0000731904033093 $\frac{21}{\quad}$	0. 0000045842107199 $\frac{29}{\quad}$
小股幂，$\left(\frac{l}{2}\right)^2$	0. 0170370868567807	0. 0042775693150225
小弦幂，$\left[r-\sqrt{r^2-\left(\frac{l}{2}\right)^2}\right]^2+\left(\frac{l}{2}\right)^2$	0. 0171102772900900	0. 0042821535257424
	由九十六边形求一百九十二边形	由一百九十二边形求三百八十四边形
弦，r	1. 00000000	1. 00000000
勾，$\frac{l}{2}$	$\frac{0.06543816}{2}$	$\frac{0.03272346}{2}$

（接上页）

股，$\sqrt{r^2-\left(\frac{l}{2}\right)^2}$	0.99946458 $\frac{7}{\ }$	0.99986613 $\frac{3}{\ }$
弦幂，r^2	1.0000000000000000	1.0000000000000000
勾幂，$\left(\frac{l}{2}\right)^2$	$\frac{0.0042821535257424}{4}$	$\frac{0.0010708250485161}{4}$
	=0.0010705383814356	=0.0002677062621290
股幂，$r^2-\left(\frac{l}{2}\right)^2$	0.9989294616185644	0.9997322937378710
小勾，$r-\sqrt{r^2-\left(\frac{l}{2}\right)^2}$	0.00053541 $\frac{3}{\ }$	0.00013386 $\frac{3}{\ }$
小股，$\frac{l}{2}$	$\frac{0.06543816}{2}$	$\frac{0.03272346}{2}$
小弦，$\sqrt{\left[r-\sqrt{r^2-\left(\frac{l}{2}\right)^2}\right]^2+\left(\frac{l}{2}\right)^2}$	0.03272346 $\frac{3}{\ }=l_{192}$	0.01636227 $\frac{9}{\ }=l_{384}$
小勾幂，$\left[r-\sqrt{r^2-\left(\frac{l}{2}\right)^2}\right]^2$	0.0000002866670805 $\frac{69}{\ }$	0.0000000179199350 $\frac{44}{\ }$
小股幂，$\left(\frac{l}{2}\right)^2$	0.0010705383814356	0.0002677062621290
小弦幂，$\left[r-\sqrt{r^2-\left(\frac{l}{2}\right)^2}\right]^2+\left(\frac{l}{2}\right)^2$	0.0010708250485161	0.0002677241811640
	由三百八十四边形求七百六十八边形	由七百六十八边形求一千五百三十六边形
弦，r	1.00000000	1.00000000
勾，$\frac{l}{2}$	$\frac{0.01636227}{2}$	$\frac{0.00818120}{2}$
股，$\sqrt{r^2-\left(\frac{l}{2}\right)^2}$	0.9999665653 $\frac{4}{\ }$	0.99999163 $\frac{3}{\ }$
弦幂，r^2	1.0000000000000000	1.0000000000000000
勾幂，$\left(\frac{l}{2}\right)^2$	$\frac{0.0002677241811640}{4}$	$\frac{0.0000669321652641}{4}$
	=0.0000669310452910	=0.0000167330413160
股幂，$r^2-\left(\frac{l}{2}\right)^2$	0.9999330689547090	0.9999832669586840

至 $\pi=\frac{3927}{1250}$之求法，冲之《九章注》亦言之，刘徽

因 $$n=48\text{ 时}，\quad S_{96}\text{或 }\pi_{48}=3.13\frac{584}{625}。$$

$$n=96\text{ 时}，\quad S_{192}\text{或 }\pi_{96}=3.14\frac{64}{625}。$$

而差幂，

$$S_{192}-S_{96}=3.14\frac{64}{625}-3.13\frac{584}{625}=\frac{105}{625}。$$

以差幂加入 S_{192}，即：

$$3.14\frac{64}{625}+\frac{105}{625}=3.14\frac{192}{625}。$$

刘徽以其数太大，故仅用 $\pi=3.14$。祖冲之则因

$$n=96\text{ 时}，S_{192}\text{或 }\pi_{96}=3.14\frac{64}{625}$$

（接上页）

小勾，$r-\sqrt{r^2-\left(\frac{l}{2}\right)^2}$	$0.00003346\frac{6}{\ }$	$0.00000836\frac{6}{\ }$
小股，$\frac{l}{2}$	$\frac{0.01636227}{2}$	$\frac{0.00818120}{2}$
小弦，$\sqrt{\left[r-\sqrt{r^2-\left(\frac{l}{2}\right)^2}\right]^2+\left(\frac{l}{2}\right)^2}$	$0.00818120\frac{8}{\ }=l_{768}$	$0.00409061\frac{3}{\ }=l_{1536}$
小勾幂，$\left[r-\sqrt{r^2-\left(\frac{l}{2}\right)^2}\right]^2$	$0.0000000011199731\frac{56}{\ }$	$0.0000000000699899\frac{56}{\ }$
小股幂，$\left(\frac{l}{2}\right)^2$	0.0000669310452910	0.0000167330413160
小弦幂，$\left[r-\sqrt{r^2-\left(\frac{l}{2}\right)^2}\right]^2+\left(\frac{l}{2}\right)^2$	0.0000669321652641	0.0000167331113059
		$S_{3072}=1536\times\frac{r\times l_{1536}}{2}$ $\pi_{1536}=3.14159078\frac{4}{\ }$

于差幂$\frac{105}{625}$中，取其$\frac{36}{625}$，加入 S_{192} 得

$$\pi=3.14\frac{64}{625}+\frac{36}{625}=3.14\frac{4}{25}=\frac{3927}{1250}。$$

《隋书》所谓："又设开差幂"，或即指此方法来说。①

---

① 《九章算术》方田章"今有圆田，周一百八十一步……"术文内注文自"晋武库"以下，现暂定是祖冲之注，并分释如下：

"晋武库中，汉时王莽作铜斛，其铭曰：律嘉量斛，内方尺而圆其外。庣旁九厘五毫，幂一百六十二寸，深一尺，积一千六百二十寸，容十斗。以此术求之，得幂一百六十一寸，有奇，其数相近矣。

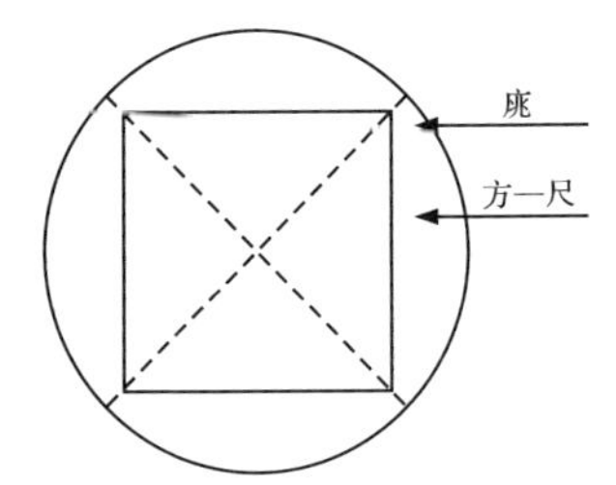

用刘歆圆率，$\pi=3.1547$

$10\pi(=3.1547)(\sqrt{50}+0.095)^2=1620$（立方）寸用此刘徽圆率，$\pi=3.141$

$10\pi(=3.141)(\sqrt{50}+0.095)^2=1612.965$

其中：$3.141(\sqrt{50}+0.095)^2=161.2965$

又 $1612.965<1620$。

此术微少，而斛差幂六百二十五分寸之一百五。以十二觚之幂为率。消息当取此分寸之三十六，以增于一百九十二觚之幂。

故言此刘徽率微少。

又求六觚和十二觚（即圆内容六边形和圆内容十二边形）的差幂：

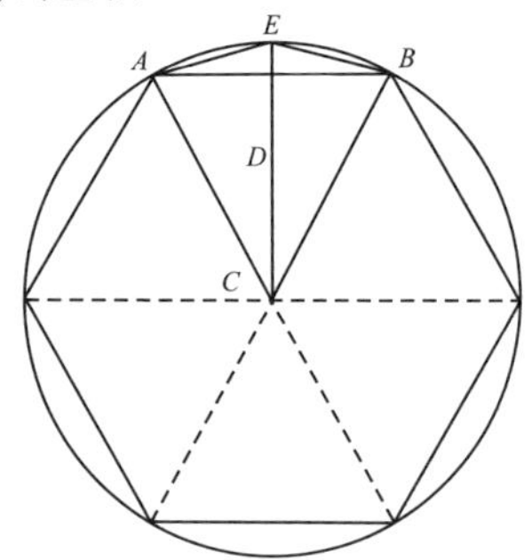

第十三章　祖暅开立圆术

祖暅开立圆术是继续刘徽的工作（公元263年），刘徽注《九章算术》卷四立圆公式称：“是以九与十六之率，偶与实相近，而丸犹伤多耳……敢不阙疑，以俟能言者。”

祖暅先设一立方形，每边之长 $D=2r$，此立方形可内容一圆球，

（接上页）

$\triangle ABE=$六觚和十二觚的差幂

$$ED=\left(1-\frac{\sqrt{3}}{2}\right)r$$

$$\triangle ABE=\frac{r^2}{2}\left(1-\frac{\sqrt{3}}{2}\right)=s。$$

又　$P=$弓形 $ABE-\triangle ABE=\frac{r^2}{2}\left(\frac{\pi}{3}-1\right)$。

$\frac{P}{S}=\frac{\frac{\pi}{3}-1}{1-\frac{\sqrt{3}}{2}}$，以徽率 $\pi=3.141$ 代入，得

$$\frac{P}{S}=\frac{\pi-3}{3}\times\frac{2}{2-\sqrt{3}}=\frac{141}{3}\times\frac{2}{268}=\frac{47}{134}。$$

因　$\pi_{48}=3.13\frac{584}{625}$，

$\pi_{96}=3.14\frac{64}{625}$，差$\frac{105}{625}$。

$$134:47=105:a,a=36。$$

以为圆幂三百一十四寸二十五分之四。”

故注文称：“消息当取此分寸之三十六……以为圆率三百一十四寸二十五分之四。”

它的半径长为 r,因 $D^3=(2r)^3=8r^3$,即原立方形可分成八个小立方形,如下图。

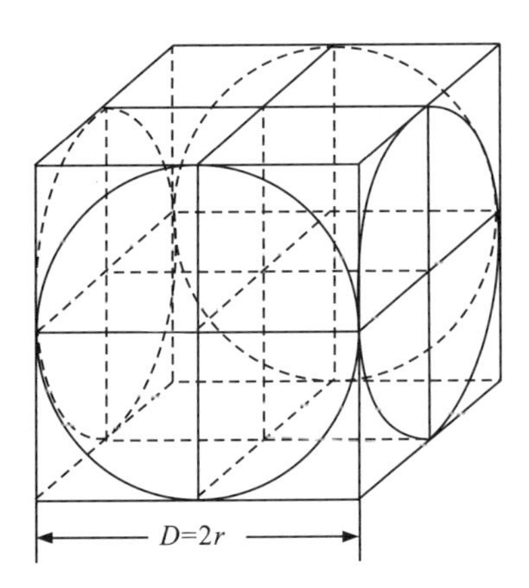

次假设原立方形纵横两面,各以圆柱相贯通后,取其八个小立方形之一个小立方形,如形Ⅰ或Ⅱ。此形是一个大立体形Ⅲ,和三个小立体形Ⅳ_1、Ⅳ_2、Ⅳ_3所组成。如在距底边 a 处,以一平面,平割此小立方形,则其截面也有四形。计有大小正方形各一,长方形二,如Ⅴ,Ⅵ,Ⅶ所指。

因在勾股形内,已知弦为 r,勾为 a,假令股为 b。则此次平割此小立方形,它的截面内大正方形的一边为 b。其面积为 $b^2=r^2-a^2$。

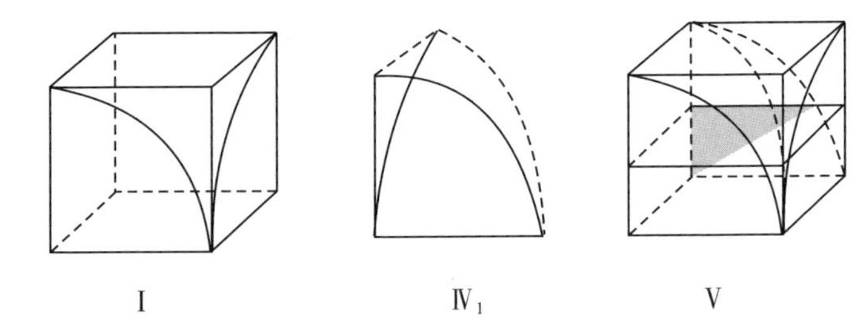

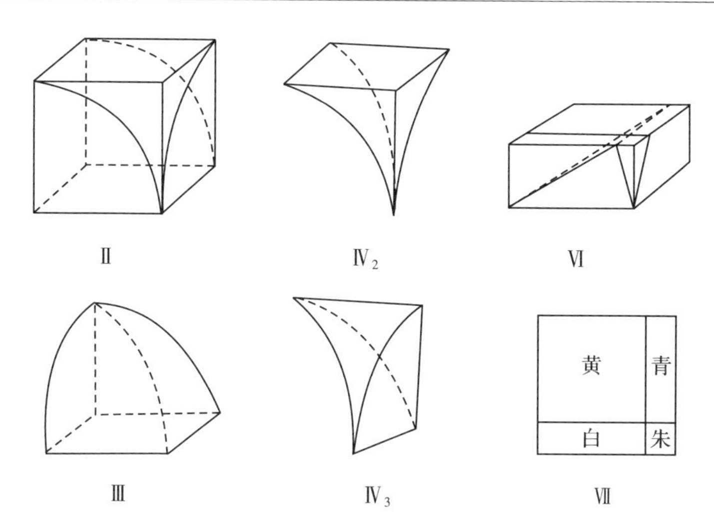

Ⅱ Ⅳ$_2$ Ⅵ

Ⅲ Ⅳ$_3$ Ⅶ

又因截面的总面积为 r^2,则在距底边 a 处所平割其他三个小立体形之总面积必为 a^2,同理在1 处截面的总面积为 1^2,

2 处截面的总面积为 2^2,

……………………………

r 处截面的总面积为 r^2。

现在因以 r^2 为底,r 为高的倒方锥形,正适合上开条件,故此三个小立体形可累积成一方锥形,它的体积为$\frac{1}{3}r^3$。又因小立方形的体积为 r^3,则其中大立体形Ⅲ的体积当为$\frac{2}{3}r^3$。合这同样的大立体形四个,可成一“合盖形”,因形似合盖(即盒子盖),它的体积是 $4\times\frac{2}{3}r^3=\frac{8}{3}r^3$。

次设原立方形亦内容一圆球,平分为上下两半,取其上半或下半,在距底边 a 处,以一平面平割此内容半圆球,则所割半圆球在

距底边

$$a \text{ 处截面的总面积为 } \pi a^2,$$

$$r \text{ 处截面的总面积为 } \pi r^2。$$

假令圆球的体积为 V。

则 $$\text{合盖形：半圆球} = 4r^2 : \pi r^2,$$

$$\frac{8}{3}r^3 : \frac{1}{2}V = 4 : \pi,$$

即 $$\text{圆球体积：} V = \frac{4}{3}\pi r^3。$$

因　祖暅令 $$\pi = \frac{22}{7}, D = 2r$$

所以圆球体积: $$V = \frac{11}{21}D^3。$$

第十四章　中古数学家小传（五）

28. 梁庾曼倩　29. 梁张缵　30. 魏元延明　31. 魏殷绍

32. 成公兴　33. 高允　34. 信都芳　35. 后周甄鸾

28. 庾曼倩　庾诜子，字世华，新野人。梁世祖在荆州，辟为主簿，迁中录事，转咨议参军。疏注《算经》，及七曜历术。①

29. 张缵　张缅第三弟，缅有书万余卷，缵昼夜披读，殆不辍手。张缵字伯绪，范阳方城人。尚（梁）武帝第四女富阳公主。太

① 参看李俨：《中国古代数学史料》，第73页，引唐姚思廉《梁书》《明一统志》《南史》。

清二年(公元548年)徙授领军,俄改雍州刺史,卒。著《算经异议》一卷。①

30. 元延明(484～530)　字延明,后魏安丰王,猛子,因亦称安丰王延明。延昌初(公元512年)散家财拯饥。延明博极群书,鸠集图书万有余卷。正光三年(公元522年)诏延明定服章。正光中(520～525)监修古今乐事。孝昌元年(公元525年)正月,元法僧反,为东道行台徐州大都督,共讨徐州。二年(公元526年),从骠骑大将军徐州刺史,迁为仪同三司,壮帝时元灏入洛,延明受灏委寄,缘河据守。永安二年(公元529年)七月,灏败,延明南奔。以梁中大通二年(公元530年)卒于建康,年四十七。延明撰《五经宗略》二十三卷,一作四十卷。因河间人信都芳工算术,引之在馆,其撰《古今乐事》,《九章》十二图,又集《器准》九篇,芳别为之注。②

31. 殷绍　长乐人,达《九章》、《七曜》,太武时(424～451)为算生博士,给事西曹。太安四年(公元458年)上书称其受《九章要术》于成公兴,受《九章数家杂要》于道人法穆。③

32. 成公兴　字广明,自云胶东人,能达《九章算术》。寇谦之算七曜有所不了,兴曰:"先生诚随兴语布之。"俄然便决。④

33. 高允(390～487)　字伯恭,渤海蓚人。神䴥四年(公元

① 参看李俨:《中国古代数学史料》,第73页,引《隋书》《南史》。
又《梁书》,张缅传。
又梁主撰《金楼子》(在承圣二年,553年)聚书篇,曾举及张缵。

② 同上书,第73～74页,引《魏书》《隋书》《旧唐书》《新唐书》。
另参看郭玉堂,《洛阳出土石刻时地记》第45页(1941年)和赵万里《汉魏南北朝墓志集释》第一册(1956年)内"元延明墓志"。

③ 同上书,第74页,引《北史》《魏书》。

④ 同上。

431年)征拜中书博士,迁侍郎。生魏登国五年(公元390年),卒太和十一年(公元487年)正月,年九十八。允尤明算法。著《算术》三卷。①

34. 信都芳　字玉琳,后魏河间人。少明算术,为州里所称。后魏安丰王元延明召信都芳入宾馆。延明家有群书,欲钞集五经算事为《五经宗(略)》,及古今乐事为《乐书》,又为《器准(图)》,并令芳算之。会延明南奔(在公元529年),芳乃自注《乐书》七卷,器准图二卷,《黄钟算法》二十卷。又注《重差勾股》《周髀四术》,一作《四术周髀宗》。唐李淳风《周髀算经注》曾引信都芳《周髀四术》,《北史·艺术传》曾引有信都芳《四术周髀宗》序文。信都芳曾谏元延明礼遇江南人祖暅,暅后还(在公元526年)留诸法授芳。又《隋书》称:"后齐神武霸府田曹参军信都芳,深有巧思。"②又《魏书》称:"兴和元年(公元529年)齐献武王入邺,令其幕客李业兴制甲子元历,诏以新历示信都芳,芳可,乃付施行。"信都芳武定中(543~550)卒。③

35. 甄鸾　字叔遵,后周中山无极人。《夏侯阳算经》自序称:"《五曹》《孙子》,述作滋多,《甄鸾》《刘徽》为之注释。"又"言斛法不同"称:"至梁大同元年(公元535年)甄鸾校之。"《隋书·律历志》上引《甄鸾算术》云:玉升一升,得官斗一升三合四勺。按玉升

---

① 参看李俨:《中国古代数学史料》,第74页,引《北史》《魏书》。

② [陈]释智匠《古今乐录》亦称《北齐神武霸府田曹参军信都芳》。见《汉学堂丛书》辑本《古今乐录》。

③ 又参看李俨:《中国古代数学史料》,第74~75页,引《北史》《北齐书》《隋书》《算经十书》本,甄鸾注《周髀算经》《旧唐书》《新唐书》《魏书》;《玉函山房辑佚书》本信都芳《乐书》。

于周武帝（在位年，561～578）保定五年（公元565年）颁行，是甄鸾入仕于周，尚校解法。甄鸾又造天和历。

周武帝崇道法，甄鸾重佛教，注《数术记遗》，尚引《楞伽经》和《华严经》，又撰《笑道论》。时在天和四，五年（569～570）。建德二年（公元573年）武帝辨释儒道释三教先后，甄鸾重佛教，因不为时人所重。

他的官职：唐《法苑珠林》（公元668年）称：《笑道论》三卷，周朝武帝敕前司隶毋极伯甄鸾撰。又《历代三宝记》作：司隶大夫甄鸾撰。现行本《笑道论》作：前司隶毋极县开国伯甄鸾撰。又现行本《数术记遗》题：北周汉中郡守前司隶臣甄鸾注。

甄鸾撰注算书有《九章算经》或《算术》《孙子算经》《五曹算经》《张丘建算经》《夏侯阳算经》（？）《周髀算经》《五经算术》《数术记遗》《三等数》《海岛算经》《甄鸾算术》。

其不关算术的，有周天和《年历》，七曜术算或历算，历术，《七曜本起》或本起历，《笑道论》，《帝王世录》，并和王道珪共著《年纪》。①

① 参看李俨：《中国古代数学史料》，第75～76页，《夏侯阳算经》《隋书》《旧唐书》《法苑珠林》《历代三宝记》《数术记遗》《笑道论》。

甄鸾撰注各算书等，各书所载，互有详略，参看李俨：《中国古代数学史料》，"16. 后周甄鸾撰注算经"，第70～72页。

甄鸾注《数术记遗》曾设有百鸡问二题，如下：

$$\left.\begin{aligned}5x+4y+\frac{1}{4}z=100\\ x+y+z=100\end{aligned}\right\}\begin{aligned}x&=15\\ y&=1\\ z&=84;\end{aligned}\qquad \left.\begin{aligned}4x+3y+\frac{1}{3}z=100\\ x+y+z=100\end{aligned}\right\}\begin{aligned}x&=8\\ y&=14\\ z&=78。\end{aligned}$$

第十五章 《五曹算经》

《四库提要》,称:"《隋书·经籍志》有:《九章六曹算经》一卷,[1]而无《五曹》之目。其《六曹》篇题亦不传。《唐书·艺文志》始有甄鸾《五曹算经》五卷,韩延《五曹算经》五卷,李淳风注《五曹》、《孙子》等算经二十卷,鲁靖《新集五曹时要术》三卷。[2] 甄、韩二家皆注是书者也,其作者则不知为谁。考《汉书》梅福上书言,臣闻齐桓之时,有以九九见者,(唐)颜师古注云:《九九算术》若今《九章》《五曹》之辈。[3] ……《唐书·选举志》称孙子,五曹共限一岁,[4]……姑断以甄鸾之注,则其书确在北齐前耳。……《夏侯阳算经》引田曹、仓曹者二,引金曹者一,而此(《永乐大典》本《五曹算经》书)皆无其文。"[5]后来演此书有《宋史》:甄鸾《五曹算经》二卷,李淳风注,甄鸾《五曹算法》二卷,程柔《五曹算经求一法》三卷,鲁靖《五曹时要算术》三卷,《五曹乘除见一捷例算法》一卷,《五曹算经》五卷李淳风注。[6] 现考《夏侯阳算经》所题四不等田的计算,和《五曹算经》同术,则其书或在北魏以后。

---

① 《隋书》卷三四,志第二九,经籍三。

② 此据《新唐书》卷五九,艺文志第四九,《旧唐书》卷四七,经籍志第二七,则作:"《五曹算经》五卷,甄鸾撰;又《五曹算经》三卷甄鸾撰"。

③ 《前汉书》卷六七,列传第三七,……,梅福。

④ 《新唐书》卷四四,志第三四。

⑤ 《五曹算经目录》第一至二页,武英殿聚珍本。

⑥ 《宋史》卷二〇七,艺文志第一六〇,艺文六。按《崇文目》作一卷,宋《绍兴秘书目》作三卷。

第十六章　《五经算术》

《四库全书》有《五经算术》二卷。此书引有《数术记遗》内："黄帝为法数有十等，及其用也，乃有三焉。……上数者数穷则变，若言万万曰亿，亿亿曰兆，兆兆曰京也"一段文字。又在卷上说述筹算开平方步骤。

《四库提要》云："《隋书·经籍志》有《五经算术》一卷，《五经算术录遗》一卷，皆不著撰人姓名。唐《艺文志》，则有李淳风注《五经算术》二卷，亦不言其书为谁撰。今考是书……悉加'甄鸾按'三字于上，则是书当即鸾所撰。"①

此书宋元时期都作甄鸾撰，如：《通志略》称："甄鸾《五经算术》一卷。"《玉海》引《书目》称："《五经算术》二卷，甄鸾注，李淳风注释。"又元程端礼《读书分年日程》引"甄氏《五经算术》"。

惟按元延明(484～530)曾钞集五经算事撰《五经宗略》二十三卷，一作四十卷，是在甄鸾之前。②

第十七章　筹算的方法

1. 筹位

《孙子算经》称："凡算之法，先识其位，一从十横，百立千僵，千

① 《聚珍版丛书》本《五经算术》内四库提要。

② 见《魏书》卷一〇，二〇和卷九一。

又《隋书》卷三二，《新唐书》卷五七。

十相望,万百相当。”又称:“六不积,五不支。”①《夏侯阳算经》称:“夫乘除之法,先明九九,一纵十横,百立千僵,千十相望,万百相当。满六已上,五在上方,六不积算,五不单张。”②因筹的记数,五以下以一筹各当一;五以上者,以一筹当五,余筹各当一。一至九纵列之,一十至九十横列之。以后纵横相间,布列成数。

	1,	2,	3,	4,	5,	6,	7,	8,	9
纵者为	𝍠,	𝍡,	𝍢,	𝍣,	𝍤,	𝍥,	𝍦,	𝍧,	𝍨
横者为	𝍩,	𝍪,	𝍫,	𝍬,	𝍭,	𝍮,	𝍯,	𝍰,	𝍱

如有数6728,作“𝍮𝍦𝍪𝍧”,又6708,作“𝍮𝍦 𝍧”。“亥有二首六身”之说,为春秋时用筹之证。③ 秦时“货贝钱”中有一钱,第三字“𝍮”为六之省。新莽泉布则作“𝍥”为六,更作“𝍦,𝍧,𝍨”为七,八,九。亦从一横为五,以𝍡,𝍢,𝍣递增其数。④ 此则秦、汉筹法之可考者。

在筹位内一和百,都用纵筹来代表,十和千,都用横筹来代表。所以《管子》轻重丁篇第八十三,称:“一可以为百。”

2. 筹算乘除

《孙子算经》述乘法比较详细,谓:“凡乘之法,重置其位。上下

① 《孙子算经》卷上,第一一页,《算经十书》本。

② 《夏侯阳算经》卷上,第二页,《算经十书》本。

③ [汉]许慎:《说文》:“亥……《春秋传》曰:亥有二首六身。”注称:“《左传》襄三十年文。孔氏《左传正义》曰:二画为首,六画为身。按今篆法,身只有五画,盖周时首二画,下作六画,与今篆法不同也。”见《说文解字注》第二八卷,《说文解字》第一四篇注下,第四四页,光绪辛巳(1881年),苏州刊本。

④ [清]马昂:《货布文字考》卷四,第一九至二〇页,初刻本。

相观，上位有十步至十，有百步至百，有千步至千。以上命下，所得之数，列于中位。……上位乘讫者先去之。下位乘讫者，则俱退之。”例如，324×753，则乘数、被乘数排列于上下位，称“重置其位”，如下式：

		3	2	4	上位
					中位
7	5	3			下位

或

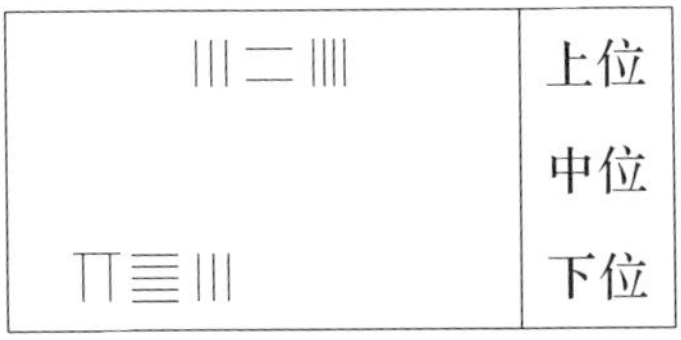

		𝍢	𝍪	𝍣	上位
					中位
𝍦	𝍭	𝍢			下位

先以3×7=21中的1单位，置在7位之上，2置于1之左，都列在中位，如：

			3	2	4	上位
2	1					中位
	7	5	3			下位

或

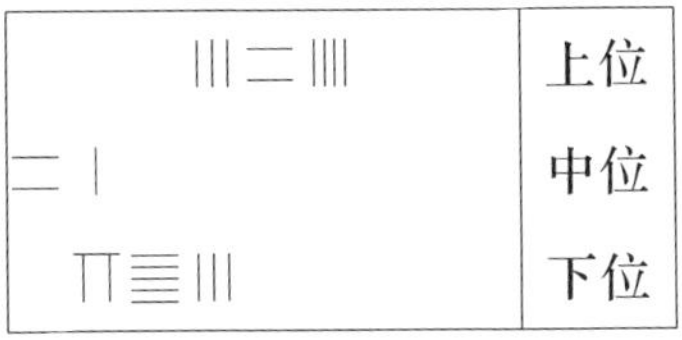

			𝍢	𝍪	𝍣	上位
𝍪	𝍠					中位
	𝍦	𝍭	𝍢			下位

逐次以3乘5，3；分置于5，3位之上。“退下位（753）一等（即向右移过一位），收上位（3）”，如：

				2	4	上位
2	2	5	9			中位
		7	5	3		下位

或

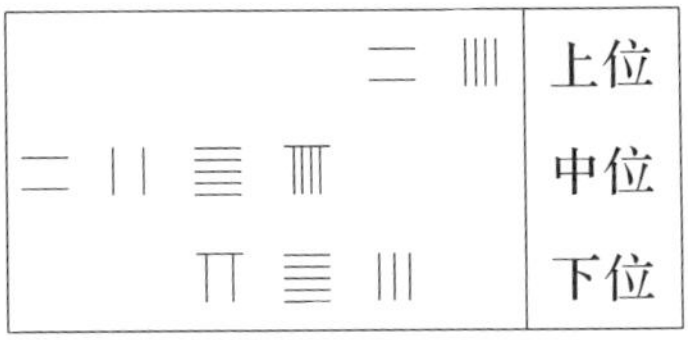

				𝍪	𝍣	上位
𝍪	𝍡	𝍭	𝍨			中位
		𝍦	𝍭	𝍢		下位

再以2遍乘753。后“退下位（753）一等（即向右移过一位），收上位（2）”，如：

					4	上位
2	4	0	9	6		中位
			7	5	3	下位

或

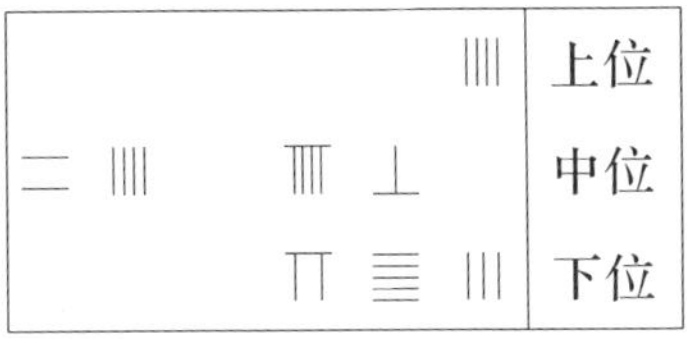

					𝍣	上位
𝍪	𝍣		𝍨	𝍮		中位
			𝍦	𝍭	𝍢	下位

最后同理得中位，“上下位俱收”，得：

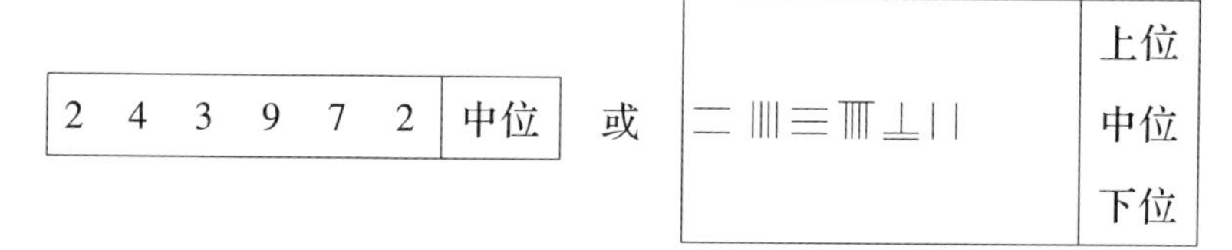

《孙子算经》说除法，称：“凡除之法，与乘正异。乘得在中央，除得在上方。……实有余者，以法命之，以法为母，实余为子。”《夏侯阳算经》称：“实居中央。……以法除之，宜得上商。从算相似，横算相当。以次右行，极于左方。言法之上，见十步至十，见百步至百，见千步至千，见万步至万，悉观上数，以安下位。上不满十，下不满一，步随多少，以为楷式。”

除法也照《孙子算经》术法演草。

例：求 2342205÷6789。

先置被除数 2342205 在中位，称作“实”，置除数 6789 在下位，称作“法”，预定得数在上位，称作“商”，如下式：

							商，上位
2	3	4	2	2	0	5	实，中位
			6	7	8	9	法，下位

除数步进二位，商数当在百位，先求百位的商，约得(3)，如：

				3			商，上位
2	3	4	2	2	0	5	实，中位
	6	7	8	9			法，下位

因　$3\times6789=20367$，

$$23422-20367=3055,$$

即被除数商(3)后,余数305505,“退下位一等”,再求十位的商,约得(4),如:

<table>
<tr><td></td><td></td><td></td><td>3</td><td>4</td><td></td><td>商,上位</td></tr>
<tr><td>3</td><td>0</td><td>5</td><td>5</td><td>0</td><td>5</td><td>实,中位</td></tr>
<tr><td></td><td>6</td><td>7</td><td>8</td><td>9</td><td></td><td>法,下位</td></tr>
</table>

又因　$4\times6789=27156,$

$$30550-27156=3394,$$

即被除数商(4)后,余数33945,“退下位一等”,再求单位的商,约得(5),如:

<table>
<tr><td></td><td></td><td>3</td><td>4</td><td>5</td><td>商,上位</td></tr>
<tr><td>3</td><td>3</td><td>9</td><td>4</td><td>5</td><td>实,中位</td></tr>
<tr><td></td><td>6</td><td>7</td><td>8</td><td>9</td><td>法,下位</td></tr>
</table>

又因 $5\times6789=33945,$

$$33945-33945=0,$$

即被除数商(5)后,无余。“中位并尽,收下位,上位所得”为商,如:

<table>
<tr><td>3</td><td>4</td><td>5</td><td>商,上位</td></tr>
</table>

即　$2342205\div6789=345$。

例:求 $2342206\div6789$。

即最先列如下式:

							商，上位
2	3	4	2	2	0	6	实，中位
			6	7	8	9	法，下位

则最后得：

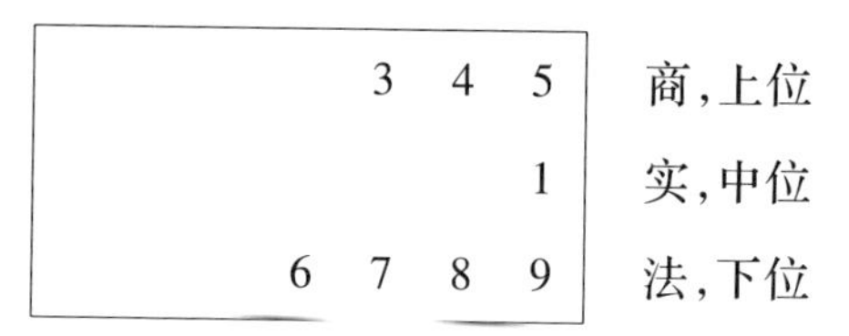

即 $2342206 \div 6789 = 345\frac{1}{6789}$。

3. 筹算开方

（一）开平方

《九章算术》求 55225 的平方根，术语如下：

（1）“置积为实，借一算。”

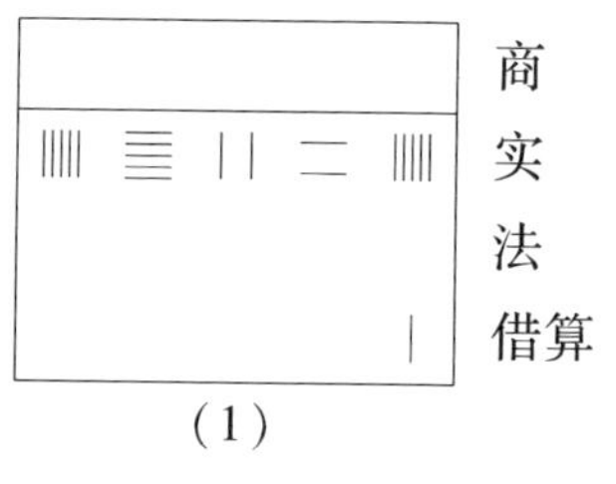

（1）

（2）“步之，超一等。议所得，以一乘所借一算为法，而以除。”

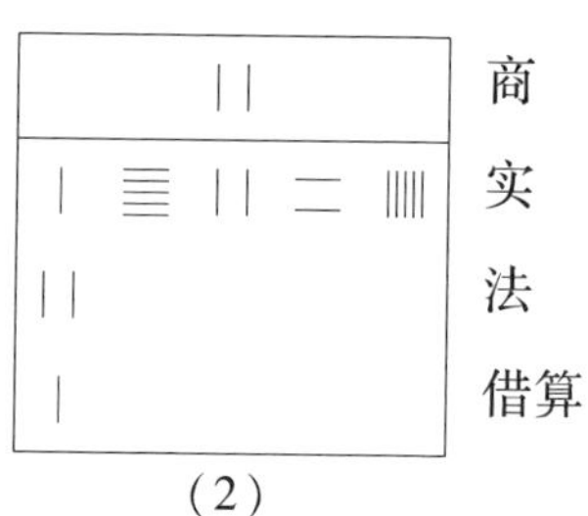

（2）

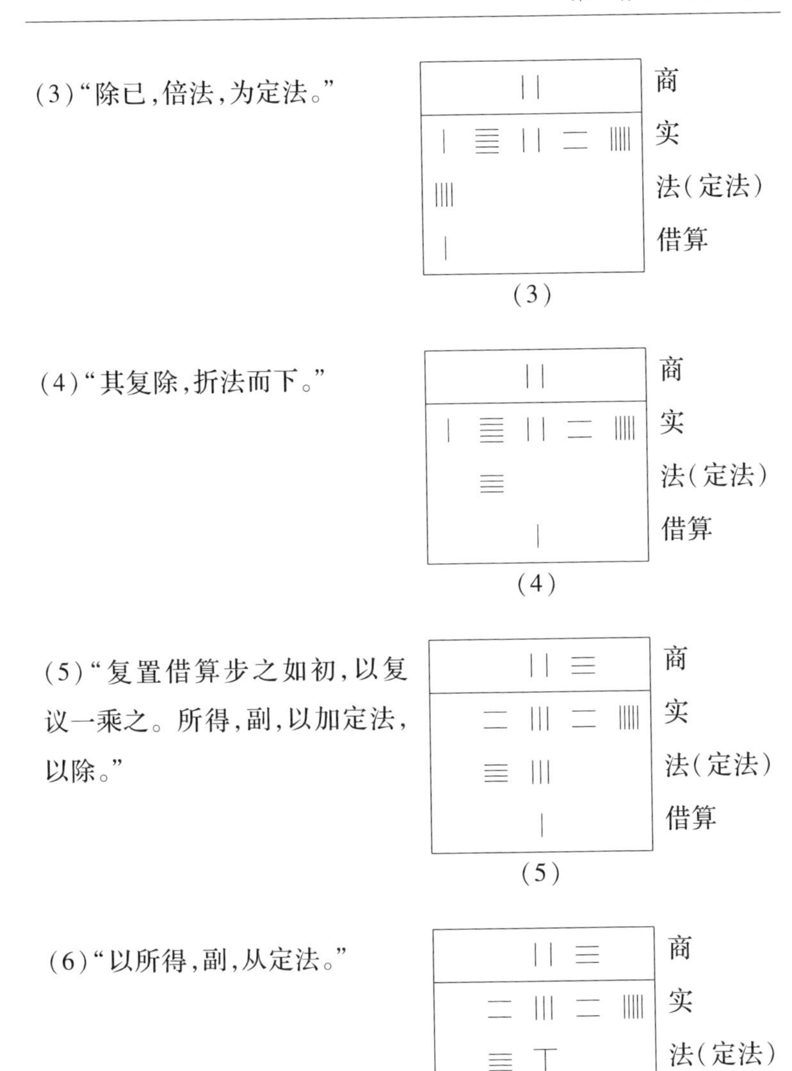

(3)“除已,倍法,为定法。”

(4)“其复除,折法而下。”

(5)“复置借算步之如初,以复议一乘之。所得,副,以加定法,以除。”

(6)“以所得,副,从定法。”

(7)“复除折下。”

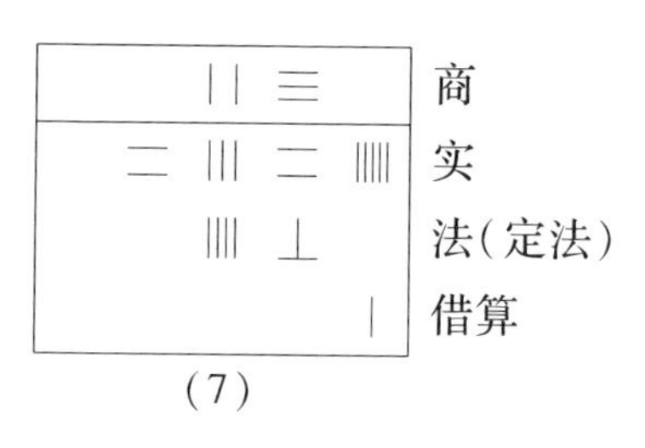

(7)

(8)“如前,……乃开之。”(议所得,以一乘所借一算为法,而以除,适尽。)

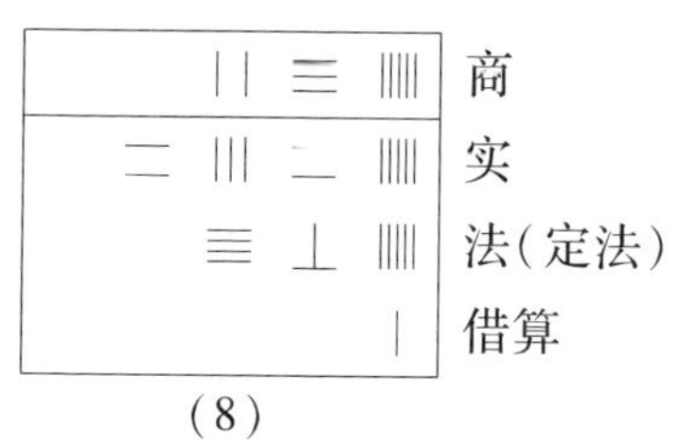

(8)

《九章算术》以后,《孙子算经》《张丘建算经》《夏侯阳算经》《五经算术》卷上,和唐《开元大衍历》步五星术注内,①都说开平方。

现用“九章算术”原题,用《孙子算经》卷中和《开元大衍历》术语分别解说作为比较。

例:求 55225 的平方根。

(1)《孙子算经》:

“置积……为实,次借一算为下法。”

《开元大衍历》:

(开方除者:置所开之数为实,借一算于实之下,名曰下法。)②

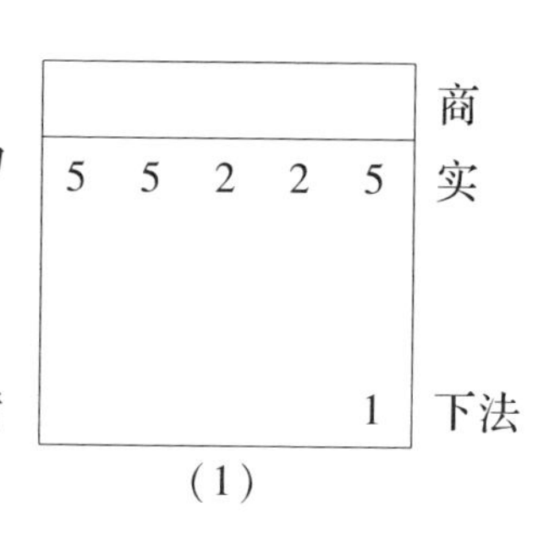

(1)

---

① 参看《旧唐书》,卷三四,志第一四,历三。和《新唐书》卷二八下,历志第一八下。

② 以下在“……”内记《孙子算经》的术语,在(……)内记《开元大衍历》的术语。

(2)“步之,超一位,至百而止,商置(2)百于实之上。副置(2)万于实之下,下法之上,名曰方法。命上商(2)百除实。”(步之,超一位,置商于上方,副商于下法之上,名曰方法,命上商以除实毕。)

		2			商
5	5	2	2	5	实
2					方法
1					下法

(2)

(3)“除讫。”

		2			商
1	5	2	2	5	实
4					方法
1					下法

(3)

(4)“倍方法一退,下法再退。”(倍方法一折,下法再折。)

		2			商
1	5	2	2	5	实
	4				方法
		1			下法

(4)

(5)“复置上商(3)十,以次前商,副置(3)百于方法之下,下法之上,名为廉法。方廉各命上商(3)十,以除实。除讫。”

		2	3		商
	2	3	2	5	实
	4				方法
		3			廉法
		1			下法

(5)

(5)$_1$(乃置后商于下法之上,名曰隅法。副隅并方,命后商以除实毕。)

	2			商
2	3	2	5	实
4				方法
	3			隅法
	1			下法

(5)$_1$

(6)"倍廉法,上从方法。"

	2			商
2	3	2	5	实
4	6			方(廉)法
				隅法
	1			下法

(6)

(6)$_1$(隅从方法。)

	2	3		商
2	3	2	5	实
4	6			方法
				隅法
	1			下法

(6)$_1$

(7)"一退方法,下法再退。"

	2	3		商
2	3	2	5	实
	4	6		方(廉)法
			1	下法

(7)

(7)$_1$(折下。)

				商
2	3	2	5	实
	4	6		方法
				隅法
			1	下法

(7)$_1$

(8)"复置上商(5),以次前(商);副置(5)于方法之下,下法之上,名曰隅法。方、廉、隅各命上商(5),除实,除讫。"(就除,如前开之。)

	2	3	5	商
2	3	2	5	实
	4	6		方(廉)法
			5	隅法
			1	下法

(8)

(二)开立方

求 34012224 的立方根,依《九章算术》术语如下:

(1)"置积为实,借一算。"

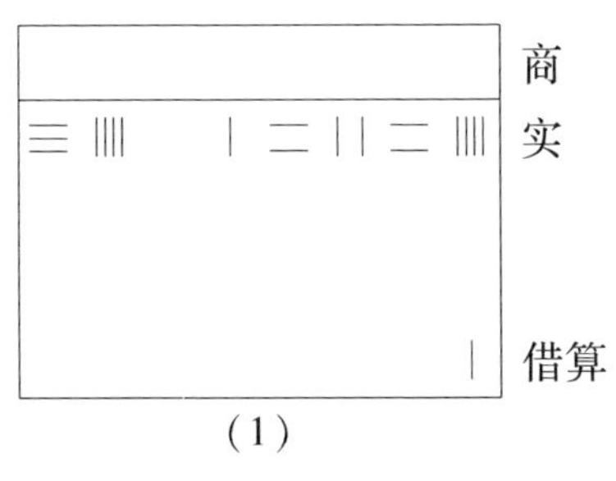

(1)

(2)"步之,超二等,议所得,以再乘所借一算为法,而以除。"

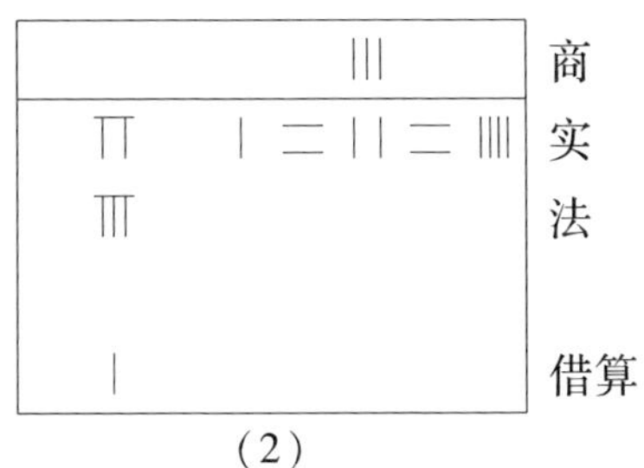

(2)

(3)"除已,三之,为定法。"

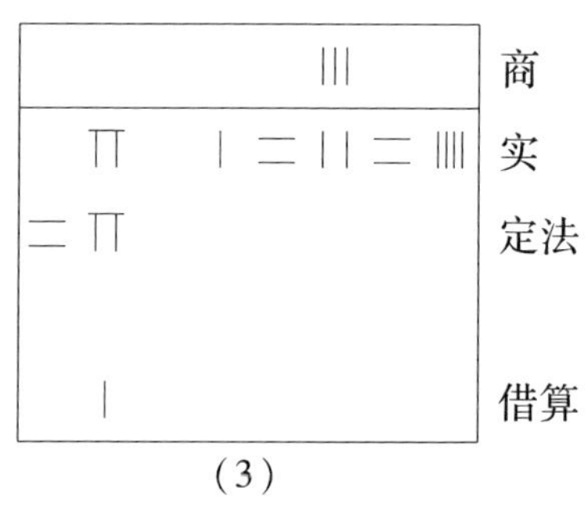

(3)

(4)"复除折而下。"

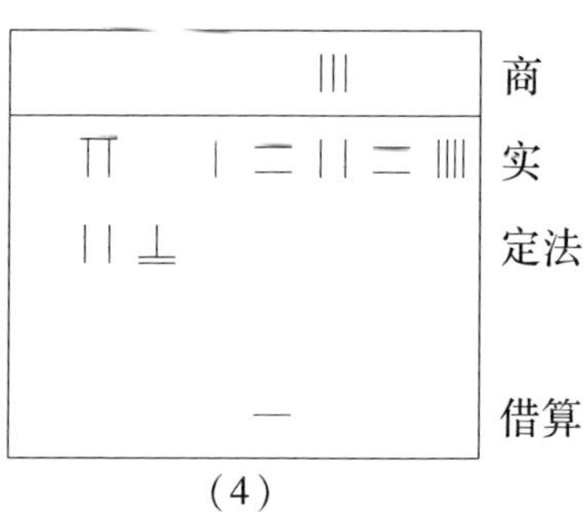

(4)

(5)"以三乘所得数,置中行,复借一算置下行。步之,中超一,下超二位。复置议以一乘中,再乘下,皆副以加定法,以定法除。"

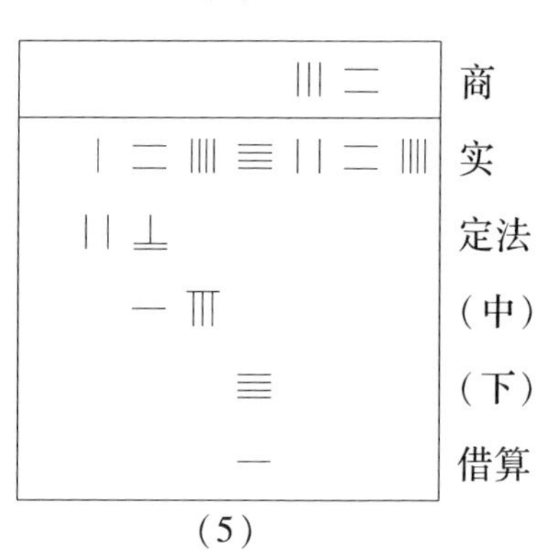

(5)

(其中:"中",$18=3\times3\times2$

"下",$4=1\quad\times2^2$)

(6)“除已，倍下，并中，从定法。”

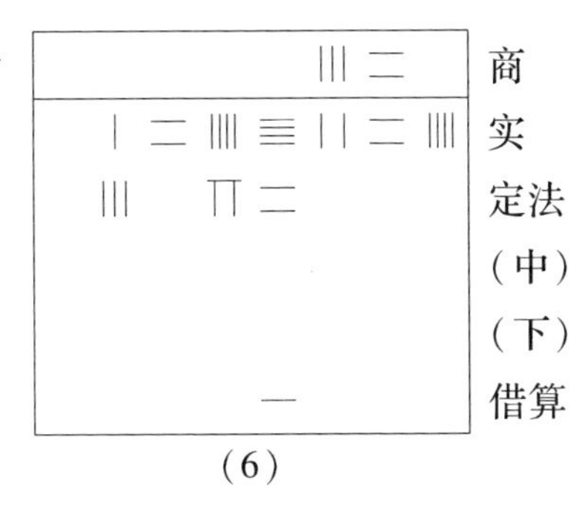

(6)

(7)“复除折下。”

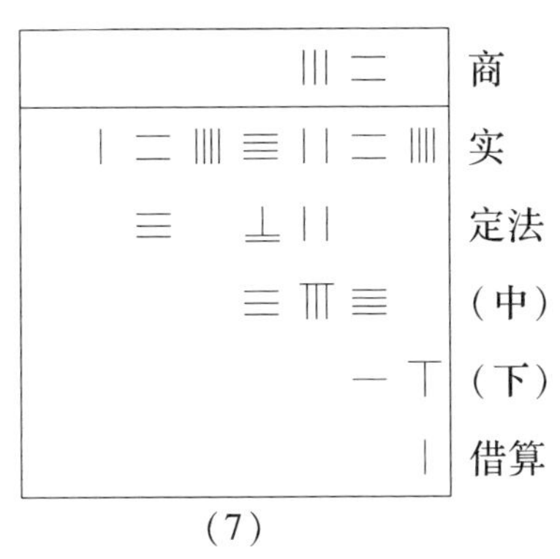

(7)

(其中:“中”,384 = 3×32×4

“下”，16 = 1　　×4^2)

(8)“如前开之。”

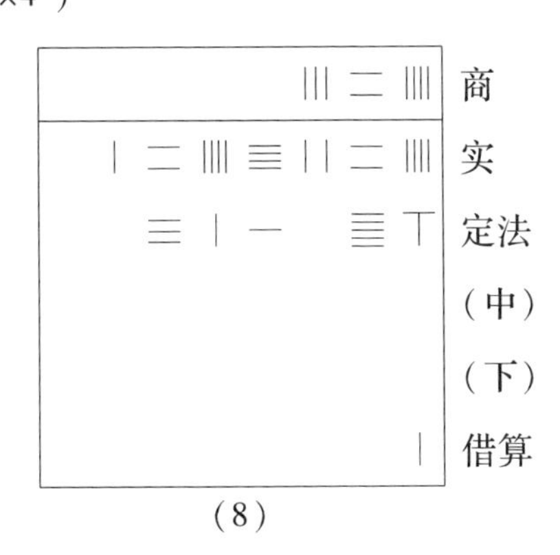

(8)

《九章算术》以后,《张丘建算经》卷下也说开立方。现就上题,用《张丘建算经》术语解说,作为比较。

例:求 34012224 的立方根。

(1)借一算子于下,常超二位,步至 10^n 而止。

								商
3	4	0	1	2	2	2	4	实
								方法
								廉法
								隅
							1	下法

(1)

(2)商 x_1 置 10^n 位,置 $x_1^2(10^n)^3$ 于下法之上,名曰方法。以方法命上商,除实。

					3			商
	7	0	1	2	2	2	4	实
	9							方法
								廉法
								隅
	1							下法

(2)

(3)方法三因之,又置 $x_1(10^n)^3$ 于方法之下,名曰廉法。三因之。

					3			商
	7	0	1	2	2	2	4	实
2	7							方法
	9							廉法
								隅
	1							下法

(3)

(4)方法一退,廉法再退,下法三退。

				3			商
7	0	1	2	2	2	4	实
2	7						方法
		9					廉法
							隅
			1				下法

(4)

(5)又置 x_2 于上商 10^{n-1} 位下,又置 $x_2^2(10^{n-1})^3$ 于下法之上,名曰隅法。以 x_2 乘廉法。以方、廉、隅三法皆命上商,除实。

				3	2		商
1	2	4	4	2	2	4	实
2	7						方法
	1	8					廉法
			4				隅
			1				下法

(5)

(6)毕,又倍廉法,三因隅法,皆从方法。又置$(x_1 \cdot 10^n + x_2 \cdot 10^{n-1})$于方法之下,三因之,名曰廉法。

				3	2		商
1	2	4	4	2	2	4	实
3	0	7	2				方法
		9	6				廉法
							隅
			1				下法

(6)

(7)方法一退，廉法再退，隅法三退。

				3	2		商
1	2	4	4	2	2	4	实
	3	0	7	2			方法
				9	6		廉法
							隅
						1	下法

(7)

(8)又置 x_3 于上商 10^{n-2} 位之下，又置 $x_3^2\cdot(10^{n-2})^3$ 于下法之上，名曰隅法。以 x_3 乘廉法。以方、廉、隅三法皆命上商，除之。①

				3	2	4	商
1	2	4	4	2	2	4	实
	3	0	7	2			方法
			3	8	4		廉法
					1	6	隅
						1	下法

(8)

① 《九章算术》的开立方次序，可由下式说明，如：

$$(a+b)^3=a^3+[3a^2+(3ab+b^2)]b=a^3+(3a^2+3ab+b^2)b。$$

$$(a+b+c)^3=(a+b)^3+\{3(a+b)^2+[3(a+b)c+c^2]\}c$$
$$=a^3+(3a^2+3ab+b^2)b+\{[(3a^2+3ab+b^2)+(3ab+2b^2)]+[3(a+b)c+c^2]\}c$$

或 $$=a^3+(3a^2+3ab+b^2)b+\{[(3a^2+3ab)+(3ab+3b^2)]+[3(a+b)c+c^2]\}c。$$

$$(a+b+c+d)^3=(a+b+c)^3$$

开平方不尽，在《周髀》则仅题“有奇”，在《九章》则有“以面命之”之说。此外又有下之三式：

（一）不加借算，如《孙子算经》：

$$\sqrt{234567}=484\frac{311}{968}，即\sqrt{a^2+r}=a+\frac{r}{2a}。$$

（二）加借算，如《张丘建算经》：

$$\sqrt{175692}\approx 419\frac{131}{839}，即\sqrt{a^2+r}=a+\frac{r}{2a+1}，$$

$$\sqrt{13068}=114\frac{72}{229}。$$

又《五经算术》：

$$\sqrt{9000000000}=94868\frac{62576}{189737}，$$

《甄鸾》注《周髀算经》：$\sqrt{14208000000}=119197\frac{75191}{238395}$。

（接上页）

$$\begin{aligned}
&+\{3(a+b+c)^2\\
&+[3(a+b+c)d+d^2]\}d\\
=&(a+b)^3+\{3(a+b)^2+[3(a+b)c+c^2]\}c\\
&+\{[(3a^2+3ab+b^2)+(3ab+2b^2)]\\
&+[3(a+b)c+c^2]\\
&+[3(a+b)c+2c^2]\\
&+[3(a+b+c)d+d^2]\}d。
\end{aligned}$$

或

$$\begin{aligned}
=&(a+b)^3+\{3(a+b)^2+[3(a+b)c+c^2]\}c\\
&+\{[(3a^2+3ab)+(3ab+3b^2)+3(a+b)c]\\
&+[3(a+b)c+3c^2]\\
&+[3(a+b+c)d+d^2]\}d。
\end{aligned}$$

如上例　$a=300,b=20$，

$2884=3a^2+3ab+b^2$

$3072=[(3a^2+3ab+b^2)+(3ab+2b^2)]$

或$=[(3a^2+3ab)+(3ab+3b^2)]$。

(三)以奇命之,如《夏侯阳算经》:

$$\sqrt{522900}=723\text{ 奇 }171。$$

其中以奇命之,只可视为一种记法。魏刘徽注《九章》少广章"开之不尽者,为不可开,当以面命之"称:"故惟以面命之,为不失耳。譬犹以二除十,以其余为三分之一,而复其数可举。"当是"以奇命之"之法。至小数开方之法,刘徽注《九章》实著其说,谓:"加定法如前,求其微数,微数无名者,以为分子,其一退以十为母,其再退以百为母,……退之弥下,其分弥细。"故:

$$\sqrt{\frac{314}{25}\times 1518\frac{3}{4}}=138.1=138\frac{1}{10}。$$

$$\sqrt{\frac{314}{25}\times 300}=61.38=61\frac{38}{100}=61\frac{19}{50}。$$

至《孙子算经》、《张丘建算经》有以方五斜七为率,是一种近似值。

开立方不尽,《张丘建算经》唐刘孝孙细草称:

$$\sqrt[3]{1572864}=116\frac{11968}{40369},\text{即}$$

$$\sqrt[3]{a^3+r}=a+\frac{r}{3a^2+1}。$$

$$\sqrt[3]{1293732}=108\frac{34020}{34993}。$$

4. 筹算方程

《九章算术》方程术以一行为主,遍乘诸行。作一度或几度减之,以头位减尽为度,谓之"直除",如:

$$3x+2y+z=39$$

$$2x+3y+z=34$$

$$x+2y+3z=26。$$

按筹算列位，应作：

左行	中行	右行	
𝍠	𝍡	𝍢	上禾秉数
𝍡	𝍢	𝍡	中禾秉数
𝍢	𝍠	𝍠	下禾秉数
𝍪 𝍥	𝍫 𝍣	𝍫 𝍨	共实斗数

现另列如下式：

$$\left|\begin{matrix}3,2,1,\\2,3,1,\\1,2,3\end{matrix}\begin{bmatrix}39\\34\\26\end{bmatrix}\right|=\left|\begin{matrix}3,2,1,\\6,9,3,\\3,6,9\end{matrix}\begin{bmatrix}39\\102\\78\end{bmatrix}\right|=\left|\begin{matrix}3,2,1,\\0,5,1\\0,4,8\end{matrix}\begin{bmatrix}39\\24\\39\end{bmatrix}\right|=\left|\begin{matrix}3,2,1,\\0,5,1,\\0,20,40\end{matrix}\begin{bmatrix}39\\24\\195\end{bmatrix}\right|=$$

$$\left|\begin{matrix}3,2,1,\\0,5,1,\\0,0,36\end{matrix}\begin{bmatrix}39\\24\\99\end{bmatrix}\right|,\therefore z=\frac{99}{36}=2\frac{3}{4}。$$

又如：

$$\begin{cases}-2x+5y-13z=1000\\3x-9y+3z=0\\-5x+6y+8z=-600\end{cases}$$

也用直除法。以后《张丘建算经》唐刘孝孙细草还应用这方法。《孙子算经》卷下稍变换方式，如：

$$\begin{cases}2x+y=96\\2x+3y=144,\end{cases}$$

$$\left|\begin{matrix}2,1, \\ 2,3\end{matrix}\left[\begin{matrix}96\\144\end{matrix}\right.\right| = \left|\begin{matrix}4,2, \\ 4,6\end{matrix}\left[\begin{matrix}192\\288\end{matrix}\right.\right| = \left|\begin{matrix}4,2, \\ 0,4\end{matrix}\left[\begin{matrix}192\\96\end{matrix}\right.\right|, \therefore y=\frac{96}{4}=24。$$

刘徽注《九章算术》于下列一题：

$$\begin{cases}9x+7y+3z+2v+5w=140\\7x+6y+4z+5v+3w=128\\3x+5y+7z+6v+4w=116\\2x+5y+3z+9v+4w=112\\x+3y+2z+8v+5w=95\end{cases}$$

有方程新术及其一术，并用约法。

第十八章　中古平面立体形的计算

中古言平面立体形之计算者，有：(1)《九章算术》；(2)《孙子算经》；(3)《张丘建算经》；(4)《五曹算经》；(5)《夏侯阳算经》。兹分列如下：

(一)平方形(square)：(1)方田，$S=a^2$；

(3)方田，$S=a^2$；(4)方田，$S=a^2$；

(5)方田，$S=a^2$。

(二)矩形(rectangle)：(1)广田，$S=ab$；

(4)直田，$S=ab$；(5)直田，$S=ab$。

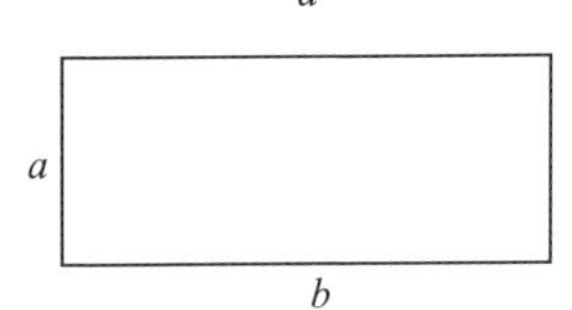

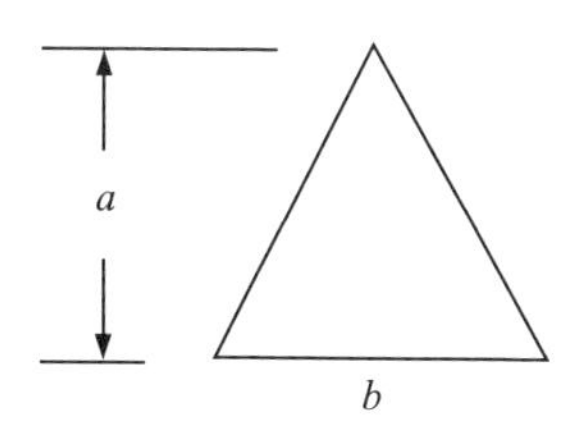

(三)三角形(triangle):(1)圭田,$S=\frac{ab}{2}$;(4)圭田,$S=\frac{a+0}{2}\times b$;(5)圭田,$S=\frac{ab}{2}$。

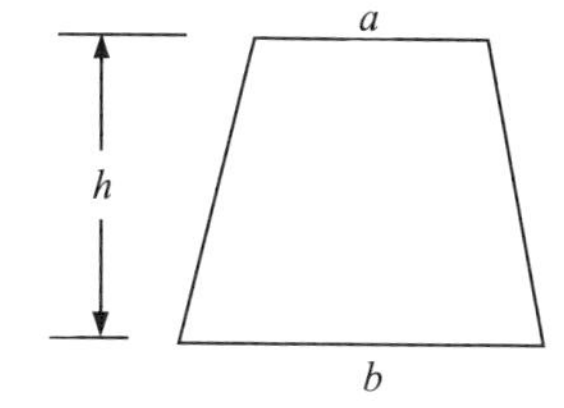

(四)梯形(trapezoid):(1)斜田,箕田,$S=\frac{a+b}{2}\times h$;(4)箫田,箕田,$S=\frac{a+b}{2}\times h$;(5)箕田,$S=\frac{a+b}{2}\times h$。

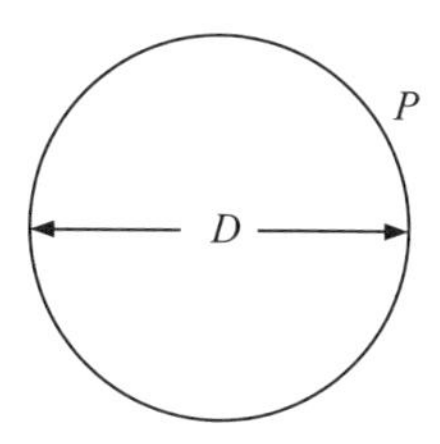

(五)圆(circle):(1)圆田,$S=\frac{P}{2}\times\frac{D}{2}$,而$P=2\pi r$;(2)圆田,$S=\frac{P}{2}\times\frac{D}{2}$;(3)圆田,$S=\frac{P}{2}\times\frac{D}{2}$;(4)圆田,$S=\frac{P}{2}\times\frac{D}{2}$;(5)圆田,$S=\frac{P}{2}\times\frac{D}{2}$。

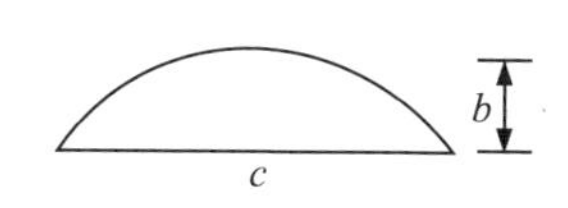

(六)弓形(segment of circle):(1)弧田,$S=\frac{bc+b^2}{2}$;(3)弧田,$S=\frac{bc+b^2}{2}$;(5)弓田,$S=\frac{bc+b^2}{2}$。

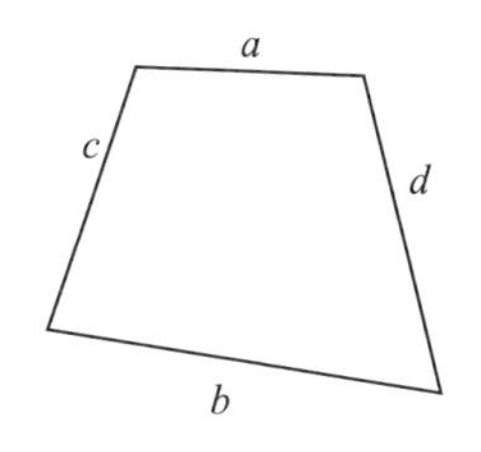

(七)不规则四边形(trapezium):(4)四不等田,$S=\frac{a+b}{2}\times\frac{c+d}{2}$;(5)四不等田,$S=\frac{a+b}{2}\times\frac{c+d}{2}$。

（八）球缺或独底球带（spherical segment）：（1）宛田，$S=\frac{P\times D}{4}$；（2）丘田，$S=\frac{P}{2}\times\frac{D}{2}$；（4）邱田，$S=\frac{P}{2}\times\frac{D}{2}$；（5）丸田，$S=\frac{P\times D}{4}$。

其中：P = 球周，D = 球径。

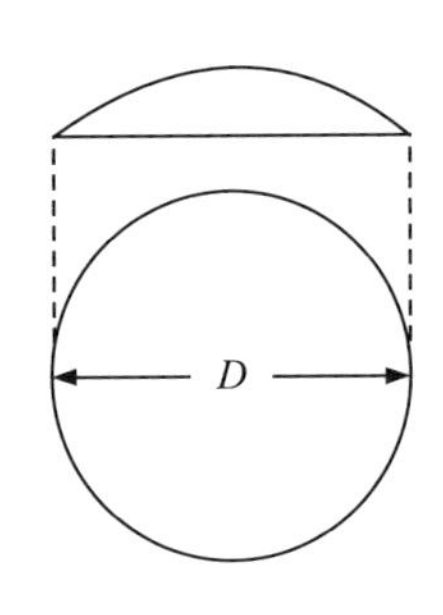

（九）鼓形：（4）鼓田，腰鼓田，蛇田，$S=\frac{a+b+c}{3}\times h$；（5）腰鼓田，$S=\frac{a+b+c}{3}\times h$。

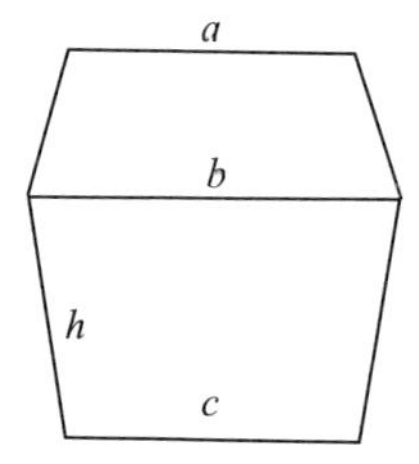

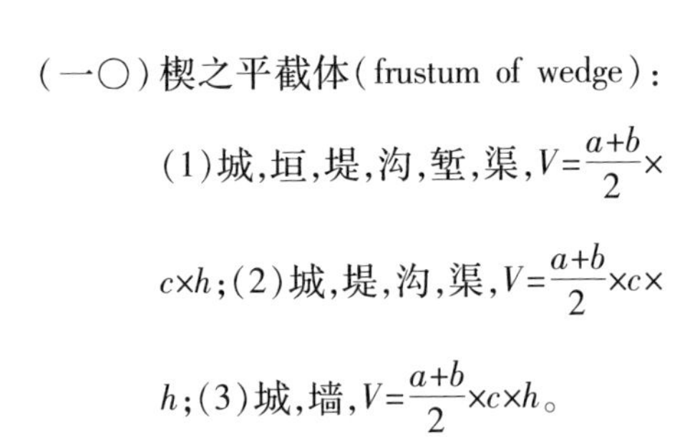

（一〇）楔之平截体（frustum of wedge）：

（1）城，垣，堤，沟，堑，渠，$V=\frac{a+b}{2}\times c\times h$；（2）城，堤，沟，渠，$V=\frac{a+b}{2}\times c\times h$；（3）城，墙，$V=\frac{a+b}{2}\times c\times h$。

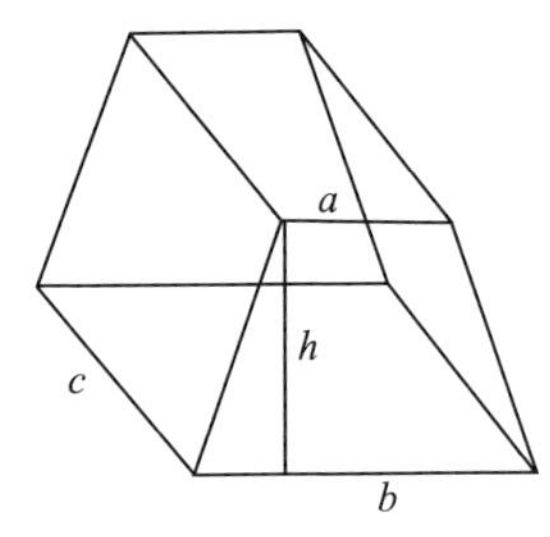

（一一）立方（cube）；（1）立方，$V=a^3$；（2）立方，$V=a^3$；（3）立方，$V=a^3$。

（一二）平行六面体（parallelopiped）：

（1）方堡壔，$V=a^2h$。

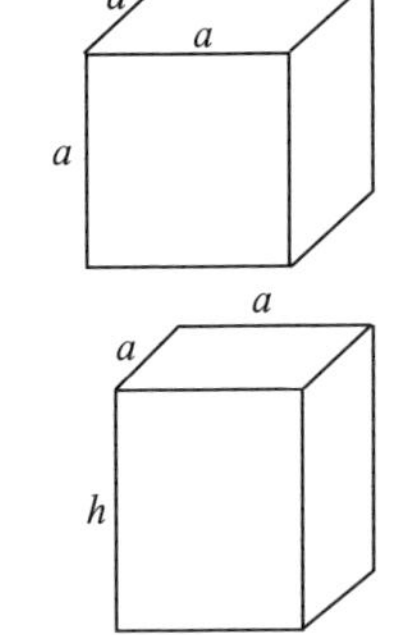

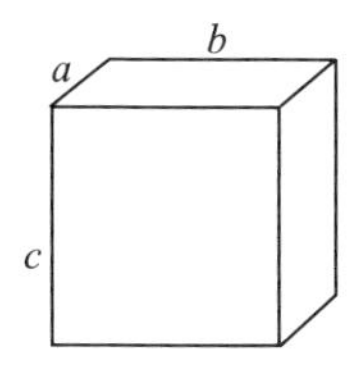

（一三）平行六面体或长方体（parallelopiped）：（1）仓，$V=abc$；（1）方窖，$V=abc$；（4）仓，方窖，$V=abc$；（5）方窖，$V=abc$。

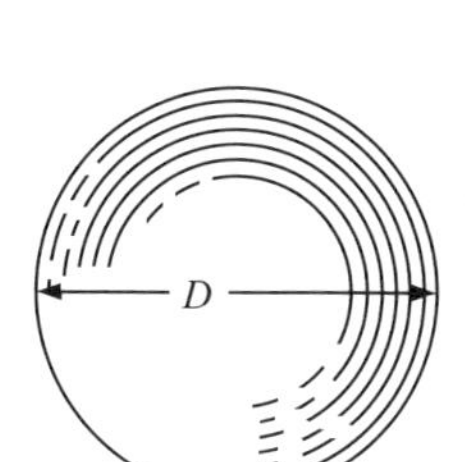

（一四）球（sphere）：（1）立圆，$V=\frac{9}{16}D^3$；

（3）立圆，$V=\frac{9}{16}D^3$。

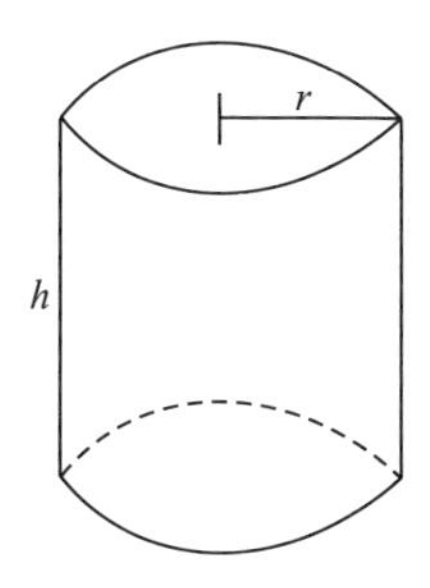

（一五）圆柱（cylinder）：（1）圆堡壔，圆囷，$V=(\pi r^2)h$；（2）圆窖，$V=(\pi r^2)h$；（3）圆堡壔，$V=(\pi r^2)h$；（4）圆仓，$V=(\pi r^2)h$。

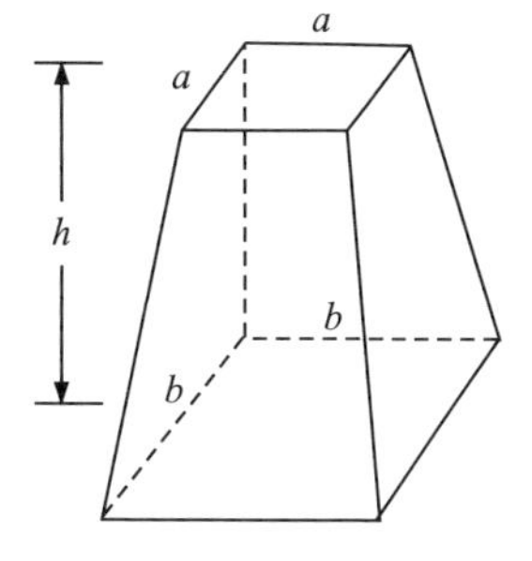

（一六）四角锥平截体（frustum of a pyramid）：

（1）方亭，$V=(a^2+b^2+ab)\times\frac{h}{3}$；

（3）方亭，窖，$V=(a^2+b^2+ab)\times\frac{h}{3}$。

(一七)圆锥平截体(frustum of a cone):

(1)圆亭,$V=\pi(r_a^2+r_b^2+r_ar_b)\times\frac{h}{3}$;

(3)圆囤,$V=\pi(r_a^2+r_b^2+r_ar_b)\times\frac{h}{3}$;

(5)圆篙,$V=\pi(r_a^2+r_b^2+r_ar_b)\times\frac{h}{3}$。

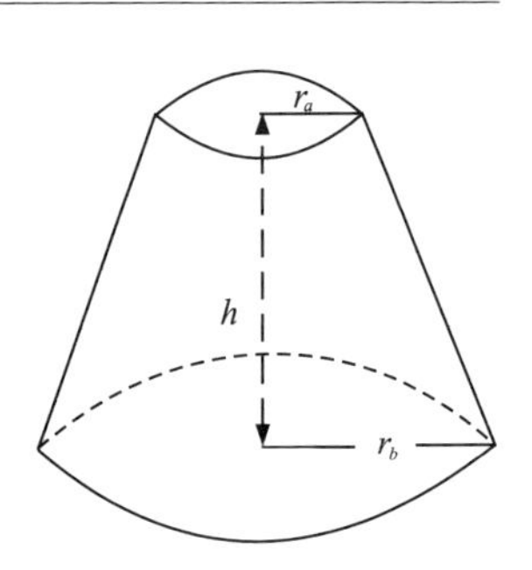

(一八)四角锥(pyramid):(1)方锥,阳马,$V=a^2\times\frac{h}{3}$。

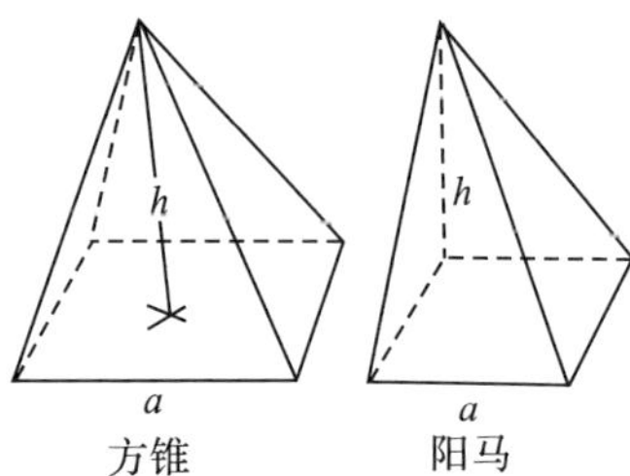

(一九)圆锥(cone):(1)圆锥,$V=(\pi r^2)\times\frac{h}{3}$;(2)聚粟,$V=(\pi r^2)\times\frac{h}{3}$;(3)委粟,$V=(\pi r^2)\times\frac{h}{3}$;(4)聚粟,$V=(\pi r^2)\times\frac{h}{3}$。

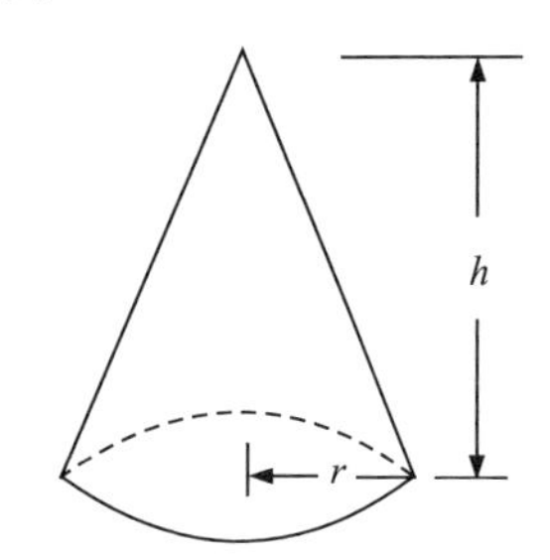

(二〇)角锥(prism):(1)堑堵,$V=ab\times\frac{h}{2}$。

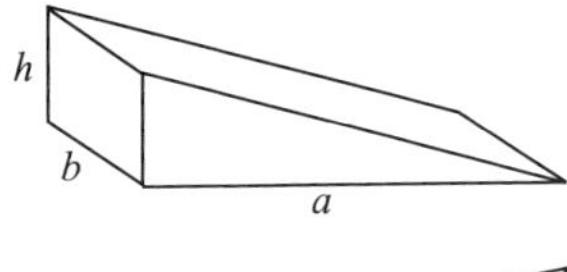

(二一)平行六面体截体(frustum of parallelopiped):(3)仓,$V=ab\times\frac{h_1+h_2}{2}$。

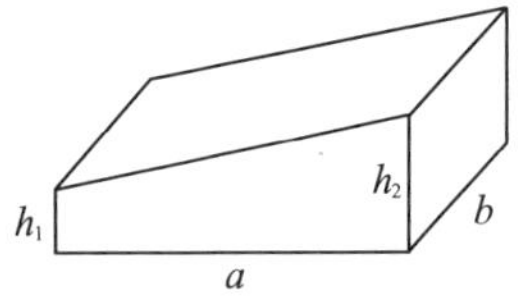

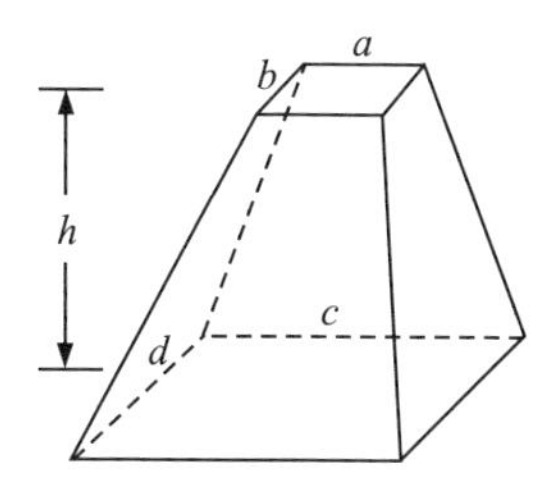

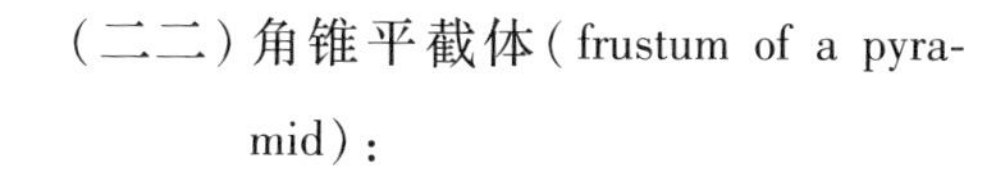
（二二）角锥平截体（frustum of a pyramid）：

（1）刍童，曲池，盘池，冥谷，$V=\frac{h}{6}[(2b+d)a+(2d+b)c]$；

（3）窖，$V=\frac{h}{6}[(2b+d)a+(2d+b)c]$。

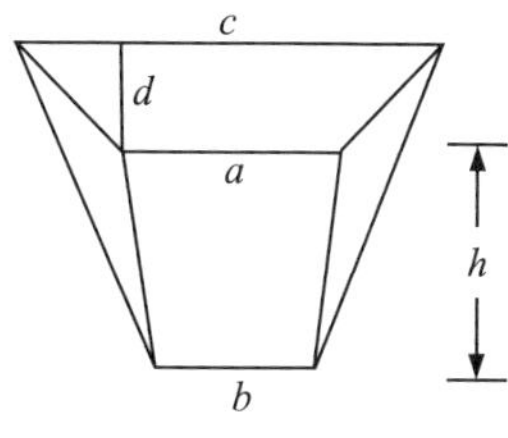

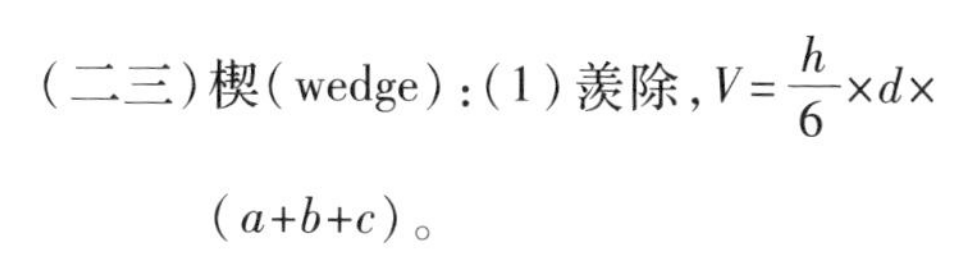
（二三）楔（wedge）：（1）羡除，$V=\frac{h}{6}\times d\times(a+b+c)$。

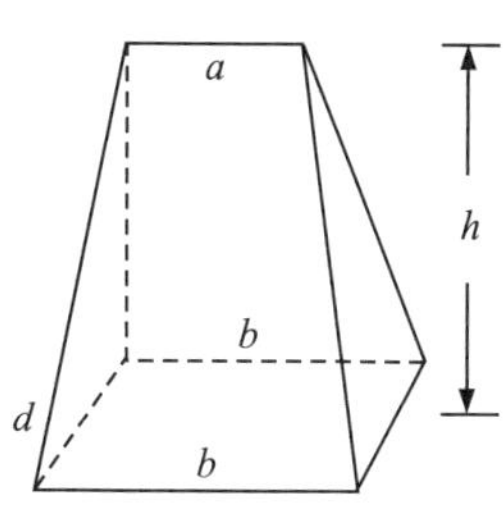

（二四）楔（wedge）：（1）刍甍，$V=\frac{h}{6}\times d\times(2b+a)$。

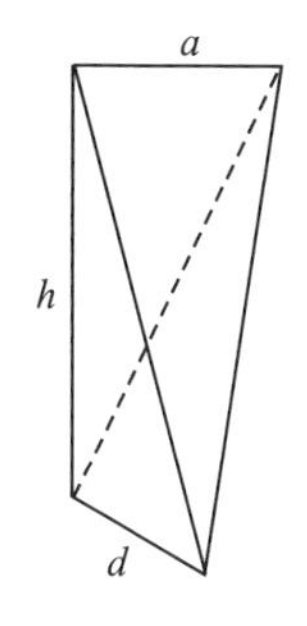

（二五）楔（wedge）：（1）鳖臑，$V=\frac{h}{6}\times d\times a$。

第十九章　中古数学家小传（六）

36. 隋刘焯　37. 隋刘炫　38. 刘祐　39. 韩延

36. 刘焯(544～610)　字士元，信都昌亭人，少时和河间刘炫结盟为友。当时刘智海家中多图书，焯就之读书。因以儒学知名，为州博士，隋开皇中(581～600)刺史赵煚引为从事，举秀才。和著作郎王劭同修国史，兼参议律历。炀帝(在位年，605～617)即位，迁太学博士，因上所著历书，大业六年(公元610年)卒，年六十七。焯对《九章算术》《周髀》《七曜历书》十余部都有研究。焯著《稽极》十卷，《历书》十卷。

刘焯开皇(公元600年)年间所编制的《皇极历》内曾用等间距内插法的方法。又创造有奇零分数算法。①

37. 刘炫　字光伯，河间景城人，为旅骑尉，和刘焯同时，时人称作二刘，直门下省以待顾问，和诸术者修天文律历，后为太学博士，卒年六十八。著《算述》一卷，一作《算术》一卷。②

38. 刘祐　荥阳人，开皇(581～600)初为大都督，封索卢县公，和刘晖、张宾、马显共编订历法，著有《律历术文》一卷，《旧唐书》经籍志记有：《九章杂算文》二卷，刘祐撰。③

39. 韩延　《新唐书》记有韩延《夏侯阳算经》一卷，和韩延《五

① 参看李俨：《中国古代数学史料》，第82页，引《北史》《隋书》。

② 同上书，第82页，引《北史》《隋书》和《册府元龟》。

③ 同上书，第82页，引《隋书》《旧唐书》。

曹算经》五卷，清戴震暂定韩延做隋代人。①

第二十章 刘焯的内插法计算

查函数$(f)x$，如x值逐渐演变成：$a, a+w, a+2w, \cdots\cdots$ 则原函数可写成：$f(a), f(a+w), f(a+2w), \cdots\cdots$ 胪列如下，即：

$a,\quad a+w,\quad a+2w,\quad \cdots\cdots$ 为自变数，

$f(a),\quad f(a+w),\quad f(a+2w),\quad \cdots\cdots$ 为随变数。

$f(a+w)-f(a),\quad f(a+2w)-f(a+w),\quad f(a+3w)-f(a+2w)$

$=\Delta f(a)\qquad =\Delta f(a+w)\qquad =\Delta f(a+2w)$

$=\Delta_1,\qquad =\Delta_2,\qquad =\Delta_3,$ ……为一差，

$\Delta f(a+w)-\Delta f(a)\qquad \Delta f(a+2w)-\Delta f(a+w)$

$=\Delta_2-\Delta_1=\Delta^2 f(a)\qquad =\Delta_3-\Delta_2=\Delta^2 f(a+w)$

$=\Delta_1^2,\qquad =\Delta_2^2,$ ……为二差，

$\Delta^2 f(a+w)-\Delta^2 f(a)$

$=\Delta^3 f(a)$

$=\Delta_1^3,$ ……为三差

原函数式可写成：

$$f(x)=f(a)+\frac{s}{1}\cdot\Delta f(a)+\frac{s(s-1)}{2!}\Delta^2 f(a)$$

---

① 参看李俨：《中国古代数学史料》，第82页，引《新唐书》。

又可参看《夏侯阳算经》，《跋》，《算经十书》本，《夏侯阳算经》目录，武英殿聚珍本。

$$+\frac{s(s-1)(s-2)}{3!}\Delta^3 f(a)+\cdots\cdots \qquad (1)$$

此时如 $\Delta^3 f(a)=0$，即三差为零，

则

$$f(x)=f(a)+\frac{s}{1}\cdot\Delta f(a)+\frac{s(s-1)}{2!}\Delta^2 f(a)$$

$$=f(a)+s\cdot\Delta f(a)+\frac{s(s-1)}{2}[\Delta f(a+w)-\Delta f(a)]。$$

因令　$\Delta f(a)=\Delta_1$，$\Delta f(a+w)=\Delta_2$，

故 $f(x)=f(a)+s\left[\Delta_1+\frac{s-1}{2}(\Delta_2-\Delta_1)\right]$

$$=f(a)+s\left[\frac{\Delta_1+\Delta_2}{2}+\frac{1}{2}[(1-s)(\Delta_1-\Delta_2)+(\Delta_1-\Delta_2)]\right]$$

$$=f(a)+\left[\frac{s(\Delta_1+\Delta_2)}{2}+s(\Delta_1-\Delta_2)-\frac{s^2}{2}(\Delta_1-\Delta_2)\right]\cdots \qquad (2)$$

隋刘焯在《皇极历》内曾用这公式。唐李淳风在《隋书》第十八卷，律历志中引称刘焯：

> 推每日迟速数术：见求所在气陟降率，并后气率半之，以日限乘，而汎总除，得气末率。又日限乘二率相减之残，汎总除，为总差，其总差亦日限乘而汎总除为别差。率前少者以总差减末率为初率，乃别差加之。前多者即以总差加末率，皆为气初日陟降数，以别差前多者日减，前少者日加初数得每日数，所历推定气日随算其数陟加降减其迟速，各为迟速数。

设
$$s_1=\frac{\text{日限}}{\text{汎总}}$$

气末率
$$\frac{s_1(\Delta_1+\Delta_2)}{2},$$

总差
$$s_1(\Delta_1-\Delta_2),$$

别差
$$s_1^2(\Delta_1-\Delta_2)。$$

设　$f(x)=$ 求每段日迟速数，

$f(a)=$ 已知某段前一气率的迟速数。

刘焯求得：

$$f(x)=f(a)+\left[\frac{s_1(\Delta_1+\Delta_2)}{2}+s_1(\Delta_1-\Delta_2)-\frac{s_1^2}{2}(\Delta_1-\Delta_2)\right],$$

即

$$f(x)=f(a)+s_1\left[\frac{\Delta_1+\Delta_2}{2}+\frac{1}{2}[(1-s_1)(\Delta_1-\Delta_2)+(\Delta_1-\Delta_2)]\right]\cdots\cdots\quad(2)$$

这是等间距内插法的方法，以后僧一行（张遂）的大衍历（公元724 年）还进一步用不等间距内插法的方法。①

印度（Brahmagupta，公元 628 年）也用等间距内插法的方法来计算正弦数值，但时间是在刘焯之后，计算步骤，还略有不同。②

如求 57°的正弦数值，在 Khandakhādyaka 是应用内插法，因：

---

① 参看李俨：《中算家的内插法研究》，科学出版社 1957 年 4 月。

② *The Khandakhādyaka, an Astronomical Treatise of Brahmaguptu* 一书由 Prabodh Chandra Sengupta 译成英文，在 1934 年由加尔各答大学出版社出版，其中第 142 页说明 Brahmagupta（公元 628 年）用内插法来计算正弦。

弧 x	正弦 $f(x)$	第一差 Δ	第二差 Δ^2
0°	0		
		39	
15°	39		−3
		36	
30°	75		−5
		31	
45°	106		−7
		24	
60°	130		−9
		15	
75°	145		−10
		5	
90°	150		

因 $$57°=3420'=900'\times3+720'。$$

在表内看到57°是在45°和60°之间,它附近第一差是31 和24。

$$f(57°)=f(45°)+\frac{720}{900}\times24+\frac{31-24}{2}\times\frac{720}{900}-\left(\frac{720}{900}\right)^2\times\frac{31-24}{2}$$

$$=f(45°)+\frac{720}{900}\times24+\frac{720}{900}\left(\frac{720}{900}-1\right)\frac{31-24}{2}$$

$$=106+\frac{720}{900}\left(\frac{31+24}{2}-\frac{720}{900}\times\frac{31-24}{2}\right)$$

$$=106+19.76$$

$$=125.76。$$

如将 $$31=\Delta_{-1}$$

$$24=\Delta_1$$

$$17=\Delta_2=\Delta_1-(\Delta_{-1}-\Delta_1)=2\Delta_1-\Delta_{-1}$$

代入(1)或(2)式,即得:

$$f(x)=f(a)+s_1\left[\frac{\Delta_{-1}+\Delta_1}{2}-S_1\times\frac{\Delta_{-1}+\Delta_1}{2}\right]$$

$$=106+\frac{720}{900}\left(\frac{31+24}{2}-\frac{720}{900}\times\frac{31-24}{2}\right)$$

$$=106+19.76$$

$$=125.76。$$

第二十一章　隋代算学制度和算书

隋代始置算学博士于国庠。① 其制度博士二人，②算助教二人，算学生八十人，并隶于国子寺。③《隋书·经籍志》有：李遵义疏，《九章算术》一卷；杨椒撰，《九九算术》二卷；张峻撰，《九章推图经法》一卷；张去斤，《算疏》一卷。其著作人时代，并未能详。不著撰人的，又有：《九章术义序》一卷，《九章别术》二卷，《九章六曹算经》一卷，《五经算术录遗》一卷，《五经算术》一卷，《算法》一卷，《黄钟算法》三十八卷，《算律吕法》一卷，《众家算阴阳法》一卷。其时国外所输入者，又有《婆罗门算法》三卷，《婆罗门阴阳算历》一卷，《婆罗门算经》三卷。④

---

① 《旧唐书》，卷四四，职官三。

② 《隋书》律历志中记明“兼算学博士张乾”。

③ 《隋书》，卷二八，志二三，百官下。

④ 《隋书》，卷三四，志二九，经籍三。

第三编　中国近古数学

第一章　近古的数学

近古数学是中国数学最重要时期。因以前所论的,多属算术范围,至此进入代数计算。

近古前期数学,多由政府主持,《九章算术》诸书,前人传注,十分复杂。至唐李淳风和梁述、王真儒受诏注《算经十书》方有定本。显庆丙辰(公元 656 年)付国学行用。宋元丰七年(1084 年)又刊《算经十书》入秘书省后,流传始广。唐初以算学取士。至宋尚沿其制,元丰,崇宁,大观,宣和之间,算学置废无常。至元废置。此是政府主持算数事业的情形。

其后大河南北,算士纷起。成就最大的有:秦九韶、李治、杨辉、郭守敬、朱世杰,半无禄位。盖近古后期数学,已由朝廷之主持,进为人民的研究。

此期又有婆罗门、天竺数学之输入,同时中算亦输入朝鲜、日本。

第二章 唐代算学制度

(一)

唐因隋制于贞观二年(公元628年)十二月始置书、算隶国子学。[①]《贞观政要》崇儒学条亦称:“贞观二年(公元628年)大收天下儒士,……其书、算各置博士,学生,以备众艺。”[②]

其名额则《唐六典》卷二十一称:“算学博士二人,从九品下。”《新唐书》称:算学“博士二人,从九品下,助教一人”,“生三十人”,“典学二人”。[③] 此项名额亦时有更动。《新唐书》称:显庆元年(公元656年)“十二月乙酉(十九日)置算学”,[④]《唐会要》称:“显庆三年(公元658年)九月四日,诏以书、算学业明经,事唯小道。各

① 见《唐会要》卷六十六,“广文馆”条,《丛书集成初编》本第十一册,第1163页。

② 见《贞观政要》第七卷“崇儒学”第二十七,《四部丛刊续编》本第13册,和《旧唐书》列传卷一百三十九上。

③ 见《唐六典》卷二十一,广雅书局本第7页。

《新唐书》卷四十八,志第三十八,百官志,称:“算学博士二人,从九品下,助教一人。”《新唐书》卷四十四,志第三十四,选举志,和《旧唐书》卷四十四,职官三,志第二十四,都称:“算学……生三十人”,而《旧唐书》卷四十四,职官三,志第二十四,则不记“助教”。又百衲本《旧唐书》唐志二十四,第17页,于“其《纪遗》,《三等》亦兼习之”句后,记:“学生三十人,典学二人”。殿本则遗此九字。

④ 见《旧唐书》卷四,本纪四,高宗上,和《新唐书》卷四十八,志第三十八,百官志。“十九日”据《玉海》卷一百十二,补。

擅专门,有乖故实,并令省废。”[①]以博士以下隶太史局。[②]“至龙朔二年(公元662年)五月十七日,(乙巳)复置律学、书、算学官一员,(龙朔)三年二月十日书学隶兰台,算学隶秘书(阁)局,律学隶详刑寺。”[③]《唐会要》又称:“贞观五年(公元631年)以后……国学、太学、四门,亦增生员,其书、算各置博士,凡三千二百六十员”,[④]“永泰(765~766)中虽置西监生,而馆无定员。”[⑤]但据《唐文粹》,贞元十四年(公元798年)张博士讲《礼记》之会,尚且连襟成帷,[⑥]而《唐会要》卷六十六,尚称:(元和二年)(公元807年)十二月“国子监奏两京诸馆学生总六百五十员,……算馆十员”,“其年十二月敕,东都国子监,量置学生一百员,……算馆二员”。[⑦]

---

① 见《唐会要》卷六十六,“广文馆”条,《丛书集成初编》本第十一册,第1163页。按《新唐书》卷四十八,作:显庆三年。《旧唐书》卷四,亦作:显庆三年“九月废书、算、律学”。《旧唐书》卷二十四,作:显庆二年,疑误。

② 见《新唐书》卷四十八。

③ 见《唐会要》卷六十六,“广文馆”条,“《丛书集成初编》本第十一册第1163页,《旧唐书》卷四,亦作:(龙朔)二年五月“乙巳复置律、书、算三学”。《旧唐书》卷二十四,志第四,礼仪四,作:(龙朔)二年“二月复置……(龙朔)三年算隶秘阁局”。

百衲本《新唐书》卷四十八,唐书百官志三十八第15页,称:“龙朔二年复,有学生十人,典学二人,东都学生二人”,殿本此条,作:“典学一人”。

《旧唐书》卷四,和《新唐书》卷四十四,选举志第三十四,作秘阁。《旧唐书》卷二十四,作秘阁局,并列于龙朔三年。按《旧唐书》卷四十三于司天台下注称:“旧太史局,隶秘书监,龙朔二年改为秘阁局”,则作秘书局,或秘阁的疑误。

④ 见《唐会要》卷三十五,《丛书集成初编》本第633页,按《旧唐书》列传卷一百三十九上,亦作“三千二百六十员”,而[唐]杜祐《通典》作:“三千三百六十员”。敦煌本,唐天宝(742~755)官品令尚引“算学博士”,见金毓黻:《敦煌写本唐天宝官品令考释》,《说文月刊》三卷十期,第109~111页,1943年。

⑤ 见《新唐书》卷四十四,志第三十四,选举志。

⑥ 见《唐文粹》卷七十七,《四部丛刊初编》影元翻宋小字本第十三册。

⑦ 见《唐会要》卷六十六,《丛书集成初编》本第十一册,第1160页。并参看《新唐书》卷四十四。

其俸钱亦代有增减，据《唐会要》卷九十一（《资治通鉴》卷二二五引同），则唐开元二十四年（公元 736 年）和“大历十二年（公元 777 年）四月二十八日，……书算博士……‘各一千九百一十七文’”。至“贞元四年（公元 788 年）书算及律助教‘各一千文’”，[①]《新唐书·食货志》称：“唐世百官俸钱，会昌（841～846）后不复增减，今著其数：……书、算、律学博士，……四千；……书、算助教……三千。”又大中十年（公元 856 年），“据礼部：贡院见置科目：开元礼，三礼，三传，三史，学究，道举，明算，童子等九科。”[②]唐亡于天祐二年（公元 905 年），会昌（841～846）以后，史书尚记明算科目，并及书、算博士，和助教俸钱，则终唐之世，算学制度，尚未尝废。

算学博士和助教职掌，据《唐六典》卷二十一本文：“算学博士掌教文武官八品已下，及庶人子之为生者。”[③]据《新唐书》卷四十八：“助教……掌佐博士，分经教授。”[④]其中算学博士历官事迹可考的，有：刘孝孙，王孝通，梁述，张元贞诸人。

---

① 见《唐会要》卷九十一，《丛书集成初编》本第十五册，第 1657～1663 页。其贞元四年（公元 788 年）一条，前国立北京图书馆藏钞本《唐会要》作：“建中二年（公元 782 年）书、算、及律助教‘各一千文’”。

② 见《新唐书》卷五十五，食货志第四十五，和《旧唐书》卷十八下，本纪第十八下宣宗。据百衲本《新唐书》第十册唐书食货志四十五，第 6，第 7，第 8，第 9 页，和百衲本《旧唐书》第五册唐纪十八下，和 13 页。《玉海》卷一百十五引同。

③ 见《唐六典》卷二十一，广雅书局本，第 7 页，并参看《旧唐书》卷四十四，和《新唐书》卷四十八。

④ 见《新唐书》卷四十八。

(二)

唐在长安城内务本坊设置国子监,内设六学,后增为七学,《唐六典》称;国子监"有六学焉:一曰国子,二曰太学,三曰四门,四曰律学,五曰书学,六曰算学"。[①] 因以六科取士,一曰秀才,二曰明经,三曰进士,四曰明法,五曰明书,六曰明算。天宝九载(公元750年)以后六学增一广文,六科增一俊士,故《新唐书》称:国子监"总国子、太学、广文、四门、律、书、算凡七学也"。[②]

唐初以吏部掌天下官吏选授勋封考课之政令。部内设尚书一人,侍郎二人,其属有四:一曰吏部,二曰司封,三曰司勋,四曰考功,各设郎中一人至二人,员外郎一人至二人,主事二人至四人,考功有考功郎中一人,员外郎一人,主事三人,考功员外郎掌天下贡举之职。凡诸州每岁贡人,其类有六:一曰秀才,二曰明经,三曰进士,四曰明法,五曰书,六曰算,此旧制也。[③] 按考功员外郎为从六品上职,用以掌理天下贡举之职,嫌其职微,故开元二十四年(公元736年)敕以为权轻,乃专令礼部侍郎一人知贡举之职。因礼部侍

① 见《唐六典》卷二十一,广雅书局本第3页。并参看[清]徐松:《唐雨京城坊考》,《丛书集成初编》本第一册,第38页。宋敏求长安志卷七(公元1076年)称:"务本坊……领国子监、太学、四门、律、书、算六学"。

② 《新唐书》卷四十八,注称:"天宝九载置广文馆"。《旧唐书》卷九,载:天宝九载"秋七月己亥国子监置广文馆"。按"明书,明算",《唐六典》卷二、卷四作"书,算",《小学绀珠》引《唐六典》作"明书,明算",《日知录》引《大唐新语》卷十,《玉海》卷二百零四,唐《七学记》,和《新唐书》选举志,都作:"明字,明算"。

③ 见《唐六典》卷二,广雅书局本,第二,第16页,和《旧唐书》卷四十三,职官志第二十三,职官二。

郎为正四品下，职位较高。[1] 故《唐六典》又称："礼部尚书侍郎之职，掌天下礼仪，祠祭，燕乡，贡举之政令。……凡举试之制，每岁仲冬，率与计偕。其科有六：一曰秀才，二曰明经，三曰进士，四曰明法，五曰书，六曰算。"[2]

唐代国子监有祭酒一人，司业二人，丞一人，国子博士二人。其束脩之礼督课试举，三馆博士之法，据《唐六典》则："国子祭酒司业之职，掌邦国儒学训道之政令。有六学焉：一曰国子（学），二曰太学，三曰四门，四曰律学，五曰书学，六曰算学"，"丞掌判监事，凡六学生每岁有业成上于监者，以其业与司业祭酒试之……其明法，明书、算亦各试所习业，登第者白祭酒，上于尚书礼部，'其试法皆依考功，又加以口试'……"，"主簿掌印勾检监事。凡六学生有不率师教者，则举而免之，其频三年下第，九年在学，及律生六年无成者，亦如之（注略）"，"国子博士掌教文武官三品以上及国公子孙，从二品已上，曾孙之为生者……，其生初入置束帛一篚，酒一斗，脩一

---

① 见《唐六典》卷二，广雅书局本，第14页。按《新唐书》卷四十四，志第三十四，选举志称："（开元）二十四年（三月十二日）考功员外李昂为举人（李权）诋诃，帝以员外郎望轻，遂移贡举于礼部，以侍郎主之，礼部选士自此始。"见百衲本《新唐书》第八册，《唐书》选举志三十四第4页。括弧内月日人名系据《唐会要》卷五十八，"考功员外郎"条补入。

② 见《唐六典》卷四，广雅书局本，第2页。又《旧唐书》卷四十三，职官志，第二十三，职官二，即百衲本《旧唐书》第十三册唐志二十三，第9页引同。按《玉海》卷一百一十五引："率与计偕"作："率典计偕"。

案，号为束脩之礼。”[①]《唐六典》称：“算学博士二人”，“学生三十人”，“典学二人”，《新唐书》称：“算学”“博士二人，……助教一人”，“学生三十人”，“典学二人”。[②] 助教掌佐博士，分经教授，凡生限年十四以上，十九以下。[③] 其束脩之礼，其后略有损益。《唐摭言》称：“龙朔二年（公元662年）九月，敕学生在学，各以长幼为序，初入学，皆行束脩之礼于师。……俊士及律，书，算学，州县各绢一匹，皆有酒酺。”《唐会要》则称：“神龙二年（公元706年）九月敕学生在学，各以长幼为序。初入学，皆行束脩之礼，礼于师。国子，太学，各绢三匹，四门学，绢二匹，俊士及律，书，算学，州县各绢一匹，皆有酒酺。其束脩三分入博士，二分助教，以每年国子监所管学生，国子监试，州县学生，当州试。并选艺业优长者为试官，仍长官监试。其试者通计一年所受之业，口问大义十条，得八已上为上，得六已上为中，得五以上为下，及在学九年，律生则六年，不贡举者，并解追，其从县向州者，年数下第，并须通计，服阕重仕者，不在计限，不得改业。”[④]《新唐书》称：“凡六学束脩之礼，督课试举，皆如国子学。”[⑤]故算学束脩之礼，督课试举，亦如国子学。

---

① 见《唐六典》卷二十一，广雅书局本，第3～5页。又据《旧唐书》卷四十四，职官三，第二十四，补校括弧内“学”字一字，见百衲本《旧唐书》第十三册，唐志二十四，第16页。

又［唐］王仲邱：《大唐开元礼》卷五十四，“学生束脩”条作：“束帛一篚‘准令’，酒一壶‘二豆’，脩一案‘五脡’。”见《大唐开元礼》卷五十四，第9、10页，光绪丙戌（1886年）公善堂刊本。

② 见《唐六典》卷二十一，广雅书局本，第2页，和《新唐书》卷四十八，四十四。

③ 见《新唐书》卷四十四，和卷四十八。

④ 见《唐会要》卷三十五，《丛书集成初编》本，第634页，和《新唐书》卷四十四，选举志。

⑤ 见《新唐书》卷四十八，志第三十八，百官志。

算学以七年分科教授,《唐六典》卷二十一本文称:“算学博士掌教文武官八品以下,及庶人子之为生者,二分其经,以为之业。习《九章》《海岛》《孙子》《五曹》《张丘建》《夏侯阳》《周髀》(《五经算》),十有五人;习《缀术》《缉古》十有五人,其《记遗》《三等数》亦兼习之。”①“《孙子》《五曹》共限一年,业成。《九章》《海岛》共三年,《张丘建》《夏侯阳》各一年,《周髀》《五经算》共一年,《缀术》四年,《缉古》三年。其束脩之礼,督课试举,如三馆博士之法。”②旬给假一日,其考试亦主分科举行。《唐六典》卷四本文称:“凡明算试《九章》《海岛》《孙子》《五曹》《张丘建》《夏侯阳》《周髀》《五经》《缀术》《缉古》,取明数造术,辨明数理者为通。”计《九章》三帖,《海岛》《孙子》《五曹》《张丘建》《夏侯阳》《周髀》《五经(算)》等七部各一帖,是为一组,③又一组则据《唐六典》卷二本文,卷四注文,和《通典》卷七十五,天宝元年(公元742年)条下,称:“试《缀术》六帖,《缉古》四帖。”而《唐六典》卷二注文和《新唐书》选举志则作:“《缀术》七帖,《缉古》三帖。”疑后者是天宝元年以后

---

① 此据《唐六典》卷二十一,广雅书局本,第7页本文。

《旧唐书》卷四十四,职官三,志第二十四,作:“其纪遗,三等亦兼习之”,《三等》下遗一“数”字。《新唐书》卷四十八,志第三十八,百官志,于《周髀》下多(《五经算》)三字,令补入。

② 此据广雅书局刻本《唐六典》卷二十一,第7页本文,广雅书局刻本唐《六典》作:“《缉古》一年”,今据宋孙逢吉《职官分纪》卷二十一,“算学博士”条引(唐)《六典》,和《新唐书》卷四十四,志第三十四,选举志,和《文献通考》卷四十一,学校二,改正。

③ 此据《唐六典》卷四,广雅书局本,第3页。《新唐书》卷四十四,志第三十四,选举志,于《五经》下多一(算)字,令补入。

制度。[1] 凡算学考试录各经大义本条为问答，取明数造术，辨明术理者为通。各经十通六。《记遗》，《三等数》帖读，十得九为第。其试法皆依考功，又加以口试，[2]《唐会要》曾称："其试者计一年所受之业，口问大义，得八以上为上，得六以上为中，得五以上为下。"[3]试举之制，始由吏部掌之，开元二十四年（公元 736 年）后移于礼部。故《唐六典》称："登第者白祭酒，上于礼部尚书。""诸及第人并录奏，仍关送吏部。书，算于从九品下叙排。"[4]

第三章　近古数学家小传（一）

1. 唐王孝通　2. 唐李淳风　3. 僧一行　4. 边冈

附:5. 隋刘孝孙　6. 唐梁述　7. 唐张元贞

1. 王孝通　唐武德（618～626）中任算历博士。唐高祖武德元年，戊寅（公元 618 年）七月颁傅仁均、崔善为新撰《戊寅元历》，起二年（公元 619 年）用之，……三年（公元 620 年）正月望，及二月、八月朔当蚀，比不效。六年（公元 623 年）诏吏部郎中祖孝孙考其得失。孝孙使太史丞、算历博士王孝通以甲辰历法驳之。武德九年（公元 626 年）九月复诏大理卿崔善为与王孝通等校勘，善为所

① 见《唐六典》卷二，第 17 页本文，和卷四第 3 页注文，《新唐书》卷四十四，志第三十四，选举志。

② 见《唐六典》卷二，第 17 页注文，卷四第 3 页本文，和卷二十一本文。并参看《新唐书》卷四十四，志第三十四，选举志。

③ 见《唐会典》，卷三十五，《丛书集成初编》本，第 634 页，《新唐书》，卷四十四。

④ 见《唐六典》卷二十一，第 4 页本文，和卷二，第 70 页，注文。

改三十余条，即付太史施行。《旧唐书·历志》曾记："戊寅历经，……武德九年（公元626年）五月二日，校历人……算历博士臣王孝通。"

王孝通在武德九年（公元626年）较定崔善为《戊寅元历》的同时，著《缉古算经》二十问共四卷。王孝通《上缉古算经表》，自称"少小学算，……迄将皓首，……伏蒙圣朝收拾，用臣为太史丞。比年以来，奉敕校勘傅仁均历，凡驳正术错三十余道，即付太史施行"等语。高宗时（在位年，650～683）李淳风曾注释王孝通《缉古算经》四卷，和其他算经共付国学行用[①]。

2. 李淳风　唐岐州雍人，一称蜀简州人。明天文历算。淳风以驳傅仁均的《新戊寅元历》，多所折衷，授将仕郎，直太史局。贞观元年（公元627年）淳风又奏驳新历十有八事，诏下崔善为课其得失，其中七条从李淳风。贞观七年（公元636年）直太史局，任将仕郎，曾铸浑天黄道仪，太宗称善，置其仪于凝晖阁，加授承务郎。十五年（公元641年）除太常博士，寻转太史丞。二十二年（公元648年）迁太史令。显庆元年（公元656年）复因修国史，功封昌乐县男。龙朔二年（公元662年）改授秘阁郎中。麟德二年（公元665年）修《麟德历》。咸亨（670～673）初，官名复旧，还为太史令。年六十九。

唐初太史监候王思辩表称：《五曹》《孙子》，十部算经，理多踳驳，李淳风复与算学博士梁述、太学助教王真儒等受诏注《五曹》

① 参看李俨：《中国古代数学史料》，第83～84页，引《旧唐书》《新唐书》《唐会要》《缉古算经》《四库全书》提要。现传宋本《缉古算经》题："唐通直郎太史丞臣王孝通撰并注。"

《孙子》十部算经。书成,唐高宗显庆元年(公元656年)尚书仆射于志宁等奏以李淳风等注释《五曹》、《孙子》等十部算经,分为二十卷,付国学行用。永隆元年(公元680年)太史令李淳风进注释《五曹》、《孙子》等十部算经分为二十卷。①

3. 僧一行(683~727) 原姓张名遂。魏州昌乐人,少聪敏,博览经史,尤精历象。开元九年(公元721年)《麟德历》署日蚀,比不效,诏僧一行作新历,一行推大衍数,立术以应之;较经史所书气朔日名宿度可考者皆合。开元十五年(公元727年)草成。一行是年卒,年四十五。

开元九年(公元721年)一行修历时,欲知黄道进退,是时梁令瓒曾用木做游仪。一行又和梁令瓒更铸"黄道铜游仪",开元十一年(公元723年)仪成,以后又和梁令瓒更铸"浑天铜仪"以测天体。一行于开元十二年(公元724年)开始第一次实测子午线的长度。《宋史》艺文志记录一行著有《开元大衍历议》十三卷,《心机算术括》(一作格)一卷。②

僧一行《大衍历》(公元727年)除应用自变数等间距二次内插法以外,还刃造应用自变数不等间距二次内插法来计算。比隋刘焯(544~610)《皇极历》(公元600年),唐李淳风《麟德历》(公元664年)更进步。③

---

① 参看李俨:《中国古代数学史料》,第84~85页,引《旧唐书》《新唐书》《唐会要》《资治通鉴》《册府元龟》《玉海》,[宋]王象之《舆地纪胜》,[明]曹学佺《蜀中广记》。

② 同上书,第85~86页,引《旧唐书》《新唐书》,《玉海》引《唐会典》,又《唐会典》《唐文粹》《宋史》。

③ 参看李俨:《中算家的内插法研究》,科学出版社1957年4月版。

4. 边冈　唐乾符时(874～897)为术士,因称处士。唐昭宗(在位年,889～905)时《宣明历》浸差。诏太子少詹事边冈,与司天少监胡秀林,均州司马王墀改治新历。景福元年(公元892年)十二月修成《景福崇玄历》四十卷,一作十三卷。

边冈巧于用算,能驰骋反复于乘除间,立先相减后相乘之法。又称立简捷,超径,等接之术。①

5. 刘孝孙　隋广平人。开皇十四年(公元594年)会论历法,著有隋《开皇历》一卷,《七曜杂术》二卷。刘孝孙在唐曾任算学博士。现在宋本《张丘建算经》三卷,题唐算学博士,臣刘孝孙撰细草。②

6. 梁述　《旧唐书》称:"先是太史监候王思辩表称:《五曹》《孙子》十部算经,理多踳驳,(李)淳风复与国子监算学博士梁述、太学助教王真儒等受诏注《五曹》《孙子》十部算经,书成,高宗令付国学行用。"又《新唐书》称:"(李淳风)奉诏与算博士梁述、助教王真儒等是正《五曹》《孙子》等书,刊定注解,立于学官。"③

7. 张元贞　天宝四载(公元545年)的石台孝经碑有:"算学博士臣张元贞"题名,见《金石萃编》卷八十七引。④

---

① 参看李俨:《中国古代数学史料》,第86～87页,引《资治通鉴》《新唐书》《宋史》。

② 同上书,第87页,引《直斋书录解题》《宋史》《旧唐书》《新唐书》《隋书》。

并参看汲古阁景宋钞本《张丘建算经》,《天禄琳琅丛书》之一,1931年,故宫博物院影印。

③ 见《旧唐书》卷七十九,和《新唐书》卷二百零四。

④ 见[清]王昶:《金石萃编》卷八十七,唐四十七,同治年刻本。该碑今藏长安碑林。有"算学博士臣张元贞"字样(见长安碑林藏:石台孝经碑)。

第四章 《缉古算经》解（一）

《缉古算经》第二问第一术，于仰观台：已知上下广差 $c-a$，上下袤差 $d-b$，上广袤差 $b-a$，截高 $h-a$，它的体积是 A。

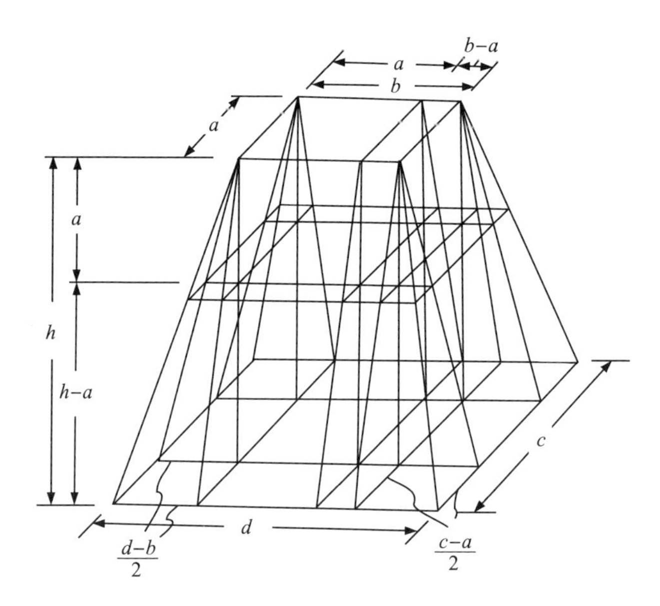

如图：中央小立方体的体积（a^3），是：全部体积（A）减去中央小立方体下部体积（$h-a$）a^2，旁长方体体积（$b-a$）$a\cdot h$ 和两边两对"堑堵"，四角四个"阳马"的体积。列式如下：

$$a^3=A-\left[(h-a)a^2+(b-a)a\cdot h+2\cdot\frac{1}{2}\cdot b\cdot h\cdot\left(\frac{c-a}{2}\right)\right.$$

$$\left.+2\cdot\frac{1}{2}\cdot a\cdot h\left(\frac{d-b}{2}\right)+4\cdot\frac{1}{3}\cdot h\left(\frac{c-a}{2}\right)\left(\frac{d-b}{2}\right)\right]。$$

又令：　$b=a+(b-a)$，　$h=a+(h-a)$，

$$bh=a^2+a(b-a)+a(h-a)+(b-a)(h-a)$$

即得下式：

$$a^3+a^2\left[(h-a)+(b-a)+\frac{(c-a)+(d-b)}{2}\right]$$

$$+a\left\{\left[(b-a)+\frac{(c-a)+(d-b)}{2}\right](h-a)\right.$$

$$\left.+\left[\frac{(c-a)(b-a)}{2}+\frac{(d-b)(c-a)}{3}\right]\right\}$$

$$=A-\left[\frac{(c-a)(b-a)}{2}(h-a)+\frac{(d-b)(c-a)}{3}(h-a)\right]。$$

其中$\frac{(d-b)(c-a)}{3}$是隅阳幂，$\frac{(c-a)(b-a)}{2}$是隅头幂，$\frac{(c-a)+(d-b)}{2}$是正数。

又 a 的系数叫方法，a^2 的系数叫廉法。

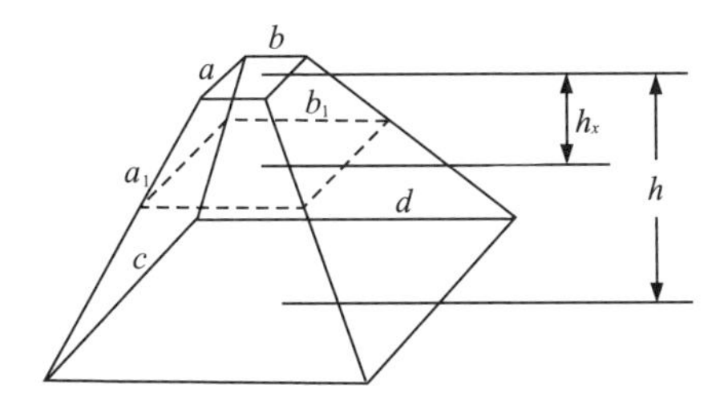

又第二问第二术，于仰观台，设台高 h，截高于 h_x，则被截部分的体积：

$$B=\frac{1}{3}\frac{(c-a)(d-b)}{h^2}\times\left[3\times\frac{h\cdot a}{c-a}\times\frac{h\cdot b}{d-b}\times h_x+\frac{3}{2}\left(\frac{h\cdot a}{c-a}+\frac{h\cdot b}{d-b}\right)\times h_x^2+h_x^3\right]。$$

(B)

关于第二问第二术，王孝通曾有自注如下：

“此应三因乙积，台高再乘，上下广差乘袤差而一。

$$\frac{3B\cdot h^2}{(c-a)(d-b)},$$

又以台高乘上广，为上广之高。

本文称：“又以台高乘上广，广差而一，为上广之高。”自注系省文。

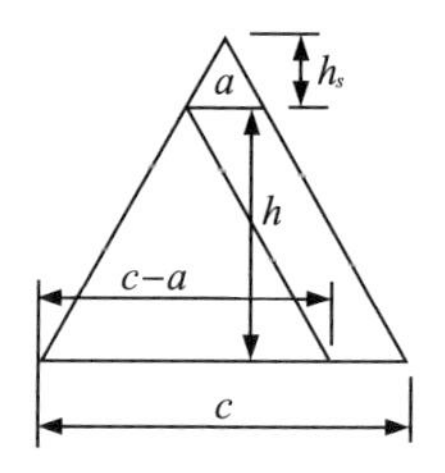

如图，上广之高，

$$h_s=\frac{h\cdot a}{c-a}。$$

又以台高乘上袤，为上袤之高。

此亦系省文，是说袤差而一，为上袤之高，

$$h_t=\frac{h\cdot b}{d-b}。$$

$$\left(\frac{h\cdot a}{c-a}\right)\left(\frac{h\cdot b}{d-b}\right)=\text{小幂}。$$

取二个小幂：

$$2\times\frac{h\cdot a}{(c-a)}\times\frac{h\cdot b}{(d-b)},$$

为小幂二。

为小幂二。　(1)

因下袤之高，为中幂一。

此句亦系省文，是说以上广之高，因下袤之高，为中幂一，即

$\frac{h\cdot a}{(c-a)}\times\frac{h\cdot b_1}{(d-b)}$，为中幂一。　(2)

凡下袤、下广之高，即是截高与上袤、上广之高，相连并数。

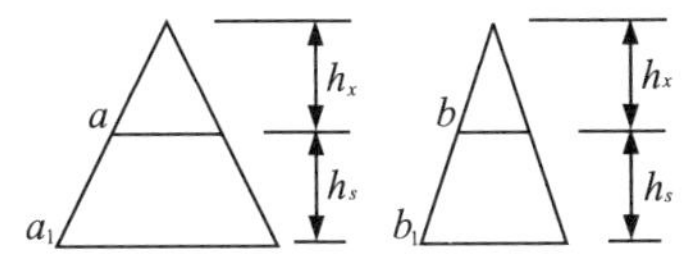

如上二图，h_x 为截高，则：

$$下袤之高=h_s+h_x=\frac{h\cdot b_1}{d-b},$$

$$=\frac{h\cdot b}{d-b}+\frac{h(b_1-b)}{d-b};$$

$$下广之高=h_s+h_x=\frac{h\cdot a_1}{c-a},$$

$$=\frac{h\cdot a}{c-a}+\frac{h(a_1-a)}{c-a}。$$

然此有中幂，定有小幂一，又有上广之高乘截高，为幂(各)一。①

如(2)：$\frac{h\cdot a}{c-a}\times\frac{h\cdot b_1}{d-b}$

$$\left.\begin{aligned}&=\frac{h\cdot a}{c-a}\times\frac{h\cdot b}{d-b}\quad 小幂一\\&+\frac{h\cdot a}{c-a}\times\frac{h(b_1-b)}{d-b}\quad 中幂一\end{aligned}\right\}\quad (2)_1$$

① 圆括号中的各字为衍文，下同。

又下广之高，乘下袤之高，为大幂二；乘上袤之高，为中幂一。”	$2\times\frac{h\cdot a_1}{c-a}\times\frac{h\cdot b_1}{d-b}$ 大幂二 （3） $\frac{h\cdot a_1}{c-a}\times\frac{h\cdot b}{d-b}$ 中幂一 （4）

此术是应用《九章》刍童公式：$A=\frac{h}{6}[(2b+d)a+(2d+b)c]$ 即 $B=\frac{h}{6}[(2b+b_1)a+(2b_1+b)a_1]$，此式左边和括弧右边上下各乘 $\frac{h^2}{(c-a)(d-b)}$ 得：$\frac{3B\times h^2}{(c-a)(d-b)}=\frac{h_x}{2}\left[2\times\frac{h\cdot a}{(c-a)}\times\frac{h\cdot b}{(d-b)}+\frac{h\cdot a}{(c-a)}\times\frac{h\cdot b_1}{(d-b)}+2\times\frac{h\cdot a_1}{(c-a)}\times\frac{h\cdot b_1}{(d-b)}+\frac{h\cdot a_1}{(c-a)}\times\frac{h\cdot b}{(d-b)}\right]$，右边括弧内各数，即上述（1）（2）（3）（4）各式的大，中，小幂。次述以 h_x 消去 a_1 及 b_1 的方法。

“其大幂之中，又［有］* 小幂一，复有上广上袤之高，（为中幂）各乘截高，为（中）幂各一，又截高自乘为幂一。	从（3）内，$2\times\frac{h\cdot a_1}{c-a}\times\frac{h\cdot b_1}{d-b}$ $=2\left[\frac{h(a_1-a)}{c-a}+\frac{h\cdot a}{c-a}\right]\times\left[\frac{h(b_1-b)}{d-b}+\frac{h\cdot b}{d-b}\right]$ $=2\times\frac{h\cdot a}{c-a}\times\frac{h\cdot b}{d-b}$ 小幂二 $+2\times\frac{h\cdot a}{c-a}\times\frac{h(b_1-b)}{d-b}$，或 $2\times\frac{h\cdot a}{c-a}\times h_x$，中幂二 $+2\times\frac{h\cdot b}{d-b}\times\frac{h(a_1-a)}{c-a}$，或 $2\times\frac{h\cdot b}{d-b}\times h_x$，中幂

* 原本无“有”字，李俨补。

	二$+2\times\dfrac{h(b_1-b)}{d-b}\times\dfrac{h(a_1-a)}{c-a}$,或 $2h_x^2$ 自乘幂二。$(3)_1$
其中幂之内,有小幂一,又上袤之高乘截高为幂一。	从(4)内,$\dfrac{h\cdot a_1}{c-a}\times\dfrac{h\cdot b}{d-b}$ $=\left[\dfrac{h(a_1-a)}{c-a}+\dfrac{h\cdot a}{c-a}\right]\times\dfrac{h\cdot b}{d-b}=\dfrac{h\cdot a}{c-a}\times$ $\dfrac{h\cdot b}{d-b}$　　小幂一$+\dfrac{h\cdot b}{d-b}\times\dfrac{h(a_1-a)}{c-a}$,或 $\dfrac{h\cdot b}{d-b}\times h_x$。　　中幂一$(4)_1$
然则截高自相乘为幂二,小幂六,又上广上袤之高各三,以乘截高为幂六。	以上(1),$(2)_1$,$(3)_1$,$(4)_1$ 并之得 $2\times h_x^2$　　自相乘幂二 $+6\times\dfrac{h\cdot a}{c-a}\times\dfrac{h\cdot b}{d-b}$,　　小幂六 $+3\times\dfrac{h\cdot a}{c-a}\times h_x$,　　中幂三 $+3\times\dfrac{h\cdot b}{d-b}\times h_x$。　　中幂三
今皆半之,故以三乘小幂,又上广上袤之高各三。今但半之,各得一又二分之一,故三之二而一。 诸幂截为积尺。”	半之得: $\left[3\times\dfrac{h\cdot a}{c-a}\times\dfrac{h\cdot b}{d-b}+\dfrac{3}{2}\left(\dfrac{h\cdot a}{c-a}+\dfrac{h\cdot b}{d-b}\right)\right.$ $\left.\times h_x+h_x^2\right]h_x=\dfrac{3B\times h^2}{(c-a)(d-B)}$。

《缉古算经》第七问亭仓也有自注,亭仓和第二问的仰观台性质相同。不过

$$a=b,\qquad c=d,$$

所以自注称：

$$小高=\frac{h\cdot a}{c-a},$$

$$大高=h_x+\frac{h\cdot a}{c-a},$$

$$大方=\left(h_x+\frac{h\cdot a}{c-a}\right)^2,$$

$$中方=\left(h_x+\frac{h\cdot a}{c-a}\right)\left(\frac{h\cdot a}{c-a}\right),$$

它的解法，和上面相同。

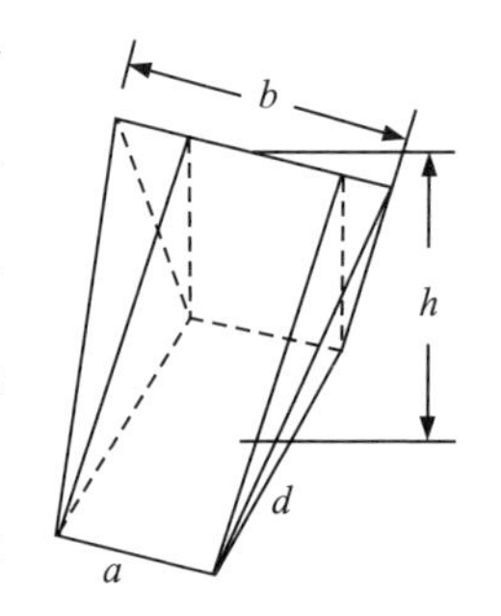

又第二问第三术，于羡道，已知上广 $b-a$，上广少袤 $d-b$，高多袤 $h-d$，则下广少袤 $d-a=(d-b)+(b-a)$，下广少高 $h-a=(h-d)+(d-a)$。羡道之积，在《九章》为刍甍，乃两鳖臑 $2\times\frac{h}{6}\times d\times\frac{b-a}{2}$ 或 $\frac{1}{6}[(h-a)+a][(d-a)+a](b-a)$，夹一堑堵，$\frac{dah}{2}$，或 $\frac{1}{2}[(d-a)+a]a\times[(h-a)+a]$，故羡道：下广 $a=x$，其积为 C 时，得求 a 之三次式：

$$\frac{6C-(h-a)(d-a)(b-a)}{3}$$
$$=\left\{\frac{[(d-a)+(h-a)](b-a)}{3}+(h-a)(d-a)\right\}\times a$$
$$+\left\{\frac{(b-a)}{3}+[(d-a)+(h-a)]\right\}a^2+a^3 \qquad (C)$$

而 $(h-a)(d-a)(b-a)$ 称为鳖臑。

又第二问第四术于羡道截袤于 d_1，则其积为：

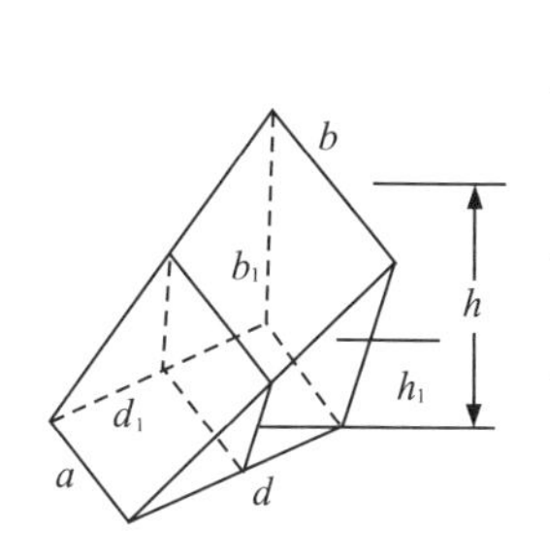

$$D=\frac{3a+(b_1-a)}{6}\times h_1\times d_{10}$$

如图$\frac{(b-a)d_1}{d}=b_1-a$，$\frac{h\times d_1}{d}=h_1$，则得求 d_1 之三次式：

$$\frac{6d^2D}{(b-a)h}=\frac{3ad}{b-a}\times d_1^2+d_1^3。\qquad (D)$$

此外各术又续及羡除，鳖臑，堑堵，刍甍，羡道，堤，河，滆，方窖，亭仓，圆囤。其求积诸法，并出于《九章》。王孝通，《上缉古算经表》也说："伏寻《九章》商功篇有平地役功受袤之术，……遂于平地之余，续狭斜之法。"

《缉古算经》第三问：

"假令筑堤西头上下广差六丈八尺二寸，东头上下广差六尺二寸；东头高少于西头高三丈一尺，上广多东头高四尺九寸，正袤多于东头高四百七十六尺九寸。……"

如图，令：西头上下广差$=b-a$，

东头上下广差，或小头广差$=c-a$，

东头高和西头高差，或高差$=e-d$，

下广差$=b-c$，

东头高和上广差，或上广多小高$=a-d$，

正袤和东头高差，或正袤多小高$=h-d$，

堤的体积$=V$。

又如图：堤内上面小立方的体积加上面右边长方体体积，加上面两边二个小长方体体积，和上面两边二个堑堵体积，后再加下面中间一个大堑堵体积，加下面两边大小二个堑堵体积和下面二个鳖臑体积，总共得堤积。列式如下：

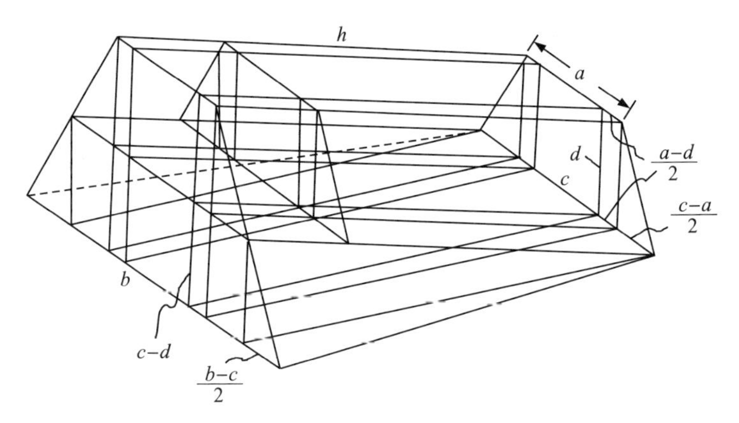

$$V=d^3+(h-d)d^2+2\cdot\frac{a-d}{2}\cdot d\cdot h+2\times\frac{1}{2}\times\frac{c-a}{2}d\cdot h$$

$$+\frac{1}{2}(e-d)\cdot d\cdot h+2\times\frac{1}{2}(e-d)\cdot\frac{a-d}{2}\cdot h$$

$$+2\times\frac{1}{2}(e-d)\frac{c-a}{2}\cdot h+2\times\frac{1}{3}\times\frac{1}{2}(e-d)\left(\frac{b-c}{2}\right)h。$$

又令　$h=d+(h-d)$。

即得下式：

$$d^3+d^2\left\{(h-d)+(a-d)+\frac{c-a}{2}+\frac{e-d}{2}\right\}+d\left\{\left[(a-d)+\frac{c-a}{2}+\frac{e-d}{2}\right](h-d)\right.$$

$$\left.+\frac{(e-d)(a-d)}{2}+\frac{(e-d)(c-a)}{2}+\frac{(e-d)(b-c)}{6}\right\}$$

$$=V-\left[\frac{(e-d)(a-d)}{2}+\frac{(e-d)(c-a)}{2}+\frac{(e-d)(b-c)}{6}\right](h-d)。$$

其中$\frac{(e-d)(b-c)}{6}$称为鳖幂，$\frac{(e-d)(c-a)}{2}$称为大卧堑头幂，$\frac{(e-d)(a-d)}{2}$称为小卧堑头幂，d 的系数叫方法，d^2 的系数叫廉法。

此方程求得 d 值后，接连可得：a,e,h 值，又可得 b,c 各值。

斜袤之值由勾股定理得到，即；

$$斜袤=\sqrt{(正袤)^2+(高差)^2}。$$

由上面各题的解法可以看出：

（一）王孝通必深知《九章算术》刘徽注内解释立体的方法，曾称隅阳幂和阳马有关，鳖幂和鳖臑有关，堑头幂和堑堵有关，都和《九章算术》刘徽注相同。

（二）王孝通将体积分割成若干小部分，以求最小立方体积的边为原则。如此在方程内各系数，不会发生负数，从开立方除之的方式，可以划一。

王孝通应用的方程，有下列各式，即：

$$x^2=A,\quad x^2+px=A,\quad x^3+px^2=A,$$

$$x^3+px^2+qx=A,\quad x^4+qx^3=A,$$

各式都以 A 为实，p 为方法，q 为廉法；方，廉法都是正数。[1] 按《九章》少广篇开平方，开立方，既得初商后，即为带从平方，带从立方。故《缉古算经》于 $x^3+px^2+qx=A$ 式，术曰："以从开立方除之。"

第五章 《缉古算经》解（二）

《缉古算经》第十五问到第二十问，都是解勾股形题，如：

《缉古算经》第十五问，于勾股形，已知 ab，$c-a$，求 a，b，c。

---

① 参看《缉古算经》，《算经十书》本，或《知不足斋丛书》本，《天禄琳琅丛书》本。张敦仁《缉古算经细草》上中下卷，《嘉庆》六年（1801 年）自序。李潢《缉古算经考注》上下卷，道光壬辰（1832 年）刻。陈杰《缉古算经细草》一卷，《图解》上中下卷，《音义》一卷，嘉庆二十年（1815 年），汪廷珍序。孔广森《少广正负术外篇》下，"斛方补问"。蒋维钟《堤积术辨》。

如图，因 $b^2=c^2-a^2=(c-a)(c-a+2a)$

故 $$\frac{a^2b^2}{2(c-a)}=\frac{a^2[(c-a)+2a]}{2}=\frac{c-a}{2}\cdot a^2+a^3。\qquad (XV)$$

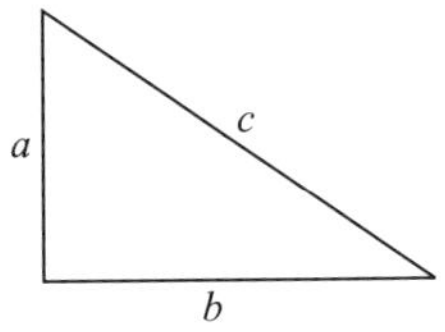

又第十六问，于勾股形，已知 ab，$c-b$，求 c。

$$\frac{a^2b^2}{2(c-b)}=\frac{c-b}{2}\cdot b^2+b^3\text{，又 } b+(c-b)=c \qquad (XVI)$$

又第十七问，于勾股形，已知 ac，$b-c$，求 b。

$$a^2c^2=(c^2-b^2)[(c-b)+b]^2$$
$$=[(c-b)(c-b+2b)][(c-b)+b]^2,$$

故得：

$$\frac{a^2c^2}{2(c-b)}-\frac{(c-b)^3}{2}=2(c-b)^2b+\frac{5}{2}(c-b)b^2+b^3。\qquad (XVII)$$

又第十八问，于勾股形，已知 bc，$c-a$，求 a。

$$b^2c^2=(c^2-a^2)[(c-a)+a]^2,$$

故得：

$$\frac{b^2c^2}{2(c-a)}-\frac{(c-a)^3}{2}=2(c-a)^2a+\frac{5}{2}(c-a)a^2+a^3。\qquad (XVIII)$$

又第十九问，于勾股形，已知 bc，及 a，求 b。

$$b^2c^2=b^2(a^2+b^2)\text{，故得 } b^2c^2=a^2b^2+b^4。\qquad (XIX)$$

又第二十问，于勾股形，已知 ac，及 b，求 a，

如前得： $$a^2c^2=b^2a^2+a^4。\qquad (XX)$$

以上各勾股形题，取义也和以前相同，凡求勾股形斜边 c 时，不用 c 做函数，列出方程，还先求 a，或 b 值以便避免方程中各系数有负数。“从开立方除之”也可划一。又第十九问和第二十问，虽然是四次式，也是二次式的形式，所以《缉古算经》是用二次方程算出后，再开方求得正根。

第六章 近古数学家小传(二)

8. 唐陈从运 9. 江本 10. 龙受益 11. 宋延美 12. 薛崇誉

8. 陈从运 亦作陈运。《宋史》称:“唐试右千牛卫,胄曹参军陈从运著《得一算经》。其术以因折而成,取损益之道,且变而通之,皆合于数。”《新唐书》题:“陈从运,《得一算经》七卷。”《宋史》题:“陈从运《得一算经》七卷,《三问田算术》一卷。”《崇文总目》又作:“陈运,《得一算经》七卷,《三问田算术》一卷。”①

9. 江本 《玉海》称;“江本撰《三位乘除一位算法》二卷,又以一位因折进退,作《一位算术》九篇,颇为简约。”《太平御览》引《书目》有:“《登象(发蒙)算经》,《一位算法》。”②

10. 龙受益 一作龙受,一作龙受一;亦称唐贞元时(785~804)人,亦称宋人。《新唐书》,《崇文总目》有:“龙受《算法》二卷。”龙受益又有龙受益注《算范九例诀》一卷,《算范诀》二卷或龙受益《新易一法算范九例要诀》一卷和《六问算法》五卷,并《化零歌附》③。

---

① 参看李俨:《中国古代数学史料》,第178页,引《宋史》《新唐书》《崇文总目》。

② 同上,引《玉海》《新唐书》《宋史》《崇文总目》《太平御览》引书目。

③ 同上书,第178~179页,引《新唐书》《崇文总目》《宋史》《秘书省续编到四库书目》《文献通考》《郡斋读书志》,[明]陈第《世善堂藏书目录》,[明]晁氏《宝文堂书目》。

11. 宋延美　后唐天成五年(公元930年),宋延美明算科及第。是年明算五人,而延美为之首。[1]

12. 薛崇誉　南汉韶州曲江人。善《孙子》《五曹算》。[2]

此外还有宋泉之,阴景愉,鲁靖和谢察微各人著作,因:

{《九章术疏》九卷,宋泉之撰(见《旧唐书》)
宋泉之,《九经》(?)《术疏》九卷(见《新唐书》)

{《七经算术通义》七卷,阴景愉撰(见《旧唐书》)
阴景愉,《七经算术通义》七卷(见《新唐书》)

{鲁靖,《新集五曹时要术》三卷(见《新唐书》)
鲁靖,《五曹时要术》三卷(见《宋史》)
鲁靖,《五曹时要算术》三卷(见《宋史新编》卷五十二)

{谢察微《算经》三卷(见《新唐书》)
谢察微《发蒙算经》三卷(见《宋史》)[3]

其中谢察微《算经》在宋代流传甚广。现在宋本《张丘建算经》卷下,百鸡题问:

$$x+y+z=100, \qquad 得\ x=4,8,12,$$

$$5x+3y+\frac{1}{3}z=100; \qquad y=18,11,4,$$

$$z=78,81,84。$$

三组答案。宋本《张丘建算经》卷下,在此题插注称:"自汉唐以来,

---

① 参看李俨:《中国古代数学史料》,第179页,引《册府元龟》《旧五代史》《后唐书》。

② 同上,引《宋史》。

③ 以上见《旧唐书》卷四十七,经籍志第二十七,经籍下,《新唐书》卷五十九,艺文志第四十九,和《宋史》卷二〇七,艺文志第一六〇,艺文六。《旧唐书》卷四十六,另有《汉书律历志音义》一卷,阴景愉作。

虽甄鸾、李淳风注释，未见详辨。今将算学教授，并谢察微拟立术草，创新添入。”这说明原书此注文后一术三草，是据算学教授和谢察微术草列入。又七卷本《杨辉算法》内《续古摘奇算法》（1275年）也引到《谢经》。[①] 现存《古今图书集成》历法象汇编历典引有宋《谢察微算经》内：大数，小数，度，量，衡，亩，九章名义，用字例义各条。[②]

第七章　近古初期数学书志

中古和近古初期数学书，都散见在各人传记之内。其中较重要的是甄鸾（公元535～573年时人）和李淳风（公元600～680年时人）所撰注的算经。计甄鸾撰注有：

《九章算经》九卷，甄鸾撰（见《旧唐书》）

《孙子算经》三卷，甄鸾撰注（见《旧唐书》）

《五曹算经》五卷，甄鸾撰（见《旧唐书》）

《张丘建算经》一卷，甄鸾撰（见《旧唐书》）

《夏侯阳算经》三卷，甄鸾注（见《旧唐书》）

《周髀》一卷，甄鸾重述（见《隋书》）

《五经算术》一卷，甄鸾撰（见《通志略》）

---

① 《张丘建算经》卷下，第37～39页，1931年，《天禄琳琅丛书》本。《杨辉算法》七卷，洪武戊午（1378年），古杭勤德书堂刊本。

② 见中华书局影印本《古今图书集成》，第034册，第54～56页，“历象汇编历法典第一百十二卷算法部”。不过此处所引《谢察微算经》是否原著，还要考虑。

《数术记遗》一卷，徐岳撰，甄鸾注（见《旧唐书》）

《三等数》一卷，董泉撰，甄鸾注（见《旧唐书》）

《海岛算经》一卷，甄鸾撰（见《玉海》）

《甄鸾算术》（见《隋书》）

又李淳风撰注有：

《九章算经》九卷，李淳风注（见《新唐书》）

甄鸾，《孙子算经》三卷，李淳风注（见《新唐书》）

《五曹算经》二卷，李淳风注（见《新唐书》）

《张丘建算经》三卷，李淳风注（见《新唐书》）

《周髀》二卷，李淳风撰（见《旧唐书》）

《五经算术》二卷，李淳风注（见《新唐书》）

《海岛算经》一卷，李淳风注（见《新唐书》）

祖冲之，《缀术》五卷，李淳风注（见《旧唐书》）

《缉古算术》四卷，李淳风注（见《旧唐书》）①

第八章　近古初期边境数学书表

唐代边境数学书和算表，在敦煌千佛洞发现的有下开各种：

（一）敦煌千佛洞“算书”

此书残缺。现存有□□部第□，共二题，营造部第七，共八题，……，□□部第九，共三题。其中题问有记王、仪同、营主、都

① 参看李俨：《中国古代数学史料》，第70～72页和第88～89页。

督、将、帅各官职名称。

（二）敦煌千佛洞“算表”

此表是广顺二年（公元952年）写本。凡已知田亩广长各若干步，检表即可得到田亩积若干亩，若干（方）步，和若干亩半，若干（方）步。原表广袤六十步以下，检表即得亩数、（方）步数。

全表如下缩图，其中 A, B, C, D 各格，现已残缺。所存的是1到11各格。如下图“算表”图，是1到11各格中（1）的一格。

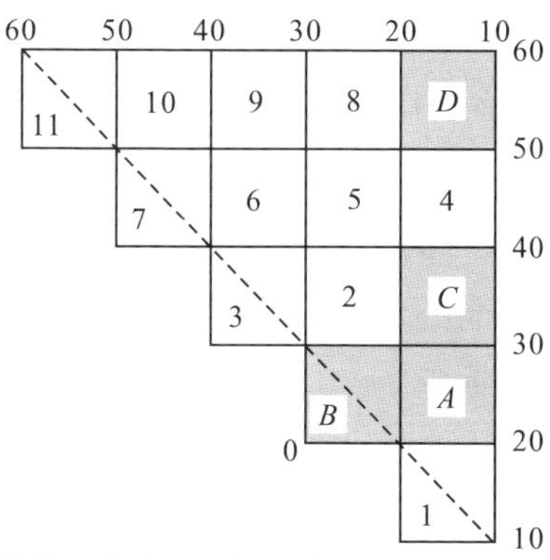

（三）敦煌千佛洞“算经一卷并序”

此书上半卷完好，下半卷残缺。连同序文现存139行，每行约30字。

此书记九九，始于九九，终于一一。记数，万以上采用万万曰亿，万万亿曰兆，万万兆曰京，万万京曰该，万万该曰梓，万万梓曰让，万万让曰沟，万万沟曰间，万万间曰政，万万政曰载，万万载曰极，叫做孙子数。因《孙子算经》卷上，亦记明：“凡大数之法：万万曰亿，万万亿曰兆，万万兆曰京，万万京曰陔，万万陔曰秭，万万秭曰穰，万万穰曰沟，万万沟曰涧，万万涧曰正，万万正曰载。”

即万以上，《孙子算经》用：

“亿兆京陔秭穰沟涧正载”。

敦煌千佛洞“《算经》一卷并序”用：

“亿兆京该梓让沟间政载极”各名称。

敦煌千佛洞“算经一卷并序”现在存有“均田法第一”，说明平面形计算方法，其中：方田，直田，四不等田，蛇田，箕田，角田（如牛角），鼓田，环田各名称，都和现存《五曹算经·田曹》所记相同。

（四）敦煌千佛洞“《立成算经》一卷”

此书说明筹算记法。其中九九始于九九，终于一一，和上述（三）“算经一卷并序”相同。万以上采用：“十万为亿，十亿为兆，十兆为京，十京为垓，十垓为梓，十梓为壤，十壤为沟，十沟为间，十间为正，十正为载”的十进方法。现将《孙子算经》，《数术记遗》和敦煌千佛洞“算经一卷并序”，“立成算经”所记

大数列表比较如下：

（1）《孙子算经》大数：

“亿兆京陔秭穰沟涧正载”

（三）敦煌千佛洞“《算经》一卷并序”：

“亿兆京该梓让沟间正载极”

（四）煌敦千佛洞“《立成算经》一卷”：

“亿兆京垓梓壤沟间正载”

（2）《数术记遗》：

“亿兆京垓秭壤沟间正载”

“其下数者十十变之，若言十万曰亿，十亿曰兆……

中数者万万变之，若言万万曰亿，万万亿曰兆……

上数者……若言万万曰亿，亿亿曰兆……。”

可以看到“立成算经一卷”是用《数术记遗》的下数记法。“算经一

20 步	19 步	18 步	17 步	16 步	15 步	14 步	13 步	12 步	11 步	10 步	
四一 十亩 步半	二一 十亩 步半	一 亩 半	百一 步亩 一	十一 步亩 八	十一 步亩 六	十一 步亩 四	十一 步亩 二	一 亩	百半 步亩 一	八半 十亩	20 步
	一一 步亩	百一 两亩 步一	十一 三亩 步八	十一 四亩 步六	十一 五亩 步四	十一 六亩 步二	步一 亩 七	百半 八亩 步一	十半 九亩 步八	七半 十亩	19 步
		十一 四亩 步八	十一 六亩 步六	十一 八亩 步四	十一 步亩 三	十一 二亩 步一	十半 四亩 步一 百	一半 六亩 步九	一半 八亩 步七	六半 十亩	18 步
			十一 九亩 步四	十一 二亩 步三	十一 五亩 步一	一半 十亩 八一 步百	百半 一亩 步一	十半 四亩 步八	十半 七亩 步六	五半 十亩	17 步
				六一 步亩 十	一 亩	百半 四亩 步一	十半 八亩 步八	十半 二亩 步七	十半 六亩 步五	四半 十亩	16 步
					百半 五亩 步一	十半 步亩 九	十半 五亩 步七	十半 步亩 六	十半 五亩 步四	三半 十亩	15 步
						十半 六亩 步七	十半 二亩 步六	十半 八亩 步四	十半 四亩 步三	二半 十亩	14 步
							十半 九亩 步四	十半 六亩 步三	十半 三亩 步二	一半 十亩	13 步
							十半 六亩 步三	十半 四亩 步二	二半 步亩 十	半 亩	12 步
		十半 八亩 步七	十半 七亩 步六	十半 六亩 步五	十半 五亩 步四	十半 四亩 步三	十半 三亩 步二	十半 二 步亩	一半 步亩	一 百 一 十	11 步

“算表”图。（据巴黎图书馆藏本 Pelliot No. 2490 传钞）

卷并序”是用《孙子算经》的大数,或《数术记遗》的中数记法。①

第九章　婆罗门,天竺数学输入中国

印度数学由佛教连带输入中国,近古时期较为显著。在以前吴竺律炎和大月氏优婆塞支谦共译《摩登伽经》(公元230年),不独提到五星周天行度,还提到七曜、九执名义。吴译《摩登伽经》卷上末称:

“今当为汝复说七曜:日、月、荧惑、岁星、镇星、太白、辰星是名为七;罗睺、彗星、通则为九,……”

这说明印度七曜名义和九执名义,早在近古时期以前,已输入中国。② 隋唐时期较为显著。

《隋书·经籍志》,记有:婆罗门,舍仙人所说《婆罗门天文经》二十一卷,婆罗门竭伽仙人《天文说》三十卷,《婆罗门天文》一卷,《婆罗门算法》三卷,婆罗门《阴阳算历》一卷,婆罗门《算经》三卷。《旧唐书》称:“天竺国即汉之身毒,或云婆罗门地也,……其中分五天竺,……有文字,善天文算历之术。”③

---

① 参看李俨:《中国古代数学史料》:第22~26页,(一)敦煌千佛洞“算书”,第26~27页,(二)敦煌千佛洞“算表”,第28~36页,(三)敦煌千佛洞“算经一卷并序”,第36~39页,(四)敦煌千佛洞“立成算经一卷”。

② 同上书,第146~153页,第30节,“七曜名义”,第154~157页,第31节,“九执名义”。

③ 《隋书》卷三四,志二九,经籍三。《旧唐书》卷一九八,列传第一四八,西戎……天竺。

同时罽宾国，吐火罗国，西天竺都有历算书输入中国，如《旧唐书》西戎传，称：罽宾国于"开元七年（公元719年）遣使来朝，进《天文经》一夹。"[1]《册府元龟》称："吐火罗国于开元七年（公元719年）表进解天文人大慕阇，谓智慧幽深，问无不知。"[2]其后贞元（785～804）中都利术士李弥乾自西天竺得《聿斯经》，有璩公者，译其文，成《都利聿斯经》二卷，《新唐书》艺文志以此经与陈辅《聿斯四门经》一卷，列入历算类。[3]

唐乾元二年（公元759年）不空译《文殊师利菩萨》及《诸仙所说吉凶时日善恶宿曜经》二卷。广德二年（公元764年）杨景风注此经卷上，第三，称：

"景风曰：凡欲知五星所在者，（原书第一行）

天竺历术，推知何夜，具知也。（原书第二行）

今有迦叶氏（迦叶波，Kāsyapa，译言饮光），瞿昙氏（瞿昙罗，Gautama，译言地最胜），拘摩罗（亦作鸠摩罗，Kumāra，译言童子）等三家天竺历。（原书第三行）

（并）掌在太史阁，然今之用，多瞿昙氏历，与本。（原书第四行）

（术）相参。（原书第五行）

---

① 《旧唐书》卷一九八，西戎……。罽宾。

② ［清］俞正燮：《癸巳类稿》卷一〇，第二八至三〇页引。

③ 此据《新唐书》卷五九，艺文志第四九。按《宋史》卷二〇六，则以《都利聿斯经》一卷，《聿斯四门经》一卷，《聿斯歌》一卷入天文类；又《聿斯四门经》一卷，《聿斯经诀》一卷，《聿斯都利经》一卷，《聿斯隐经》三卷入五行类。［宋］绍兴《秘书省续编到四库阙书目》卷二，则以《都利聿斯经歌》一卷入历算类。［宋］陈振孙《直斋书录解题》卷一二，有：《聿斯歌》一卷，青罗山人，布衣王希明撰，不知何人；又《四门经》一卷，唐待诏陈周（？）辅撰。

(供)奉耳”。(原书第六行,以上六行据碛砂本,《大藏经》校过)

杨景风当时曾治新历,建中四年(公元783年)历成,名《建中正元历》,以兴元元年(公元784年)颁行,迄元和元年(公元806年)。又杨景风所举迦叶氏,瞿昙氏,拘摩罗在唐代事迹可考的,有迦叶孝威(665~?时人),瞿昙罗(665~699时人),瞿昙悉达(Gautama Sidhārta,712~718时人),瞿昙譔(721~762时人),瞿昙谦,瞿昙晏和俱摩罗各人。① 其中较重要的是开元六年(公元718年)瞿昙悉达译集《开元占经》。②

《新唐书》《玉海》并称:开元六年(公元718年)诏瞿昙悉达译《九执历》。《新唐书·艺文志》记有大唐《开元占经》一百一十卷,瞿昙悉达集,和现传本卷数略有不同。《开元占经》卷一百零四记:“九执历法,梵天所造,五通仙人,承习传受。”又于

“算字法样”条,记:

“一字,二字,三字,四字,五字,六字,七字,八字,九字,点。

右天竺算法,用上件九个字乘除,其字皆一举札而成,凡数至十,进入前位,每空位处,恒安一点。有间咸记,无由辄错,连算便眼,述须先及。”

又《新唐书》卷二十八下历志所称:“《九执历》者,出于西

① 参看李俨:《中国古代数学史料》,第170~173页,第34节:“瞿昙氏历”。

② 景云三年(公元712年)到先天二年(公元713年)银青光禄大夫,行太史令瞿昙悉达修浑天仪(见《开元占经》)。

域,……其算皆以字书,不用筹策,……”同是一事。这说明零点和印度笔算算字字样已由《九执历》连带输入。

当时由佛教连带输入和中算有关的,还有三等数法和小数记法。①

《九执历》介绍印度历法。是以十九年七闰,和一月 $=29\frac{373}{703}$ 天入算,又算积月和积日,用下列二公式:

$$\text{积月}(m)=[12\times f(\text{积年})+g(\text{经过月数})]+\left[(12\times f+g)\times\frac{7}{228}\right]$$

$$\text{积日}=[30\times m(\text{积月})+n(\text{经过日数})]+\left[(30\times m+n)\times\frac{11}{703}\right]$$

都和印度 Varāha-Mihira(Варахa-Михира,约 505 ~ 587 时人)所编《五大历法全书》(*Pañcha-Siddhāntikā*)记录相同。②

又《九执历》内“推月间量命”条介绍三角法的正弦表和印度数学家阿离野昆陀(Aryabhata,公元 476 年生)所算,以及印度古历算书 *Sū rya-Siddhānta*(суирья сиддхянта)所记相同。③

① 参看李俨:《中国古代数学史料》,第 158 ~ 167 页,第 32 节“三等数法”和第 168 ~ 169 页,第 33 节“天竺小数记法”。

② 见[日]薮内清:《隋唐历法史之研究》,第六章内“九执历之研究”,昭和十九年(1944 年)。

③ E. Burgess, *Translation of thd Sū rya-Siddhānta*, *Journal of the Amer. Oriental Society*, v. 6, pp. 141 ~ 498, 1860. F. Cajori, *A History of Math*, 1909, p. 99.

附:古代三角函数表

开元六年(公元718年),瞿昙悉达译《九执历》(见《开元占经》),内有"推月间量命",为中国古书上最早记载的三角函数表(正弦函数表),①原文如下:

推月间量命

段法　凡一段管三度四十五分,每八段管一相,总有二十四段,用管三相,其段下侧注者,是积段并成之数。

第一段	二百二十五。	第二段	二百二十四, 并四百四十九。
第三段	二百二十二, 并六百七十一。	第四段	二百一十九, 并八百九十。
第五段	二百一十五, 并一千一百五。	第六段	二百十, 并一千三百一十五。
第七段	二百五, 并一千五百二十。	第八段	一百九十九, 并一千七百一十九。
第九段	一百九十一, 并一千九百一十。	第十段	一百八十三, 并二千九十三。
第十一段	一百七十四, 并二千二百六十七。	第十二段	一百六十四, 并二千四百三十一。

① 见薮内清:《隋唐历法史之研究》第六章:九执历之研究,第154页,昭和十九年(1944年)一月,东京出版。

第十三段　一百五十四，并二千五百八十五。　第十四段　一百四十三，并二千七百二十八。

第十五段　一百三十一，并二千八百五十九。　第十六段　一百一十九，并二千九百七十八。

第十七段　一百六，并三千八十四。　第十八段　九十三，并三千一百七十七。

第十九段　七十九，并三千二百五十六。　第二十段　六十五，并三千三百二十一。

第廿一段　五十一，并三千三百七十二。　第廿二段　三十七，并三千四百九。

第廿三段　二十二，并三千四百三十一。　第廿四段　七，并三千四百三十八。

即：

（段数）	角度	段法	（差数）
（一）	3°45′	225	
（二）	7°30′	449	224
（三）	11°15′	671	222
（四）	15°	890	219
（五）	18°45′	1105	215
（六）	22°30′	1315	210
（七）	26°15′	1520	205
（八）	30°	1719	199
（九）	33°45′	1910	191
（十）	37°30′	2093	183
（十一）	41°15′	2267	174
（十二）	45°	2431	164
（十三）	48°45′	2585	154

即：

（段数）	角度	段法	（差数）
（十四）	52°30′	2728	143
（十五）	56°15′	2859	131
（十六）	60°	2978	119
（十七）	63°45′	3084	106
（十八）	67°30′	3177	93
（十九）	71°15′	3256	79
（二十）	75°	3321	65
（二十一）	78°45′	3372	51
（二十二）	82°30′	3409	37
（二十三）	86°15′	3431	22
（二十四）	90°	3438	7

这说明正弦数值如下：

$$\sin 3°45' = \frac{225}{3438} = 0.06544,$$

$$\sin 7°30' = \frac{449}{3438} = 0.13060,$$

$$\sin 11°15' = \frac{671}{3438} = 0.19517,$$

$$\sin 15° = \frac{890}{3438} = 0.25887,$$

$$\sin 18°45' = \frac{1105}{3438} = 0.32141,$$

$$\sin 22°30' = \frac{1315}{3438} = 0.38248,$$

$$\sin 26°15' = \frac{1520}{3438} = 0.44211,$$

$$\sin 30^\circ = \frac{1719}{3438} = 0.50000,$$

$$\sin 33^\circ 45' = \frac{1910}{3438} = 0.55557,$$

$$\sin 37^\circ 30' = \frac{2093}{3438} = 0.60876,$$

$$\sin 41^\circ 15' = \frac{2267}{3438} = 0.65935,$$

$$\sin 45^\circ = \frac{2431}{3438} = 0.70711,$$

$$\sin 48^\circ 45' = \frac{2585}{3438} = 0.75189,$$

$$\sin 52^\circ 30' = \frac{2728}{3438} = 0.79335,$$

$$\sin 56^\circ 15' = \frac{2859}{3438} = 0.83147,$$

$$\sin 60^\circ = \frac{2978}{3438} = 0.86603,$$

$$\sin 63^\circ 45' = \frac{3084}{3438} = 0.89687,$$

$$\sin 67^\circ 30' = \frac{3177}{3438} = 0.92388,$$

$$\sin 71^\circ 15' = \frac{3256}{3438} = 0.94693,$$

$$\sin 75^\circ = \frac{3321}{3438} = 0.96593,$$

$$\sin 78^\circ 45' = \frac{3372}{3438} = 0.98079,$$

$$\sin 82^\circ 30' = \frac{3409}{3438} = 0.99144,$$

$$\sin 86°15' = \frac{3431}{3438} = 0.99786,$$

$$\sin 90° = \frac{3438}{3438} = 1.00000。$$

其中
$$\sin 90° = \frac{3438}{3438},$$

因
$$2\pi r = 360 \times 60, \pi = 3.1416$$

$$r = \frac{360 \times 60}{2\pi} = 3438$$

作为公共分母。

这还说明当时印度历算家曾将一象限分为九十度，每度有六十分。并将一象限分做三相，每相为三十度，内分八段。如此每象限有二十四段，每段是三度四十五分，或二百二十五分

$$因\left(\frac{90°}{24} = 3°45', = 225'\right)。$$[1]

---

① 《开元占经》内三角函数表的构成，由 Burgess 解释如下：
设 s, s', s'', s''', s''''…为各正弦值。

$$s = 225,$$

$$s' = s + s - \frac{s}{s} = 449,$$

$$s'' = s' + s - \frac{s}{s} - \frac{s'}{s} = 671,$$

$$s''' = s'' + s - \frac{s}{s} - \frac{s'}{s} - \frac{s''}{s} = 890,$$

$$s'''' = s''' + s - \frac{s}{s} - \frac{s'}{s} - \frac{s''}{s} - \frac{s'''}{s} = 1105。$$

见 *Sûrga-Siddhânta*，加尔各答，1935 年，复刻 Burgess 译本，第 58～65 页。

第十章　中国数学输入朝鲜、日本

(一)隋唐中算输入朝鲜

中国自隋唐以来,即注重算学教育。《唐六典》和《隋书》记:“国子寺内国子、太学、四门、书、算学各置博士、助教、学士等员。”所以开皇四年(公元584年)即有算学博士参加修历。唐在贞观二年(公元628年)也开始设置国子监,内设国子、太学、四门、律、书、算,各置博士、助教、学生、典学各员。

朝鲜在新罗第三十一代,神文王二年(公元682年)也设置国学。

朝鲜金富轼奉宣撰《三国史记》卷三十八,记:“国学属礼部,神文王(新罗第三十一代)二年(公元682年)置。景德王(新罗第三十五代)(公元742年)改为大学监。惠察王(新罗第三十六代)(公元764年)复改。卿一人。景德王改为司业,惠察王复称卿。位与他卿同。博士若干人,数不定;助教若干人,数不定。

或差算博士若助教一人,以《缀经》[1]《三开》《九章》《六章》教授之。

凡学生位自大舍已下至无位,年自十五至三十皆充之。限九

---

① 当即缀术。

年。若朴鲁不化者罢之。”

万历丁巳(1617 年)校刊《朝鲜史略》卷二新罗记称:文武王(名法敏)特遣奈麻德福入唐学历术,还改用新历。

朝鲜在王氏高丽王朝(918 ~ 1392)太祖时代即开始建立学校,但尚未有科举制度。到光宗朝,中国后周武胜军节度使巡官双冀,随封册使到远高丽,因病留而不返,于公元 958 年建议仿照唐制,设科取士,有制述(或称进士)、明经二科,及医、卜、地理、律、书、算、三礼、三传、何论(系史地等各方面常识等测验)等杂科,各以其业试之,而“赐出身”,一切都照唐朝制度。①

郑麟趾景泰二年(1415 年)修《高丽史》,卷二亦称:“光宗(在位年,950 ~ 977)九年(公元 958 年)夏五年始置科举,命翰林学士双冀取进士。”

又同书志卷二十七,“选举一”,称:

“三国以前未有科举之法,高丽太祖(在位年,918 ~ 943)首建学校,而科举取士未遑焉,光宗(在位年,950 ~ 977)用双冀言以科举选士。自此文风始兴,大抵其法颇用唐制。其学校有国子、大学、四门。又有九斋学堂。而律书算学皆肄国子。其科举有制述(或称进士)、明经二业,而医、卜、地理、律、书、算、三礼、三传、何论等杂业,各以其业试之,而赐出身,其国子升补试亦所以勉进后学也。”

又同书志卷二十七,“科目一”,称:

“光宗九年(公元 958 年)五月双冀献议始设科举试。以诗赋

---

① 见[朝鲜]佚名撰,《随录》(十六卷,朝鲜旧钞本,兰州西北人民图书馆藏),卷五下,卷六中和卷九。

颂及时务策，取进士，兼取明经、医、卜等业。

穆宗（在位年，998～1009）八年（1005年）十月判东堂监试给暇两大业试前三朔，医、卜、律、书业二朔，算业一朔。”

又同书卷七，文宗（在位年，1047～1083）十年（1056年）八月，“西京留守，报：京内进士、明经等诸业举人，所业书籍率皆传写，字多乖错，请分赐秘阁所藏九经、汉晋唐书、论语孝经、子史、诸家文集、医、卜、地理、律、算书置于诸学院，命有司各印一本送之。”[①]

（二）隋唐中算输入日本

日本远藤利贞补修《日本数学史》，[②]分该国数学史为五纪：第一纪起神代迄宣化（公元536年），号为日本上古之数学；第二纪起钦明（公元554年）迄元和（1615～1623），号为中国数学采用时代；第三纪起元和迄延宝年间（1673～1680），号为日本数学再兴时代；第四纪起延宝迄明和（1681～1788），号为日本数学新发展时代；第五纪起明和迄明治十年（1877），号为日本数学高进时代。实在各纪中间都有中算输入的形迹，不独一、二纪如此，即三、四、五纪亦有相当形迹。

日本古代的事，详细情形不可知。在我国，则记数之法，《说文》所记，十十为百，十百为千，十千为万，一十百千万，称为五数。

---

① 郑麟趾修《高丽史》第一册第31页，第二册第494页，又第一册第109页，明治四十一年（1908年），国书刊行会印。

② 远藤利贞遗著，《增修日本数学史》，1918，第3～5页；6～11页；43～66，132，176～177页；378，86，104，168页；140～141，212页；338，339，350，351，402，432，539页；454～459，521～525，563～565，617～618，638～643页；277页，日本。

日本上古记数,万以下亦取这记法。万以上,则以万万进。三上义夫亦疑是由我国传入。查公元前33年任那开始和日交通,任那在现在朝鲜庆尚道的西南,这是日本朝鲜交通之始。以后神功皇后(201~270)用兵新罗,而间接得和我国交通。我国人民亦多移居于日本。举凡簿籍计算、建筑、工艺、佛法都由此时间接输入。①

中日地域接近,第二纪日本钦明十五年(公元554年)百济(朝鲜)易博士王道良,历博士王保孙,始以中国历法输入日本。至隋始直接通使。《隋书·倭国传》:"开皇二十年(公元600年)倭王姓阿每,字多利思比孤(Ama-talicibeco),号阿辈鸡弥(Obokeme)遣使诣阙。"②《日本书纪》推古天皇十五年(公元607年)七月庚戌条载:"圣德太子遣小野妹子共通事鞍作福利使隋。"《隋书·炀帝纪》称:大业四年(推古十六年,公元608年)三月壬戌"百济、倭、赤土、迦罗舍国并遣使贡方物",即指此事。③

大宝二年(公元702年)日本始立学校,授算术,所采《算经十书》为:《周髀》《孙子》《六章》《三开》《重差》《五曹》《海岛》《九司》《九章》《缀术》。并置历博士一人,历生十人,算博士一人,算生三十人。其后二十年,即养老五年(公元721年)尚有人称为算

---

① 和田垣谦三著,徐宗稺稚、周葆銮共译:《世界商业史》,昭和三十年(1955年)。

② 《北史》卷九十四,《资治通鉴》引同。《唐类函》称:"其国(王)号阿辈鸡弥,华言天皇也。"详细说明见上本宫泰彦:《日华文化交通史》,第60页。

参看王婆楞《历代征倭文献考》,第141~142页,前正中书局1940年版。

③ 参看《隋书·倭国传、炀帝纪》。

《日本书纪》(860年以后);《续日本纪》(1197年)。

本宫泰彦著,陈捷译:《中日交通史》,商务印书馆1913年版;钞本《各国政艺通考》(兰州西北人民图书馆藏)引《日本全史》,《日本历史》。

博士。其算学教育制度，则大宝（701～703），养老（707～713）间的《令义解》称：“凡算经：《孙子》《五曹》《九章》《海岛》《六章》《缀术》《三开》《重差》《周髀》《九司》各为一经。学生分经习业。凡算学生，辩明术理，然后为通。试《九章》三条；《海岛》《周髀》《五曹》《九司》《孙子》《三开》《重差》各一条；试九全通为甲，通六为乙，若落《九章》者，虽通六犹为不第，其试《缀术》《六章》者，准前《缀术》六条，《六章》三条。谓若以《九章》与《缀术》，及《六章》与《海岛》等，六经愿受试者亦同，合听也。试九全通为甲，通六为乙。若落经者《六章》总不通者也。虽通六犹为不第。”①其中考试方法，中国有《缉古》《夏侯阳》《张丘建》、无《六章》《三开》《重差》《九司》。日本无《缉古》《夏侯阳》《张丘建》，有《六章》《三开》《重差》《九司》。查《缉古算经》为唐高祖时作品。而算学亦于显庆元年（656）复置。日本所采的或是显庆（618～666）以前制度，所以未列《缉古算经》。以后《日本国见在书目》（889～897）始列《夏侯阳》《张丘建》及《记遗》各书，时间较晚。

又858～887年的《三代实录》有算博士名称。

公元735年吉备真备带回僧一行《大衍历经》一卷、《太衍历立成》十二卷、测影铁尺，以及乐书，见本宫泰彦：《日华文化交通史》第734页。公元867年宗叡带回《都利聿斯经》一卷、《七□二十八

① 参看《令义解》十卷本内第五册，第169～170页引文。原书有天长十年（公元833年）二月十五日序，系日本温古堂竹纸精刊本，北京图书馆藏。

又《令集解》卷十五，其中学令第十一解释《令义解》各条。

北京图书馆藏有日本抄本八册（不全，止于卷十五），第四卷卷后题有“文应元年（1260年）七月八日平旦，见合”，“建治二年（1276年）后三月十三日”，“庆长三年（1598年）重阳”各字样，知系古钞本。其中解释各算经和《日本国见在书目》所记略同。《日本国见在书目》系藤原佐世（889～897）所编。

宿历》一卷、《历日》一卷(见《书写□来法门》等目录),见木宫书第206、745页。*

(三)隋唐时期日本所传中算书

日本宽平时代(889～897)藤原佐世奉敕撰《日本国见在书目》,虽所录各书,现已无存,但尚可在《书目》中看到当时日本所传中国算书的情况。现就原《书目》所记,并为补注,以见一般:

《日本国见在书目》,引:	补　注
《九章》九卷刘徽注。	魏陈留王景元四年(公元263年)刘徽注《九章算术》。
《九章》九卷祖中注。	《史》称:祖冲之注《九章》,造《缀术》数十篇。此言祖中,当即祖冲之。
《九章》九卷徐氏撰。	《隋书》,《唐书》并记徐岳撰《九章》,此言徐氏,当即徐岳。
《九章术义》九祖中注。	如前补注,当作祖冲之注。
《九章十一义》一,	以下未详。
《九章图》一,	
《九章乘除私记》九,	
《九章私记》九,	
《九法笔术》一,	

* 此段为李俨先生增补,前有"△"号,未云插入何处,暂补入此处,且有二字不清。——编者

《六章》六卷高氏撰, 《六章图》一, 《六章私记》四,	
《九司》五卷, 《九司算术》一, 《三开》三卷,	以下三书,在日本于公元 967 年还存在。因《类聚符宣抄》第九,算生凭状,有《九司》一部,《三开》一部。
《三开图》一。	《隋志·唐志》有:“《九章重差图》一卷。” 此《三开图》,当系《三开重差图》。
《海岛》二,	唐以后称《重差》为《海岛算》,《宋史》有《海岛算经》一卷。
《海岛》一徐氏注, 《海岛》二祖仲注, 《海岛图》一。 《缀术》六。	《隋志》作五卷,《新唐书·艺文志》作李淳风释祖冲之《缀术》五卷。《梦溪笔谈》谓:北齐祖暅有《缀术》二卷。
《夏侯阳算经》三。	《隋志》作二卷,《唐志》作一卷,《文献通考》作一卷,《直斋书录解题》作三卷。
《新集算例》一。	未详。
《五经算》二。	《新唐书》称:李淳风注《五经算术》二卷。
《张丘建》三。	《隋书》作二卷,《旧唐书》作一卷,《新唐书》称:“李淳风注《张丘建算

	经》三卷。”
《元嘉算术》一。	《隋志》有宋《元嘉历》二卷，何承天撰，又《算元嘉历术》一卷。
《孙子算经》三。	《旧唐书》称：《孙子算经》三卷，甄鸾注。
《五曹算经》五甄鸾撰。	《新唐书·艺文志》称：甄鸾《五曹算经》五卷，《旧唐书·经籍志》称：《五曹算经》五卷，甄鸾撰。《宋史·艺文志》称：李淳风注释甄鸾《五曹算经》二卷。
《要用算例》一。	未详。
《婆罗门阴阳算历》一。	见《隋书·经籍志》。
《记遗》一。	《旧唐书》称：《数术记遗》一卷，徐岳撰，甄鸾注。
《五行算》二。	

《类聚符宣抄》[①]第九，唐保四年（公元967年）算道状，于读书条尚记及《九章》《海岛》《周髀》《五曹》《九司》《孙子》《三开》各算书。

隋唐以后日本古算书，现存的有《口游》《劄算书》《尘劫记》和《诸勘分物》等五种。其中：

《口游》一书，附有天录元年（公元970年）冬十二月二十七日源为宪序文，盖为教授当时参议藤原为光七岁长子松雄而作。所

① 泽田吾一：《日本数学史讲话》（1928年），引《类聚符宣抄》。

记九九，始九九迄一一，与《孙子算经》之次序相同。现据旧写本（1263 年）移录九九次序如下：

“九九八十一　八九七十二　七九六十三　六九五十四

五九四十五　四九三十六　三九二十七　二九十八

一九九

八八六十四　七八五十六　六八四十八　五八四十

四八三十三（按三当为二之误）三八二十四　二八十六

一八八

七七四十九　六七四十二　五七三十五　四七二十八

三七二十一　二七十四　一七七

六六三十六　五六三十　四六二十四　三六十八

二六十二　一六六

五五二十五　四五二十　三五十五　二五十

一五五

四四十六　三四十二　二四八　一四四

三三九　二三六　一三三

二二四　一二二

一一一”

和“敦煌汉简”、“居延汉简”以及敦煌千佛洞“算经一卷并序”、敦煌千佛洞“立成算经”九九次序相同。[①]

《孙子算经》末有孕妇难月一问，题曰：

① 参看李俨：《中国古代数学史料》，第 16 ~ 17 页和 28 ~ 39 页。

三上义夫：“九九ニ就キテ”，《东洋学报》十一卷，第一号，第 102 ~ 118 页，日本。

“今有孕妇，行年二十九，难九月，未知所生。

答曰：生男。

术曰：置四十九，加难月，减行年。所余以天除一，地除二，人除三，四时除四，五行除五，六律除六，七星除七，八风除八，九州除九。其不尽者，奇则为男，耦则为女。”

《口游》，人事篇，亦有类似的问题，如①：

“今有妊妇可生子，知男女法。

术曰：置妇女年数，（自生年至婚年）加十二神为实。可际②天一，地二，人三，四时，五行，六神，七皇③，八风，九宫。残一三五七（为阳，男也）二四六八（为阴，女也）一死④以九除也。”

此外则有“有病者不知死生”和“今有人死生知术”二项：

“置九九八十一，加十二神得九十三，更加病者年数，所得以三除之。若有不尽者，男死女不死。若无不尽者，女死男生云。置八十一，加十二神，又加十二月，又将病者年若干，并以三除。若有算残者不死，不遗死。”

这二项不见于《孙子算经》。惟《孙子》之孕妇难月题适在篇末，或其所附记年久缺佚，而流入日本的尚还保存。所举孕妇难月等题，虽与算术无关，又甚无稽，可是《孙子算经》在元录元年（公元970年）以前，已传入日本，由此可以明了。又有竹束问题，为等差

① 参看三上义夫：“第三回总会ニ陈列セル和算书解题”，《日本中等教育学会杂志》，第四卷第一号，第3页，第8～9页，第9～11页，日本。

② 按：“际”为“除”之误。

③ 按：“皇”当为“星”之误。

④ “死”字疑有误。（＊以上三条，作者原随文，置于括号内，今改为脚注。——编者）

级数求总和，也和《孙子算经》的“今有方物一束”约略相同。

题称：

“今有竹束，周员二十一，问惣数几。曰：四十八。

术曰：置周员加三算，自乘得五百七十六，以十二除，得四十八；

口传曰：不尽法半以上者，取一从惣数，以六为法半。”

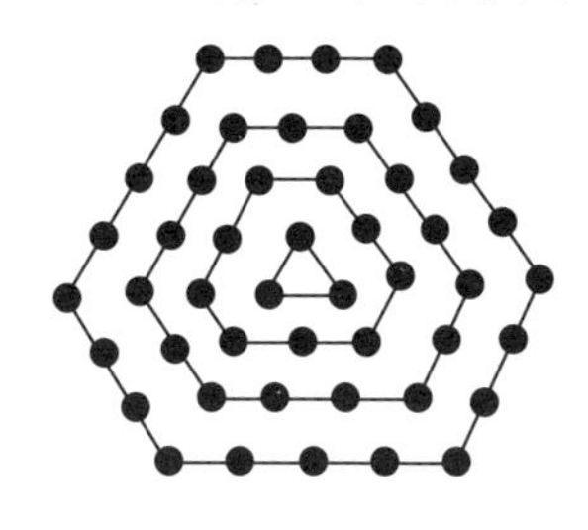

此题即　$3+9+15+21=48$。

因 $p=$周$=$末项

$n=$项数

$=\{(p-3)\div 6\}+1$

$=(p+3)\div 6$，

故 $S=$总数

$=n(p+3)\div 2$

$=(p+3)^2\div 12$。

这是级数问题最初载在日本算书的。按《张丘建算经》“今有女子不善织”一题，也有级数问题，是用以下方法算得，

即：$$S=n\{3+[3+(n-1)\cdot 6]\}\div 2,$$

可化得：$$S=(p+3)^2\div 12, p=6n-3。$$

这和《口游》书内公式相同。[①]

第十一章　宋代数学教育制度

宋代数学教育开始于宋太祖（在位年，960～975）建隆元年（公

① 参看藤原松三郎：《日本数学史要》，第 22～27 页，1952 年，日本。

元960年)。《宋史·职官志》,在"建隆(公元960年)以后合班之制"条记到"算学博士",还注明:"书算学无助教。"到元丰六年(1083年)开始设立。据宋孙逢吉,《职官分纪》卷二十一称:"国朝国子监,掌国子,太学,武学,律学,算学,五学之政,于元丰六年(1083年)奉旨施行。"《宋史·职官志》:宋神宗"元丰七年(1084年)诏:四选命官通算学者,许于吏部就试。其合格者,上等除博士,中次为学谕。""并于武学东大街北踏得地址,准与盖造。迄元祐元年(1086年)尚未兴工,其试选学官,亦未有应格。"所以"元丰七年十二月七日立算学",到"元祐元年六月二十八日罢算学",其间相距不过六个月。可是现在流传的宋本《周髀》《孙子》《五曹》《夏侯阳》《缉古》等五种《算经》,还是元丰七年(1084年)九月秘书省上进校刻的。宋徽宗崇宁三年(1104年)六月又置书、画、算学,将元丰算学条例,修成敕令。诸生以二百一十人为额,许命官及庶人为之。其业以《九章》、《周髀》及假设疑数为算问,仍兼《海岛》《孙子》《五曹》《张丘建》《夏侯阳算经》,并历算、三式、天文书为本科外,人占一小经,愿占大经者听,公私试三舍法,略如太学、上舍三等推恩,以通仕,登仕,将仕郎为次。崇宁五年(1106年)正月二十四日丁巳罢书、画、算、医四学,以算学附于国子监。十一月从薛昂请,复置算学。《宋史·艺文志》,有:"徽宗,崇宁国子监敕令格式,并对修看详一部卷亡。"现在宋本《数术记遗》后附"算学源流"还记录有:

崇宁国子监算学令,

崇宁国子监算学格,

和　崇宁国子监算学对修中书省格。

以后大观元年到四年(1107~1110),政和三年(1113年),宣和二年(1120 年)对算学制度还有更动。①

靖康二年(1127 年)北宋汴都陷于金人。秘阁三馆书籍、监本印板,金人并取而去,算学亦废。庆元庚申(1200 年)六月一日新隆兴府靖安县主簿括苍鲍澣之仲祺序《九章算法》称:“(算学)……(宋)本朝崇宁亦立于学官,故前世算数之学,相望有人。自衣冠南渡以来,此学既废,非独好之者寡,而《九章算经》亦几泯没无传矣。”

第十二章　宋刊算经十书

明程大位《算法统宗》(1592 年)卷末“算经源流”条称:“宋元丰七年(1084 年)刊《(算经)十书》入秘书省,又刻于汀州学校:

《黄帝九章》《周髀算经》《五经算法》《海岛算经》

《孙子算经》《张丘建算经》《五曹算法》《缉古算法》

《夏侯阳算法》《算术拾遗》。”

---

① 参看李俨:《中算史论丛》第四集“宋代数学教育制度”内:

第 253 ~ 254 页,(二)“宋神宗元丰算学条例”引宋李攸《宋朝事实》,宋孙逢吉《职官分纪》,宋李焘《续资治通鉴长编》,宋王应麟《玉海》,和《群书考索后集》。

第 254 ~ 256 页,(三)“宋哲宗元祐异议”,引《宋史》《续资治通鉴长编》《玉海》《宋会要》。

第 256 ~ 260 页,(四)“宋徽宗崇宁算学”,引《宋史》《玉海》《宋会典》《宋会要》《宋朝事实》。

第 260 ~ 264 页,(五)“宋徽宗大观算学”,引《宋史》《玉海》《宋会要》《宋朝事实》。

第 264 ~ 266 页,(六)“宋徽宗政和算学”,引《玉海》《宋会要》。

第 267 页,(七)“宋徽宗宣和算学”,引《宋史》《玉海》《宋会要》。

北宋刊《算经十书》经宋王应麟《玉海》，元马端临《文献通考》，宋陈振孙《直斋书录解题》记录和清毛扆所收集的确有元丰七年九月秘书省刻板本：

《九章算术》《周髀算经》《海岛算经》《孙子算经》

《张丘建算经》《五曹算经》《缉古算经》《夏侯阳算经》。

以上各种都是赵彦若等校定。

到南宋绍兴九年（1139 年），十五年（1145 年），二十一年（1151 年）已访寻五经三馆旧监本刻板（见《玉海》），嘉定五，六年（1212，1213 年）汀州守括苍鲍澣之始重刊元丰监本。嘉定五年（1212 年）因《数术记遗》不立于崇宁学官，另于杭州七宝山三茅宁寿观《道藏》中录得，非从监本重雕。澣之是在嘉定六年（1213 年）以朝奉郎知汀州，八年（1215 年）除刑部郎官离任（见弘治，1488～1505，《汀州府志》）。嘉定六年（1213 年）十一月一日鲍澣之曾题跋《周髀算经》称："承议郎权知汀州军州，兼管内劝农事，主管坑冶，括苍鲍澣之谨书。"①

此时《缀术》一书已不立于崇宁学官，可是在国外朝鲜还有流传②。

---

① 参看李俨：《中算史论丛》，第四集，"宋刊算经十书"内：
第 270～271 页，（一）"《宋史》所记《算经十书》名称"。
第 271～273 页，（二）"历代《算经十书》的流传"。
第 273～276 页，（三）"北宋刻《算经十书》"。
第 276～279 页，（四）"南宋刻《算经十书》"。

② 《高丽史》（景泰二年，1451 年，郑麟趾修），卷七三，志二七，选举一，记："仁宗十四年（1136 年，宋高宗，绍兴六年）十一月判……凡明算业式，经贴二日：内初（日）贴《九章》十条，翌日贴《缀术》四条，三开三条，谢家三条，两日并全通。"

第十三章　近古数学家小传（三）

13. 宋李籍	**14.** 李绍谷	**15.** 夏翰	**16.** 徐仁美
17. 楚衍	**18.** 沈立	**19.** 韩公廉	**20.** 沈括
21. 贾宪	**22.** 朱吉	**23.** 刘益	**24.** 蒋周
25. 蒋舜元	**26.** 李文一	**27.** 曹唐	**28.** 石信道

13. 李籍　《宋史》题："李籍，《九章算经音义》一卷，又《周髀算经音义》一卷。"①明赵开美校本《周髀音义》题："假承务郎，秘书省钩考算经文字臣李籍撰。"或题唐李籍，误。②

14. 李绍谷　撰《求一指蒙玄要》一卷，见《宋史》。③ 求一为乘除的别法，宋钱希曾《南部新书》，和沈括《梦溪笔谈》，④宋《杨辉算法》，都提到求一。

15. 夏翰　一作夏翱，撰《新重演议海岛算经》一卷，见《宋史》。⑤

16. 徐仁美　《宋史》律历志于唐陈从运下称："复有徐仁美者

---

① 《宋史》卷二〇七，艺文志第一六〇，艺文六。

② 武英殿聚珍本，《周髀算经音义》第一页，误作［唐］李籍撰。

③ 《宋史》卷二〇七题其书于夏翰，徐仁美著作之前。又"《求一指蒙玄要》一卷"见绍兴《秘书省续编到四库书目》卷二，第七〇页，光绪癸卯（1903 年），长沙叶氏观古堂刻本。

④ "乃至开方，立方，求一，立一，皆可通其体例耳。"见［宋］钱希曾《南部新书》癸集，子明逸，嘉祐元年（1056 年）十一月序。"算术多门，如求一，上驱，搭因，重因，皆不离乘除。"见［宋］沈括《梦溪笔谈》卷一八。又"立一"可能是"立天元一"的简称。

⑤ 《宋史》卷二〇七，题其书于徐仁美著作之前。

作《增成玄一法》,设九十三问以立新术,大则测于天地,细则极于微妙,虽粗述其事,亦适用于时。”[①]徐氏著作,《唐书》未录,《宋史·艺文志》有徐仁美《增成玄一法》三卷。[②] 则徐至早亦宋初人。至增成一法,沈括曾说“不用乘除,但补亏就盈而已,假如九除者增一便是,八除者增二便是”。[③]

17. 楚衍　开封阼城人。衍于《九章》《缉古》《缀术》《海岛》诸算经,尤得其妙。自陈试《宣明历》,补司天监学生,迁保章正。[④] 乾兴初(1022 年)议改历,命司天役人张奎运算,诏以奎补保章正;又推择学者楚衍授灵台郎,与掌历官宋行古等九人集天章阁。诏内待金克隆监造历。至天圣元年(1023 年)九月成,诏翰林学士晏殊制序施行。衍进司天监、丞,入隶翰林天文。庆历中(1041 ~ 1048)任司天监判监。皇祐(1049 ~ 1053)中同造《司辰星漏历》十二卷。久之,与周琮同管司天监。卒无子。有女亦善算术。[⑤] 宋世司天算者,以衍为首。有弟子二人:贾宪,朱吉著名。[⑥]

18. 沈立　字立之,历阳人,举进士,签书益州判官。“嘉祐元年(1056 年)四月壬子朔塞商胡,北流入六塔河,不能容,是夕复决,溺民夫,漂刍藁,不可胜计。命三司盐铁判官沈立,往行视,而

① 《宋史》卷六八,律历志第二一,律历一。

② 《宋史》卷二〇七,艺文志第一六〇,艺文六。

③ [宋]沈括:《梦溪笔谈》卷一八,技艺。

④ 《宋史》卷四六二,列传第二二一,方技下……《楚衍》。

⑤ 《宋史》卷四六二,并参看《宋史》卷七一,律历志第二四,律历四。

⑥ 黄钟骏:《畴人传四编》卷五第五页,引郑樵《通志》及[宋]王洙(997 ~ 1057)《王氏谈录》。

修河官皆谪。”[①]沈立著《河防通议》,治河者悉守为法。[②] 郭守敬(1231～1316)曾传监本沈立撰《河防通议》给真定壕寨官张祥瑞之。元至治元年(1321 年)沙克什据以重订成二卷。内有“算法”一门,用天元演段算法。[③]

19. 韩公廉　绍圣二年(1095 年)为吏部令史。通《九章算术》及勾股重差之义,作《九章勾股验测浑天书》一卷。[④]

20. 沈括(1031～1095)　字存中,钱塘人,以父任为沭阳主簿。擢进士第。为馆阁校勘。熙宁六年(1073 年),括以提举司天监论浑仪浮漏,迁为右正言,司天监秋官正。熙宁八年(1075 年)上奉元历。元丰元年(1078 年)诏司天监考辽及高丽、日本国历与奉元历同异。元祐三年(1088 年)和苏颂详定《浑仪法要》。元祐(1086～1090)初以光禄少卿分司,居润八年卒,年六十五。[⑤]

沈括博学善文,于天文、方志、律历,无所不通,居润州梦溪别业,著《梦溪笔谈》二十六卷,《补笔谈》二卷,《续笔谈》一卷,又著《修城法式》二卷。沈括又著有《熙宁晷漏》四卷。算术方面曾创

① 参看《宋史》卷九一,河渠志。

② 《宋史》卷三三三,沈立传。

③ 参看沙克什:《河防通议》二卷,《丛书集成初编》据《守山阁丛书》本。

④ [宋]苏颂(1020～1101):《新仪象法要》卷上第二页,《中西算学丛书初编》本。按“元祐(三年,1088 年)时,尚书右丞苏颂与昭文馆校理沈括奉敕详定《浑仪法要》,遂奏举吏部勾当官韩公廉通《九章》勾股法……公廉将造仪时,先撰《九章勾股验测浑天书》一卷,贮之禁中,今失其传,故世无知者。”见[元]脱脱等:《金史》卷二二,志第三,历下。

⑤ 《宋史》卷三三一,列传第九〇,沈遘弟括。参看《宋史》卷八〇,律历志第三三,律历一三。并见《宋史》卷十五,和《辽史》卷四四。沈括撰,胡道静校注:《梦溪笔谈校证》,1957。沈括生卒年一说 1029～1093,一说 1030～1094,一说 1032～1096 年,此从胡道静校注。

造隙积术和会圆术。其中隙积术，后来宋杨辉《详解九章算法》(1261年)商功第五果子垛，和元朱世杰《四元玉监》(1303年)卷下“果垛叠藏”内刍童垛都用这公式演算。[①]

21. 贾宪　宪为楚衍弟子，著有《算法敩古集》二卷。[②] 宋杨辉称：“《黄帝九章》……圣宋右班(殿)直贾宪撰草。”[③]《宋史》称贾宪《黄帝九章细草》九卷。[④] 鲍澣之称：“近世民间之本，题曰《黄帝九章》……虽有《细草》，类皆简捷残阙，懵于本原。”[⑤]杨辉《详解九章算法》引有贾宪立成释锁平方法，及立方法。[⑥] 程大位亦谓贾宪《九章》为元丰、绍兴、淳熙以来刊刻算书之一。[⑦]

22. 朱吉　和贾宪同为楚衍弟子，吉隶太史，曾驳宪弃余分，于法未尽。[⑧]

---

① 参看沈括：《梦溪笔谈》(一)卷七，(二)卷十八，商务印书馆《丛书集成初编》(1937年)据《津逮》本排印。又沈括撰，胡道静校注：《梦溪笔谈校证》，1957。

[宋]杨辉：《详解九章算法》，商务印书馆《丛书集成初编》(1936年)据《宜稼堂丛书》本排印。

朱世杰撰，罗士琳补草：《四元玉监细草》卷下，《万有文库》本(1937年)。

《中国科学技术发明和科学技术人物论集》内第288页，“钱君晔，宋代卓越的科学家——沈括”，三联书店1955年版。

又[宋]张来著《道明杂志》和《元城先生尽言集》。

② 黄钟骏：《畴人传四编》卷五第五页，引郑樵《通志》，对王洙(997 ~ 1057)，《王氏谈录》。《王氏谈录》在明陈继儒辑《宝颜堂秘笈》之内。

③ [宋]杨辉：《九章算法纂类》，第一页，《宜稼堂丛书》本。按当时尚有无细草之单行本《黄帝九章》。

④ 《宋史》卷二〇七，艺文志第一六〇，艺文六。

⑤ [宋]鲍澣之：《九章算术后序》第一页，《九章算术》，武英殿聚珍版本。

⑥ [宋]杨辉：《详解九章算法纂类》，第三七至第三九页，《宜稼堂丛书》本。

⑦ 《算法统宗》卷一三。

⑧ 黄钟骏：《畴人传四编》卷五第五页，引郑樵《通志》，和王洙《王氏谈录》。

23. 刘益 中山人。[1] 以勾股之术,治演段,锁方,作《议古根源》。撰成直田演段百问。[2] 其书引用带从开方,正方损益之法,带益隅开方,为前古所未闻。程大位《算法统宗》列其书于元丰(1078～1085)、绍兴(1131～1162)、淳熙(1174～1189)以来刊刻算书之首。[3]《议古根源》(约1080年)所举带从开方,虽仅及二次式,已与和涅之法(Horner's method,1819)相似。同时贾宪《黄帝九章细草》和秦九韶《数学九章》(1247年),李治《测圆海镜》(1248年),《益古演段》(1259年),郭守敬《授时历》(1280年),朱世杰《算学启蒙》(1299年),《四元玉鉴》(1303年),所引正负开方术都和它相同。

24. 蒋周 祖颐《四元玉鉴后序》称:平阳蒋周撰《益古》,博陆[4]李文一撰《照胆》,鹿泉石信道撰《钤经》,平水刘汝谐撰《如积释锁》,绛人元裕细草之,后人始知有天元也。李治《益古演段》称:《益古集》可与刘徽、李淳风相颉颃,犹嫌其閟匿而不尽发。程大位《算法统宗》列《益古算法》为元丰、绍兴、淳熙以来刊刻算书之一。

25. 蒋舜元 平阳人,撰《应用算法》一卷,一作三卷。宋《杨

---

① 据《宋史》卷八六,地理志二,"定州(今河北定县)从政和三年(1113年)起升为中山府"。

② 曾远荣云:"宋杨辉《田亩比类乘除捷法序》称:中山刘先生……撰成直田演段百问。同书卷下称:中山刘先生……《议古根源》故立演段百问。《算法通变本末》卷上称:刘益以勾股之术治演段锁方,撰《议古根源》二百问,带益隅开方,实冠前古。按此云二百问,与前云百问者不同,疑《议古根源》原有二百问,有演段者仅百问耳。"

③ 程大位:《算法统宗》,卷一三。

④ 汉霍光河东平阳人,以功封博陆侯。此言博陆,即指平阳。

辉算法》曾经引用。[①] 宋陈振孙《直斋书录解题》卷十四称:"《应用算法》一卷,夷门叟郭京元丰三年(公元1080年)序,称:平阳奇士蒋舜元撰,凡八篇:曰释数、田亩、粟米、端匹、斤秤、修筑、差分、杂法,总为百五十七问。"[②]

26. 李文一 博陆人,撰《照胆》,是演天元的书,见《四元玉鉴》后序。

27. 曹唐 《算法统宗》列《曹唐算法》在《贾宪九章》之前。[③] 有人说曹唐是唐末进士,曾赋游仙诗。[④]

28. 石信道 鹿泉人,撰《钤经》,也是演天元的书,见《四元玉鉴》后序。李治《测圆海镜》卷七"明叀前第二问",曾引《钤经》解法。程大位《算法统宗》将《钤经》作为元丰、绍兴、淳熙以来刊刻算书之一。[⑤]

---

① 参看[宋]杨辉:《详解九章算法》(1261年),第一〇页;《续古摘奇算法》(1275年),第四页,第七页;《田亩比类乘除捷法》(1275年)卷上,第一五页;《宜稼堂丛书》本。

② 见[宋]陈振孙:《直斋书录解题》,卷一四,第一二页,又《郡斋读书志》卷三,下称:"《应用算法》三卷,右皇朝蒋舜元撰。"凌扬藻《蠡勺编》卷二十,也称:蒋舜元撰《应用算法》。

③ 《算法统宗》卷一三。

④ 见黄钟骏:《畴人传四编》,卷五,第一四页,引[宋]孙光宪《北梦琐言》。"游仙诗",又见[宋]计有功:《唐诗纪事》卷五十八。

⑤ 见《测圆海镜》(1248年)卷七,《四元玉鉴》后序(1303年),和《算法统宗》(1592年)卷一三。

第十四章　近古数学家小传（四）

29. 宋杨忠辅　30. 鲍澣之　31. 秦九韶

29. 杨忠辅　河南人，[①]字德之。淳熙十二年（1185年）九月，官成忠郎，上言《淳熙历》简陋，于天道不合。庆元三年（公元1197年）以来，气景比旧历有差。四年（1198年），诏胡纮充提领官正字，冯履充参定官，监杨忠辅造新历，五年（1199年）忠辅历成，赐名《统天》。[②] 庆元六年（1200年）之夏，鲍澣之在都城，与太史局同知算造杨忠辅德之论历，因从其家得古本《九章》。[③] 是年《统天历》日食不验，嘉泰二年（1202年）日食又不验，罢杨忠辅。[④]

宋楼钥（1137～1213）《攻愧集》卷三十四记有："秉义郎杨忠辅撰太史局丞权同知算造"一文。

30. 鲍澣之　字仲祺，处州括苍人。庆元六年（1200年）鲍澣之在都城和杨忠辅论历，从杨忠辅家中得到古本《九章》。[⑤]

鲍澣之庆元庚申（1200年）六月一日序《九章算法》，题："迪功

---

① ［宋］丁易东：《大衍索隐》，称："杨忠辅河南人。"
② 《宋史》卷八二，律历志第三三，律历一五。
③ ［宋］杨辉：《详解九章算法》序（1261年），第五页，《宜稼堂丛书》本。
④ 《宋史》卷八二。
⑤ 见［宋］杨辉：《详解九章算法序》（1261年）。

郎,新隆兴府靖安县主簿,括苍鲍澣之仲祺谨书。”[①]开禧三年(公元1207年)澣之官大理评事,上书言历。嘉定三年(公元1210年)以戴溪充提领官,澣之充参定官,邹淮演撰,王孝礼,刘孝荣提督,推算官生十四人。嘉定四年(1211年)历成,未及颁行,溪等去国,历亦随寝。[②] 嘉定五年(1212年)复录得《数术记遗》于杭州七宝山三茅宁寿观《道藏》中,并为制序。嘉定六年(1213年)十一月一日跋《周髀算经》题:“承议郎,权知汀州军州,兼管内劝农事,主管坑冶,括苍鲍澣之谨书。”

明弘治《汀州府志》卷十,职官门,“秩官”称:“鲍澣之于嘉定六年(1213年)以朝奉郎知本州,八年(1215年)除刑部郎官,离任。”[③]按鲍澣之庆元庚申(1200年)是迪功郎从九品,嘉定五年(1212年)是奉议郎正八品,嘉定六年(1213年)是承议郎从七品。

31. 秦九韶　(约1200~1260)字道古,自称鲁郡人。[④] 又称蜀(普州安岳)人,[⑤]又称秦凤间人。[⑥] 年十八,在乡里为义兵首。既出东南,多交豪富。性极机巧。星象音律算术,以至营造等事,无

---

① 《宜稼堂丛书》本“详解九章算法”内:“隆兴府误作兴隆府。查《宋史》卷三一和八八记明:“隆兴府本洪州,隆兴元年(1163年,《宋史》卷八十八误作三年),以孝宗潜藩,升为隆兴府”,此项“以年纪名”,宋代有好几个例。在前有绍兴府(1131年),在后有庆元县(1197年),宝庆府(1225年)。

② 《宋史》卷八二。

③ 赵万里:《芸盦群书题记》,《大公报》,1933年12月7日,《图书副刊》,引弘治《汀州府》志(北京图书馆有藏本)。

④ 《数书九章》,《宜稼堂丛书》本。

⑤ 钱大昕:《十驾斋养新录》卷一四引称直斋所录崇天,纪元二历,云近之蜀人秦九韶,道古。

⑥ 钱大昕同书引宋周密《癸辛杂识续集》语。焦循《天元一释》谓秦凤间,乃指阶,成,岷,凤四州。

不精究。[①] 早岁侍亲中都，因得访习于太史，又尝从隐君子受数学。[②] 父季槱，宝庆（1225～1228）中官潼川，九韶随侍。[③] 又尝从李梅亭（名刘，字公甫）学骈俪诗词。[④]《李梅亭集》有《回秦县尉九韶谢差校正启》，云："善继人志，当为黄素之校雠；肯从吾游，小试丹铅之点勘。"李梅亭尝为成都漕，九韶差校正，当在其时，其在何县尉，则无可考。[⑤] 嘉熙（1237～1240）以后，蜀中屡受元兵侵略，故《数书九章》（1247 年）自序因称："际时狄患，历岁遥塞，不自意全于矢石间。尝险罹忧，荏苒十祀，心槁气落。"其至东南，当亦在此时。或以历学荐于朝，得对。[⑥] 淳祐四年（1244 年）以通直郎通判建康府。十一月，丁母忧解官。淳祐七年（1247 年）七月，成《数书九章》十八卷。[⑦] 宝祐（1253～1258）间，九韶为沿江制置司参议官。[⑧]

周密《癸辛杂识》称："秦九韶尝知琼州数月"，是由李曾伯召回，事在宝祐六年（1258 年）之后。因据《宋史》卷四十四：李曾伯，宝祐六年罢广西经略，以广南制置大使并知静江府；又据《宋史》卷

① 钱大昕同书引《癸辛杂识》。

② 《数书九章》自序，《宜稼堂丛书》本。中都指杭州，时秦季槱官秘书少监。在嘉定十七年（1224）。

③ 陆心源：《仪顾堂题跋》卷八，"原本《数书九章跋》"。据四川涪州石鱼题字，在宝庆二年（1226）。又据《南宋信阁续录》和《宋史》卷四十，宁宗纪。

④ 钱大昕同书引《癸辛杂识》。

⑤ 钱大昕同书。

⑥ 钱大昕同书引《癸辛杂识》。

⑦ 《癸辛杂识续集》作《数学大略》；《直斋书录解题》作《数术大略》；《永乐大典》及阮元《畴人传》作《数学九章》九卷；《宜稼堂丛书》本，从王应遴，作《数书九章》十八卷。

⑧ 钱大昕同书引《景定建康志》，"通判题名"及"制幕题名"。

四二零，李曾伯本传称：开庆元年（1259 年）（李曾伯）“起为湖南安抚大使，兼知潭州，兼节度广南，移治静江”。李曾伯《可斋续稿后》卷六，“回奏宣谕”条，称：“琼、钦、宜缺守。琼已差陈梦炎往替秦九韶回司。”①

秦九韶又曾“知临江军”未知在何时，因宋刘克庄，《后村先生大全文集》卷八十一，有：“缴秦九韶知临江军奏状”一条。②

周密《癸辛杂识》称：“秦九韶与吴潜（履斋）交尤稔。”景定元年（1260 年）四月吴潜罢相，十月窜吴潜于湖州。三年（1262 年）诏吴潜党人永不录用。周密《癸辛杂识》又称：“九韶窜之梅州，在梅治政不辍，竟殂于梅。”卒年当在景定年间（1260～1264）。③

第十五章　近古次期数学书志

近古次期数学书，见于《宋史·艺文志》的有：李绍谷《求一指蒙算术玄要》一卷；夏翰（一作翶）《新重演议海岛算经》一卷；徐仁美《增成玄一算经》三卷（《宋史·律历志》作《增成玄一法》）；任弘济《一位算法问答》一卷；杨错《明微算经》一卷，《法算机要赋》一卷，《法算口诀》一卷，《算法秘诀》一卷，《算术玄要》一卷。④ 宋绍兴（1131～1162）中，官撰《秘书省续编到四库书目》：于《求一指蒙

① 周密：《癸辛杂识》；《宋史》卷四四，卷四二零；李曾伯：《可斋续稿》。

② ［宋］刘克庄：《后村先生大全文集》，卷八十一。

③ 周密：《癸辛杂识》；《宋史》卷四五。参看余嘉锡：《四库提要辩证》卷十三，第 695～709 页。

④ 《宋史》，卷二〇七，艺文志第一六〇，艺文六。

玄要》一卷外，复有《应时算法》一卷，《算法序说》一卷，《算法》一卷，《乘除算例》一卷，《里田要例算法》一卷。[1] 明程大位谓：元丰（1078～1085）、绍兴（1131～1162）、淳熙（1174～1189）以来刊刻者，有《议古根源》（刘益撰），《益古算法》（蒋周撰），《证古算法》，《明古算法》，《辩古算法》，《金科算法》，《指南算法》，《应用算法》（蒋舜元撰），《曹唐算法》，贾宪《九章》（《宋史》作贾宪《黄帝九章细草》九卷），《通微集》，《通机集》，《盘珠集》，《走盘集》，《三元化零歌》（《宋史·艺文志》有张祚注《法算三平化零歌》一卷），《钤经》（石信道撰），《钤释》诸书。[2] 其中《议古根源》《辩古通源》《指南算法》《应用算法》，贾宪《九章》诸书，宋杨辉曾引用过。[3] 宋郑樵《通志》又载青阳人中山子著《算学通元九章》一卷。[4] 宋李昉《太平御览》（公元971年）引有《发蒙算经》《一行算法》。

元朱世杰《算学启蒙》（1299年）卷下："开方释锁"第八问以下，又为《明源》活法，逐问备立细草。[5]《明源》一书还不知是何人

---

① ［宋］绍兴：《秘书省续编到四库书目》，第六九页至第七一页，长沙叶氏观古堂，光绪癸卯（1903年）刊本。

② 《算法统宗》卷一三。

③ 《辩古通源》当即《辩古算法》：［宋］杨辉《续古摘奇算法》，第二页、第三页、第一二页，《宜稼堂丛书》本引过；《指南算法》：［宋］杨辉《续古摘奇算法》第八页；《算法通变本末》卷上，第四页，《宜稼堂丛书》本引过；《应用算法》：［宋］杨辉《续古摘奇算法》，第四页、第七页，《田亩比类乘除捷法》卷上，第一五页，《详解九章算法》，第一〇页，《宜稼堂丛书》本引过。

④ 黄钟骏：《畴人传四编》，卷五，第一五页，引郑樵《通志》。

⑤ 《算学启蒙》卷下"开方释锁"门，第八问注称："今以天元演之，《明源》活法，省功数倍。……予故于逐问备立细草。……"按"活法"是活用之法，可作"定理"解。有：杨辉《田亩比类乘除捷法》卷下《宜稼堂丛书》本称："活法详载《九章》少广。"又《永乐大典》卷一六三四四第一六页，杨辉《详解（九章）》，"立方法曰，贾宪细草，编为活法"各例。《算学启蒙》所称"《明源》活法"，指《明源算法》所编的活法。

撰著。

大德癸卯（大德七年，1303年）朱世杰著《四元玉鉴》，祖颐后序称：

> 平阳蒋周撰《益古》，博陆李文一撰《照胆》，鹿泉石信道撰《钤经》，平水刘汝谐撰《如积释锁》，绛人元裕细草之，后人始知有天元也。①

这说明"天元术"进展情形。

第十六章　沈括数理学说

沈括数理学说，在《梦溪笔谈》卷十八有隙积术和会圆术。

1. 隙积术"谓积之有隙者，如累棋，层坛，及酒家积罂之类"。设上下广为 a 及 c，上下长为 b 及 d，其高为 h，则 $V=\frac{h}{6}[(2b+d)a+(2d+b)c]+\frac{h}{6}(c-a)$。

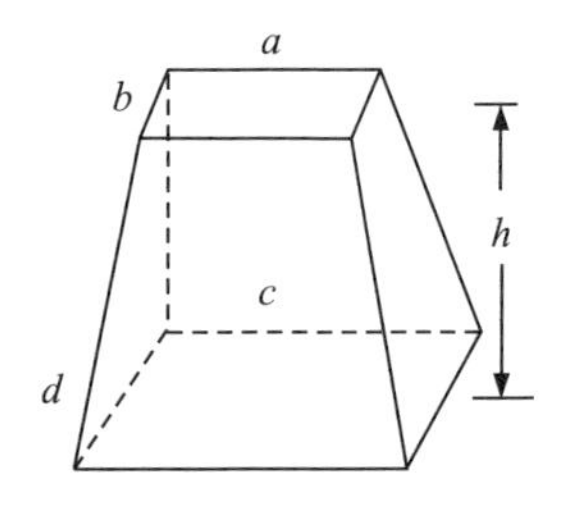

2. 会圆术求弧矢形之弦（c）及弧（a），即

$$c=2\left[\left(\frac{d}{2}\right)^2-\left(\frac{d}{2}-b\right)^2\right]^{\frac{1}{2}},$$

① 看《四元玉鉴细草》（上），朱世杰撰，罗士琳细草，商务印书馆，《万有文库》本，序，第五页。

$$a=\frac{2b^2}{d}+c。$$

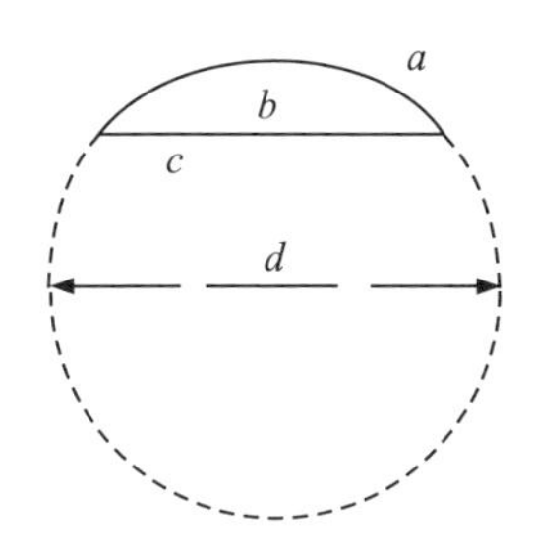

沈括自谓："此类皆造微之术，古书所不到者。"阮元也说："隙积会圆二术，补《九章》之未及，《授时术草》以三乘方取矢度，即写会圆术也。"①宋杨辉《详解九章算法》（1261年），"商功第五"之方垛，刍童果子垛，刍甍果子垛，及朱世杰《四元玉鉴》（1303年）卷下"果垛叠藏"之三角台垛，四角台垛，刍童垛，刍甍垛，都依隙积术立算。

隙积术还可以用《九章算术》卷五商功内各公式来说明。

因《九章算术》刍童公式：

---

① 其中第一式由勾股定理推得，第二式是近似式，见［清］阮元：《畴人传》卷二〇。按由梅瑴成《赤水遗珍》引："《授时历》（《草》）立天元一术"中，知郭守敬由沈括公式：$a=\frac{2b^2}{d}+c$，及杨辉公式：$d=\frac{\left(\frac{c}{2}\right)^2}{b}+b$，消去 c，得 $b^4+d^2b^2-adb^2-d^3b+\frac{a^2d^2}{4}=0$。至隙积术之成就，则因：

$$V=ab+(a+1)(b+1)+(a+2)(b+2)+\cdots\cdots$$
$$+\{(a+h-1)(b+h-1)=cb\}$$
$$=ab+[ab+(a+b)+1]+[ab+2(a+b)+2^2]+\cdots\cdots$$
$$+[ab+(h-1)(a+b)+(h-1)^2]$$
$$=hab+(a+b)\cdot\frac{1}{2}\cdot h(h-1)+\frac{1}{3}(h-1)(h-\frac{1}{2})h。$$

因　$a+h-1=c,\quad h=c-a+1,$

　　$b+h-1=d,\quad h=d-b+1,$　代入消得：

$$V=\frac{h}{6}[(2b+d)a+(2d+b)c]+\frac{h}{6}(c-a)。$$

查"隙积术"又可由几何方法，直接证出，如本书之179～181页。

$$V_1=\frac{h}{6}[(2b+d)a+(2d+b)c]。$$

《九章算术》堑堵公式:

$$V_2=\frac{h}{2}(ab)。$$

《九章算术》阳马公式:

$$V_3=a^2\times\frac{h}{3},半个阳马:\frac{1}{2}V_3=\frac{1}{2}\cdot a\cdot a\cdot\frac{h}{3}$$

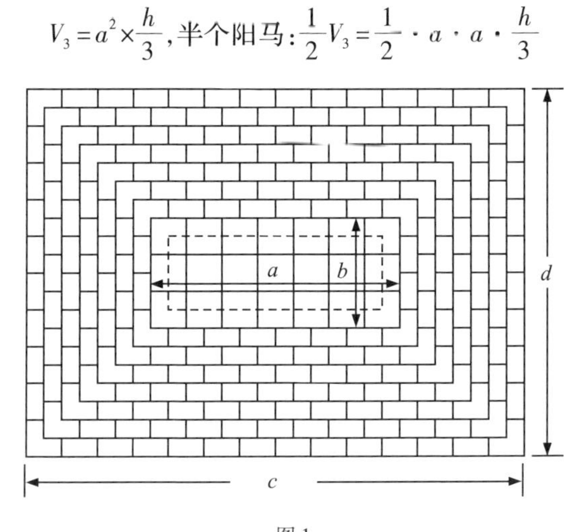

图 1

隙积形是由中间一个刍童:

$上广=a-1$,　　　　$上长=b-1$,

$下广=c$,　　　　　$下长=d$,

即

$$V_1=\frac{h}{6}\{[(2\cdot\overline{b-1})+d](a-1)+[(2d+\overline{b-1})c]\}。$$

前后左右突出的若干$\left(\frac{a+c}{2}-1\right)h$ 和$\left(\frac{b+d}{2}-1\right)h$ 个堑堵:

$$V_2=\frac{h}{2}\left[\left(\frac{a+c}{2}-1\right)+\left(\frac{b+d}{2}-1\right)\right]$$

和四角突出的若干八个半方锥

$$V_3 = 8h\left[\frac{1}{2}\cdot\frac{1}{3}\cdot\frac{1}{2}\right]$$

所组成,所以隙积:

$$V = ab + (a+1)(b+1) + (a+2)(b+2) + \cdots\cdots$$
$$+ (a-2)(b-2) + (a-1)(b-1) +$$
$$\{(a+h-1)(b+h-1) = c \cdot d\}$$
$$= V_1 + V_2 + V_3。$$

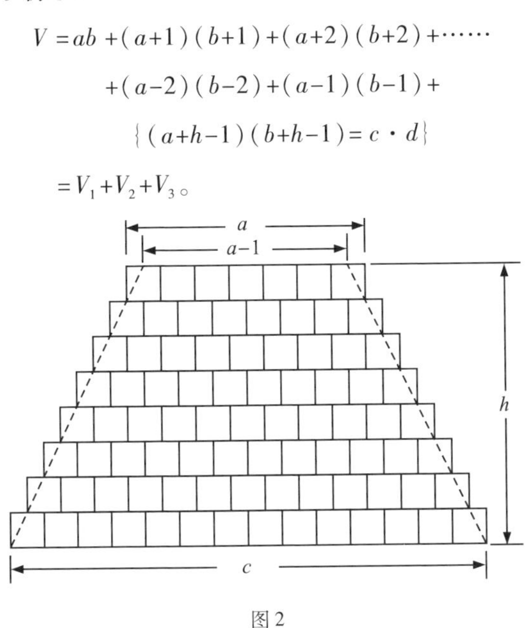

图 2

如图 1 是隙积的平面图。

图 2 是隙积的横截面图。

图 3 是隙积的纵截面图。

图 4 是隙积的半方锥图。

其中

$$V_1 = \frac{h}{6}\{[(2\cdot\overline{b-1})+d](a-1)+[(2d+\overline{b-1})c]\}$$

$$= \frac{h}{6}\{(2b+d)a+(2d+b)c\}$$

$$+\frac{h}{6}(-2a-2b-c-d+2)。$$

$$V_2=\frac{h}{2}\left[\left(\frac{a+c}{2}-1\right)+\left(\frac{b+d}{2}-1\right)\right]$$

$$=\frac{h}{6}\cdot\left\{3\left[\left(\frac{a+c}{2}-1\right)+\left(\frac{b+d}{2}-1\right)\right]\right\}$$

$$=\frac{h}{6}\left(1\frac{1}{2}a+1\frac{1}{2}c+1\frac{1}{2}b+1\frac{1}{2}d-6\right)。$$

$$V_3=8h\left(\frac{1}{2}\cdot\frac{1}{3}\cdot\frac{1}{2}\right)=\frac{h}{6}\cdot 4。$$

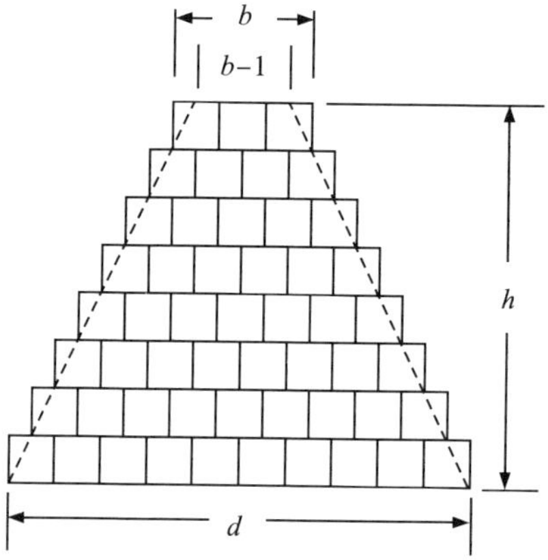

图 3

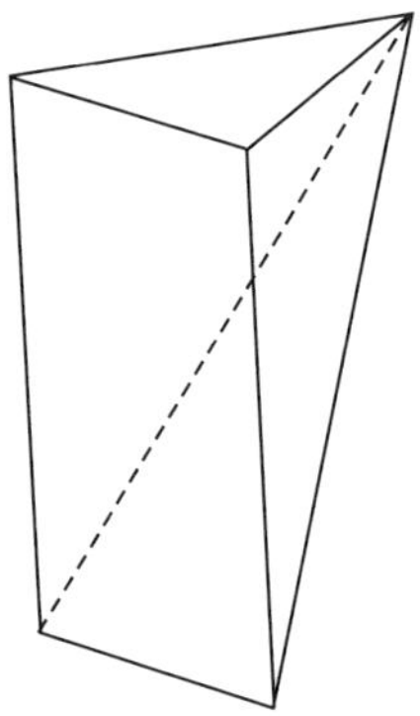

图 4

总之：

$$V=V_1+V_2+V_3。$$

$$V=\frac{h}{6}[(2b+d)a+(2d+b)c]+\frac{h}{6}\left(\frac{c-a}{2}+\frac{d-b}{2}\right)。$$

因

$$c-a=d-b,$$

所以

$$V=\frac{h}{6}[(2b+d)a+(2d+b)c]+\frac{h}{6}(c-a)。$$

第十七章　杨辉引用贾宪，刘益数理学说

(一)贾宪“开方作法本源”图

《永乐大典》本杨辉《详解九章算法》(1261年)记有“开方作法本源”图，说增乘方求廉草。① 自注称:“出《释锁》算书，贾宪用此术。”此图记到五乘积，即

$$(a+b)^6=a^6+6a^5b+15a^4b^2+20a^3b^3+15a^2b^4+6ab^5+b^6。$$

以后朱世杰《四元玉鉴》(1303年)还载有“古法七乘方图”，记到七乘积。

在国外阿罗弥(Al—Kashi，?～1456)，巴斯噶(Blaise Pascal，1623～1662)在1654年有这记录，可是都在贾宪和朱世杰之后。

此项“开方作法本源图”和“古法七乘方图”，横视时是二项式的系数，斜视时除可说明二项式系数原则外，还有级数的意义，如：

$$1+1+1+1+1+\cdots\cdots=n,$$

即：

$$\sum_{1}^{n}1=n。$$

① 参看《永乐大典》，卷一六三四四，第七页；李俨:《中算史论丛》，第一集，第230～245页内:“中算家的巴斯噶三角形研究”；李俨:《中算史论丛》，第二集，第70～71页内:“宋杨辉算书考”。

按《永乐大典》卷一六三四三，一六三四四，算字，现有印本，在第十七函，第168册之内。

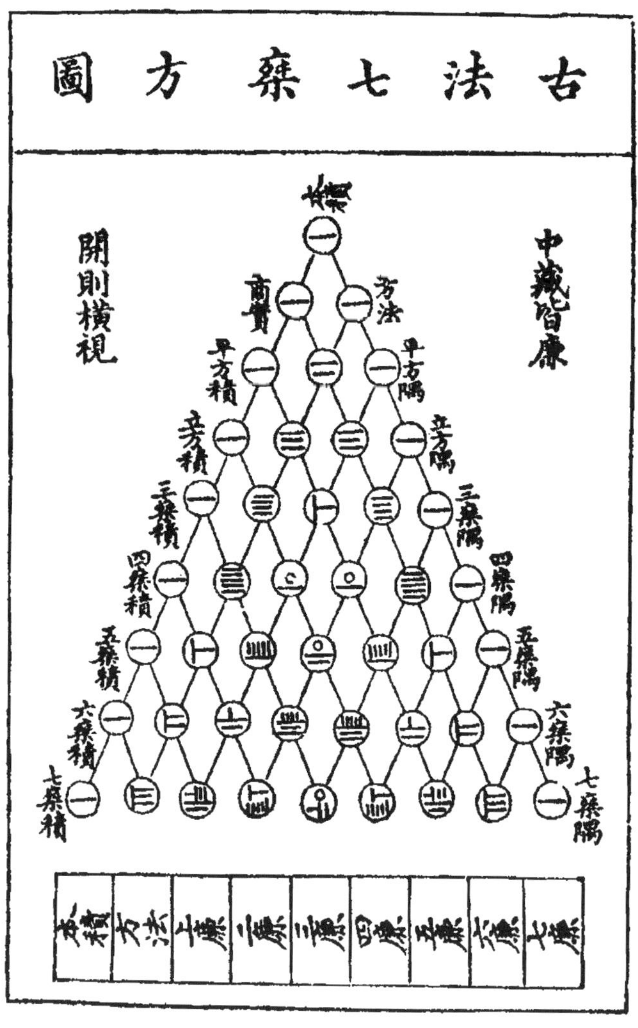

又
$$1+2+3+4+5+\cdots\cdots+n=\frac{n(n+1)}{2},$$

即：
$$\sum_{1}^{n} n=\frac{n(n+1)}{2!}。$$

朱世杰称作“茭草垛”。

又
$$1+3+6+10+15+\cdots\cdots+\frac{n(n+1)}{2}=$$

$$=\frac{n(n+1)(n+2)}{2\times3},$$

即：
$$\sum_{1}^{n}\frac{n(n+1)}{2!}=\frac{n(n+1)(n+2)}{3!}。$$

朱世杰称作“落一形”（即三角垛）。

又
$$1+4+10+20+35+\cdots\cdots+\frac{n(n+1)(n+2)}{2\times3}$$

$$\frac{n(n+1)(n+2)(n+3)}{2\times3\times4},$$

即：
$$\sum_{1}^{n}\frac{n(n+1)(n+2)}{3!}=\frac{n(n+1)(n+2)(n+3)}{4!}。$$

朱世杰称作“三角落一形”（即四角垛）。

又
$$1+5+15+35+\cdots\cdots+\frac{n(n+1)(n+2)(n+3)}{2\times3\times4}$$

$$=\frac{n(n+1)(n+2)(n+3)(n+4)}{2\times3\times4\times5},$$

即：
$$\sum_{1}^{n}\frac{n(n+1)(n+2)(n+3)}{4!}=$$

$$=\frac{n(n+1)(n+2)(n+3)(n+4)}{5!}。$$

朱世杰称作“撒星更落一形”。

又
$$1+6+21+56+\cdots\cdots+\frac{n(n+1)(n+2)(n+3)(n+4)}{2\times3\times4\times5}$$

$$=\frac{n(n+1)(n+2)(n+3)(n+4)(n+5)}{2\times3\times4\times5\times6},$$

即：
$$\sum_{1}^{n}\frac{n(n+1)(n+2)(n+3)(n+4)}{5!}=$$
$$=\frac{n(n+1)(n+2)(n+3)(n+4)(n+5)}{6!}。$$

朱世杰称作“三角撒星更落一形”。

杨辉在求五乘方积各廉法（即系数）时，还应用“开方作法本源图”，加以说明。如下先列本源图：

左积　右隅

本积 ①

商除 ① ①

平方 ① ② ①

立方 ① ③ ③ ①

三乘 ① ④ ⑥ ④ ①

四乘 ① ⑤ ⑩ ⑩ ⑤ ①

五乘 ① ⑥ ⑮ ⑳ ⑮ ⑥ ①

左衺乃积数，

右衺乃隅算，

中藏者皆廉，

以廉乘商方，

命实而除之。

“增乘方求廉法草曰：释锁求廉本源，列所开方数，如前五乘方，列五位，隅算在外，以隅算一，自下增入前位，至首位而止。首位得六，第二位得五，第三位得四，第四位得三，下一位得二，复以隅算如前升增，递低一位求之。

求第二位：

六旧数，　五加十而止，　四加六为十　三加三为六，　二加一为三。

求第三位：

六，　十五并旧数，　十加十而止，　六加四为十，　三加一为四。

求第四位：

六，　十五，　二十并旧数，　十加五而止，　四加一为五。

求第五位：

六，　十五，　二十，　十五并旧(数)，　五加一为六。

上廉，　二廉，　三廉，　四廉，　下廉”。[①]

(二)贾宪正负开方术

杨辉在引用贾宪正负开方术之前，除介绍贾宪“开方作法本源”图之外，还应用筹算方法来列位计算。此时筹位已应用“空”字或〇号和其他简号，如

	0，	1，	2，	3，	4，	5，
纵者为：	〇	𝍠，	𝍡，	𝍢，	𝍣 或 ㄨ，	𝍤 或 〇(上加横)，
横者为：	〇	𝍩，	𝍪，	𝍫，	𝍬 或 ㄨ，	𝍭 或 〇(上加竖)，

	6，	7，	8，	9，
纵者为：	𝍥，	𝍦，	𝍧，	𝍨，
横者为：	𝍮，	𝍯，	𝍰，	𝍱，

负数以斜画为记，如-5为𝍤(加斜画)。杨辉《算法通变本末》卷上，称：“开方乃算法中大节目，勾股、旁要、演段、锁积多用例。有七体：一曰开平方，二曰开平圆，三曰开立方，四曰开立圆，五曰开分子方，六曰开三乘以上

---

① 见《永乐大典》，卷一六三四四，第七页。

吴敬：《九章详注比类算法大全·少广》，卷第四，第六页引同，据景泰元年(1450年)吴敬自序，弘治元年(1488年)吴讷重印本。

方，七曰带从开方。"①杨辉未说天元一法，除带纵平方外，自平方至三乘方应列的地位，都出于贾宪，为秦九韶正负开方术所自本。如：

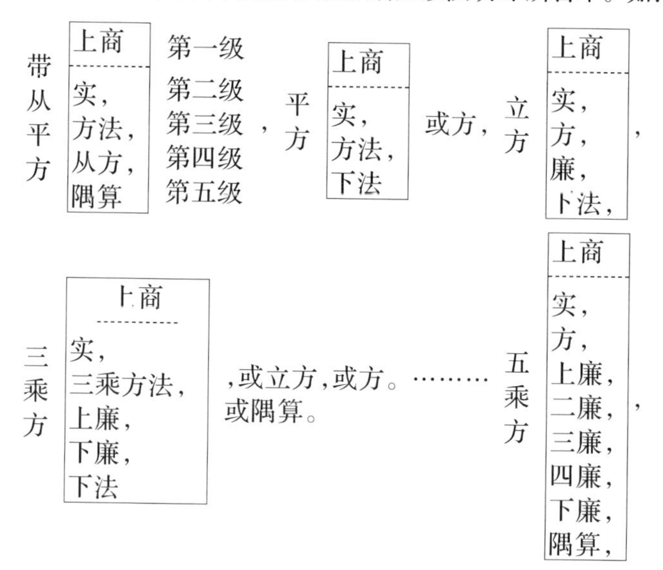

其中实之正者称为实，为负者称负实；从之正者称从方、从法，为负者称负从；隅之正者称下法、隅算，或正隅，为负者称负隅、益隅。

宋杨辉《详解九章算法·纂类》所引有：贾宪立成释锁平方法，增乘开平方法，贾宪立成释锁立方法，增乘开立方法四种。②

1. 贾宪立成释锁平方法

贾宪立成释锁平方法，是和筹算开方内《九章算术》以及《孙子

---

① ［宋］杨辉：《算法通变本末》卷上，第三页，《宜稼堂丛书》本，或商务印书馆《丛书集成初编》，据《宜稼堂丛书》排印本。

② ［宋］杨辉：《详解九章算法·纂类》，第三七页至第三九页，《宜稼堂丛书》本，或第三六页至第三八页，商务印书馆《丛书集成初编》，据《宜稼堂丛书》排印本。

算经》《张丘建算经》《夏侯阳算经》《五经算术》卷上，和唐开元大衍历，步五星术注内所述“开平方”方法相同。

例．求55225的平方根。

贾宪立成释锁平方法，术曰：

(1)“置积为实，别置一算，名曰下法。”

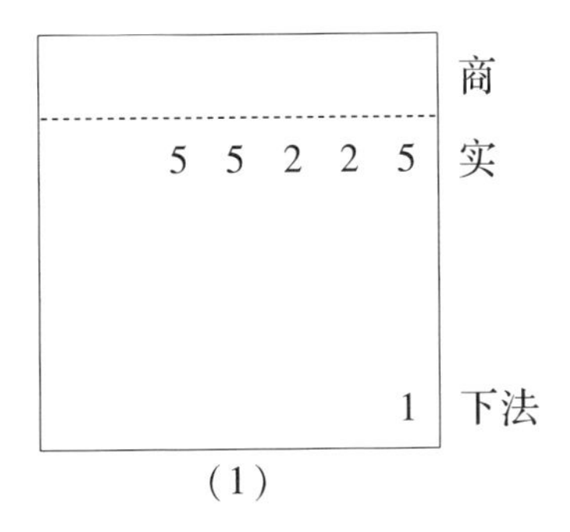

(1)

(2)“于实数之下，自末位常超一位约实。至首尽而止，实上商置第一位得数。下法之上，亦置上商为方法。”

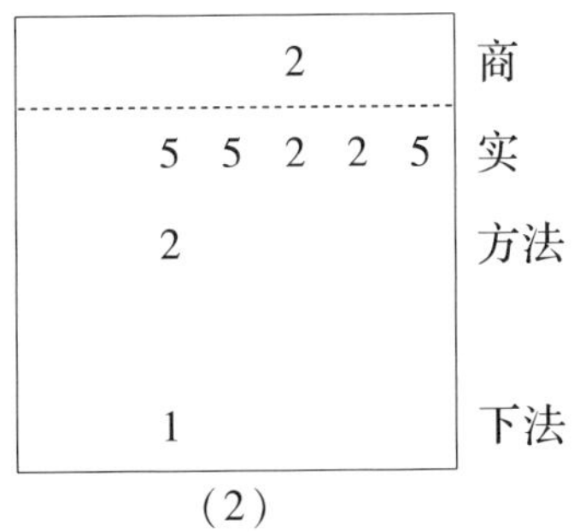

(2)

(3)“以方法命上商除实。”

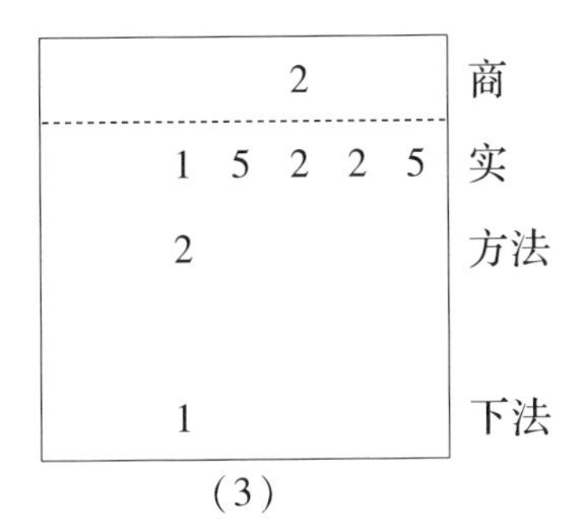

(3)

(4)“二乘方法为廉法，一退，下法再退。”

			2			商
	1	5	2	5	5	实
		4				廉法
			1			下法

(4)

(5)“续商第二位得数，于廉法之次照上商置隅。以方廉二法皆命上商除实。”

			2	3		商
		2	3	5	5	实
(方)		4				廉法
(廉)			3			隅
			1			下法

(5)

(6)“二乘隅法，并入廉法。”

			2	3		商
		2	3	5	5	实
		4	6			廉法
						隅
			1			下法

(6)

(7)“(廉法)一退，下法再退。”

			2	3		商
		2	3	5	5	实
			4	6		廉法
						隅
					1	下法

(7)

(8)“商置第三位得数。下法之上，照上商置隅。以廉隅二法，皆命上商，除实尽。”

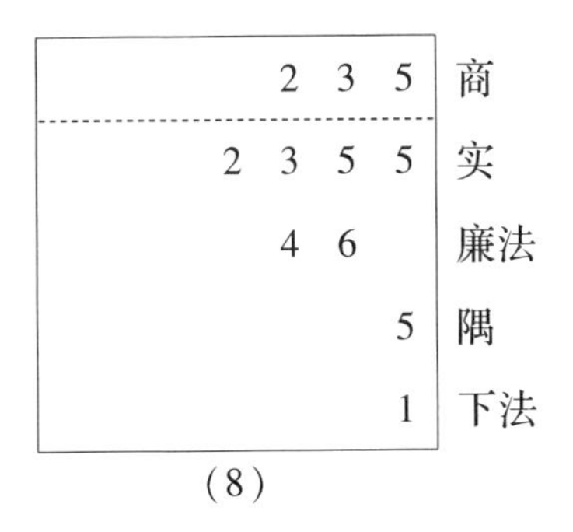

2 3 5
商
2 3 5 5
实
4 6
廉法
5
隅
1
下法

(8)

2. 贾宪立成释锁立方法

贾宪立成释锁立方法，是和筹算开方内《九章算术》和《张丘建算经》卷下所述“开立方”方法相同。

例．求34012224的立方根。

贾宪立成释锁立方法术曰：

(1)“置积为实，别置一算，名曰下法。”

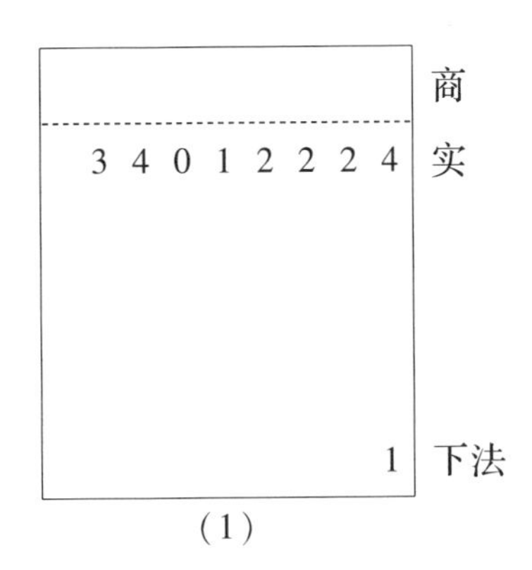

(1)

(2)"于实数之下，自末至首常超二位。上商置第一位得数，下法之上，亦置上商。又乘置平方，命上商，除实讫。"

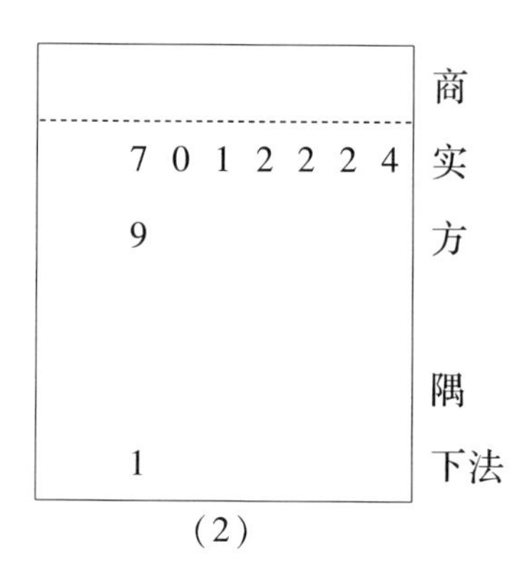

(2)

(3)"三因平方，一退。"

(4)"亦三因从方面，二退为廉，下法三退。"

					3			商
	7	0	1	2	2	2	4	实
	2	7						方
			9					廉
				1				下法

(3)(4)

(5)"续商第二位得数。下法之上，亦置上商为隅。以上商数乘廉隅，命上商除实讫。"

						3	2	商
	1	2	4	4	2	2	4	实
$3a^2$	2	7						方
$3a \cdot b$		1	8					廉
b^2				4				隅
				1				下法

(5)

杨辉所引"贾宪立成释锁立方法"在此后仅称："求第三位，即如第二位取用。”实际总以“三因平方一退，亦三因从方面，二退，下法三退”为原则，如：

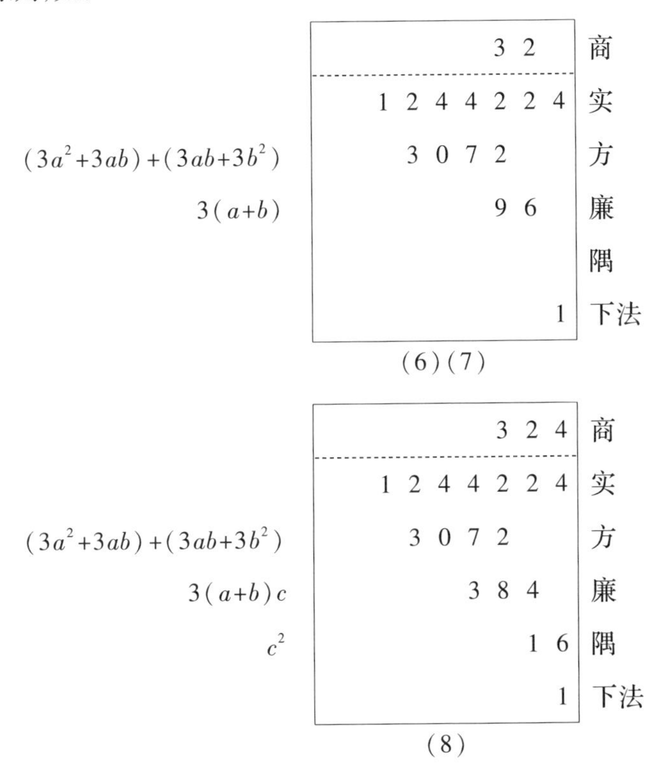

3 2　商
1 2 4 4 2 2 4　实
$(3a^2+3ab)+(3ab+3b^2)$　3 0 7 2　方
$3(a+b)$　9 6　廉
隅
1　下法
3 2 4　商
1 2 4 4 2 2 4　实
$(3a^2+3ab)+(3ab+3b^2)$　3 0 7 2　方
$3(a+b)c$　3 8 4　廉
c^2　1 6　隅
1　下法

(6)(7)

(8)

又例如：求 34169931125 的立方根。如前例，求得立方根 3240 后，余实 157707125。也是“三因平方一退，亦三因从方面二退，下法三退。”

最后，“以上商数乘廉隅，命上商除实讫。”

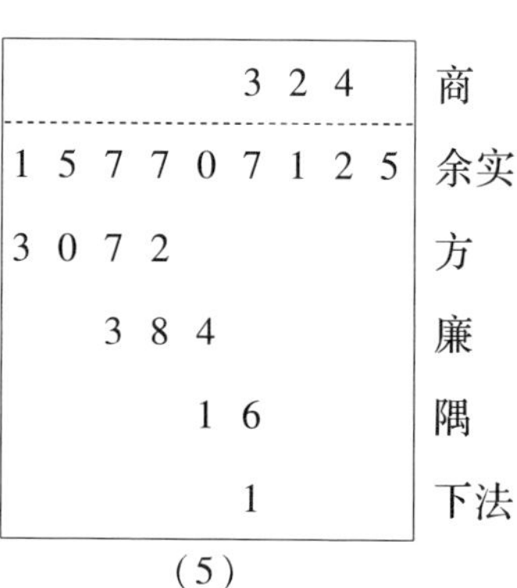

					3	2	4		商
1	5	7	7	0	7	1	2	5	余实
3	0	7	2						方
		3	8	4					廉
				1	6				隅
					1				下法

(5)

其中(7)(8)内：

$314928=\{[(3a^2+3ab)$

$+(3ab+3b^2)+3(a+b)c]$

$+[3(a+b)+3c^2]\}$

$972=3(a+b+c)$

$4860=3(a+b+c)d$

$25=d^2$。

					3	2	4	5	商
1	5	7	7	0	7	1	2	5	余实
	3	1	4	9	2	8			方
					9	7	2		廉
									隅
								1	下法

(6)(7)

					3	2	4	5	商
1	5	7	7	0	7	1	2	5	余实
	3	1	4	9	2	8			方
				4	8	6	0		廉
							2	5	隅
								1	下法

(8)

3. 增乘开平立方法

杨辉又引“增乘开平方法”，“增乘开立方法”和“递增三乘开方法”，就都可以和涅相类方法记录。如：

宋杨辉《详解九章算法》少广第四，有“增乘开平方图”，说增乘开平方布算方式。①

“增乘开平方法：以商数乘下法，递增求之。商第一位：上商得数，以乘下法，为乘方。命上商，除实。上商得数，以乘下法，入乘方，一退为廉，下法再退。商第二位：商得数，以乘下法，为隅。命上商，除实讫。以上商得数乘下法入隅，皆名曰廉。一退，下法再退，以求第三位商数。商第三位：用法如第二位求之。”

例．　　$x^2-71824=0$。

“别置一算，名曰下法，定一，超一位定十，超一位定百。

	商
7 1 8 2 4	实
	方
1	下法

（1）

上商得数（2），以乘下法为平方。命上商除实。

2 0 0	商
3 1 8 2 4	实
2	方
1	下法

（2）

① 以下所引，见《永乐大典》，卷一六三四四，第八页和第九页。并参看［宋］杨辉：《详解九章算法·纂类》，第三七页至第三九页，《宜稼堂丛书》本；或第三六页至第三八页，商务印书馆据《宜稼堂丛书》排印本。

（又）以上商得二，乘下法，增入平方。

		2	0	0	商
3	1	8	2	4	实
4					方
1					下法

（3）

方法一退，为廉，下法再退。

		2	0	0	商
3	1	8	2	4	实
	4				廉
		1			下法

（4）

上商得六，以乘下法，为隅。命上商，除实。

		2	6	0	商
	4	2	2	4	实
	4	6			廉
		1			下法

（5）

以上商得数乘下法，增隅入廉。

		2	6	0	商
	4	2	2	4	实
	5	2			廉
		1			下法

（6）

廉法一退，下法再退。

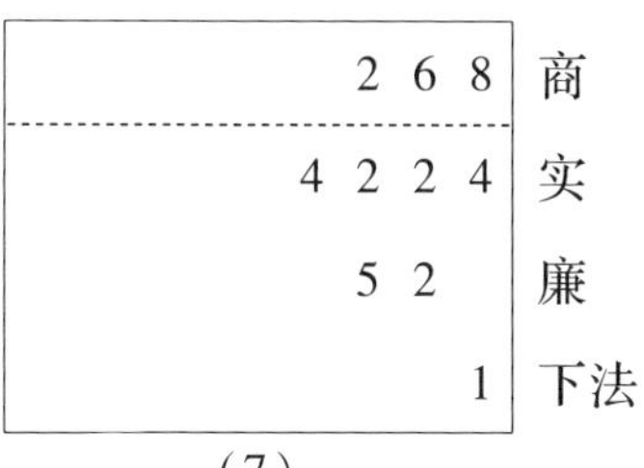

（7）

以上商乘下法为隅，与廉皆命上商，除实尽。”

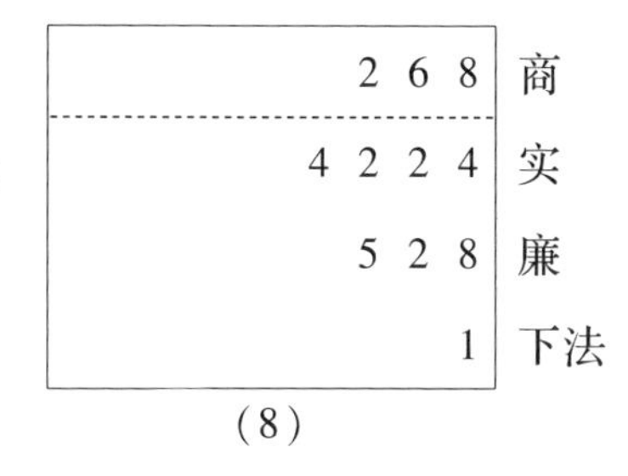

（8）

此项演算次序，可以和涅（Horner，1819 年）相类方法记录，如：

$x^2-71824=0$。

（下法）（方）（实）（商）

10000+ −71824 $\underline{|2}$，先得 $x_1=200$

+20000+40000

10000+20000−31824

20000　　“方法一退为谦，下法再退”，得变式

10000+40000−31824　　$100x_2^2+40000x_2-31824=0$

（下法）（廉）（实）（商）

100 +4000 −31824 $\underline{|6}$，续得 $x_2=60$

600 +27600

---

100 +4600 −4224

600　　　　　　　　　　“廉法一退，下法再退”，得变式 $x_3^2+520x_3-4224=0$

100	+5200	− 4224		
（下法）	（廉）	（实）	（商）	
1	+520	− 4224	8 ，	终得 $x_3=8$
	8	+ 4224		
1	+528	+ 0		

$\therefore x=x_1+x_2+x_3=268$。

宋杨辉《详解九章算法·纂类》引有“增乘（开立）方法”术语①。

例．　$x^3-1860867=0$

增乘方法曰：

（1）“（置积为实，别置一算，名曰下法）。”

	商
1 8 6 0 8 6 7	实
1	下法

（1）

① 以下所引术语，见［宋］杨辉：《详解九章算法·纂类》，第三八页至第三九页，《宜稼堂丛书》本。

(2)“(于实数之下,自末至首,常超二位)。实上商置第一位得数。以上商乘下法置廉,乘廉为方,除实讫。”

	列
商	1
实	8 6 0 8 6 7
方	1
廉	1
下法	1

(2)

(3)“复以上商乘下法入廉,乘廉入方。”

	列
商	1
实	8 6 0 8 6 7
方	3
廉	2
下法	1

(3)

(4)“又乘下法入廉。”

	列
商	1
实	8 6 0 8 6 7
方	3
廉	3
下法	1

(4)

(5)“其方一，廉二，下（法）三退。”

			1			商
8	6	0	8	6	7	实
3						方
	3					廉
		1				下法

(5)

(6)“再于第一位商数之次，复商第二位得数，以乘下法入廉，乘廉入方。”

				1	2	商
8	6	0	8	6	7	实
3	6	4				方
	3	2				廉
		1				下法

(6)

(7)“命上商，除实讫。复以次商乘下法入廉，乘廉入方。”

				1	2	商
1	3	2	8	6	7	实
4	3	2				方
	3	4				廉
		1				下法

(7)

(8)“又乘下法入廉。”

				1	2	商
1	3	2	8	6	7	实
4	3	2				方
	3	6				廉
		1				下法

(8)

(9)“其方一，廉二，下三退，如前。”

				1	2	商
1	3	2	8	6	7	实
	4	3	2			方
			3	6		廉
					1	下法

(9)

(10)“上商第三位得数，乘下法入廉，乘廉入方，命上商除实，适尽，得立方一面之数。”

			1	2	3	商
						实
	4	4	2	8	9	方
			3	6	3	廉
					1	下法

(10)

此项演算次序，可以和涅相类方法记录，如：

$x^3=1860867$

$x^3-1860867=0$

（下法）（廉）（方）（实）（商）

1000000+ −1860867 |1

+1000000+1000000+1000000

1000000+1000000+1000000− 860867

+1000000+2000000

（先得：$x_1=100$）

1000000+2000000+3000000

+1000000

1000000+3000000+3000000− 860867

“其方一，廉二，下（法）三退”，得变式：

$1000x_2^3+30000x_2^2+300000x_2-860867=0$

（下法）（廉）（方）（实）（商）

1000+ 30000+ 300000− 860867 |2

+ 2000+ 64000+ 728000

1000+ 32000+ 364000− 132867

+ 2000+ 68000

（续得：$x_2=20$）

1000+ 34000+ 432000

+ 2000

1000+ 36000+ 432000− 132867

“其方一，廉二，下三退，如前”，得变式：

$x_3^3+360x_3^2+43200x_3-132867=0$

（下法）（廉）（方）（实）（商）

$$\begin{array}{rrrrl} 1 & +\ 360+ & 43200- & 132867 & \underline{|3} \\ & +\ \ \ 3+ & 1089+ & 132867 & \\ \hline 1 & +\ 363+ & 44289+ & 0 & \end{array}$$

（终得：$x_3=3$，适尽）

故　$x=x_1+x_2+x_3=123$。

又有“递增三乘开方法”，①亦见杨辉《详解九章算法》。题曰：“积一百三十三万六千三百三十六尺，问为三乘方几何？”“答曰：三十四尺。”

“递增三乘开方法草曰：……置积为实，别置一算，名曰下法，于实末常超三位约实。一乘超一位，三乘超三位，万下定实。上商得数三十，乘下法生下廉，三十。乘下廉生上廉，九百。乘上廉生立方，二万七千，命上商除实，余五十二万六千三百三十六。作法，商第二位得数，以上商乘下法入下廉，共六十，乘下廉入上廉，共二千七百。乘上廉入方。共一十万八千。又乘下法入下廉，共九十。乘下廉入上廉。共五千四百。又乘下法入下廉，共一百二十。方一，上廉二，下廉三，下法四退。方一十万八千，上廉五千四百，下廉一百二十，下法定一。又于上商之次，续商置得数，第二位四。以乘下法入廉，一百二十四。乘下廉入上廉，共五千八百九十六。乘上廉并为立方，一十三万一千五百八十四。命上商除实尽，得三乘方一面之数。如三位立方，依第二位取用。”

杨辉所引递增三乘开方法，也可以和湼相类方法记录，如：

$x^4=1336336$，　$x=34$。

$$\begin{array}{rrrrl} 1(10)^4+ & 0\times(10)^3+ & 0\times(10)^2+ & 0\times(10)-1336336 & \underline{|3^0} \\ + & 30\times(10)^3+ & 900\times(10)^2+ & 27000\times(10)+810000 & \end{array}$$

① 以下所引，见《永乐大典》，卷一六三四四，第二六页及第二七页。

$$
\begin{array}{l}
\hline
1(10)^4+\quad 30\times(10)^3+\quad 900\times(10)^2+27000\times(10)-526336\\
\qquad\qquad 30\times(10)^3+\ 1800\times(10)^2+81000\times(10)\\
\hline
1(10)^4+\quad 60\times(10)^3+2700\times(10)^2+108000\times(10)-526336\\
\qquad\qquad 30\times(10)^3+\ 2700\times(10)^2\\
\hline
1(10)^4+\quad 90\times(10)^3+5400\times(10)^2+108000\times(10)-526336\\
\qquad\qquad 30\times(10)^3\\
\hline
1(10)^4+120\times(10)^3+5400\times(10)^2+108000\times(10)-526336
\end{array}
$$

又

$$
\begin{array}{l}
1+120+5400+108000-526336 \quad \underline{|\,4}\\
\qquad 4+\ 496+\ 23584+526336\\
\hline
1+124+5896+131584
\end{array}
$$

(三)刘益正负开方术

宋杨辉《田亩比类乘除捷法》,德祐乙亥(1275 年)序称:"……中山刘(益)先生作《议古根源》……引用带从开方正负损益之法,前古之所未闻也。"这说明刘益是创造正负开方术的。

宋杨辉《田亩比类乘除捷法》卷下,①引有刘益《议古根源》,带从开平方,布算应列五级。例 1 和《孙子》《张丘建》《夏侯阳》《五经算》《大衍历》开方法相同。又有益积及益隅法(例 2,3)是因上商和从方所命之积,与实符号相同。当先益入实,称作"益积",次

① 见[宋]杨辉:《田亩比类乘除捷法》序文,和卷下第一八页,《宜稼堂丛书》本。

再以上商与方法所命之积，与益积相消成定实。或因上商与方法所命之积，与实符号相同，当先益入实，称作“益隅”，次再以上商与方法所命之积，与益隅相消成定实。以上二法都说：“二因方法，一退为廉。”布算列作五级，为便于益积，益隅计算。至减从及翻积法（例4,5,6）和秦九韶正负开方术相类，布算仅列四级。不用二因，仅“余从一退”，布算时省去第三级的方法，共用四级。

例1.　$x^2+12x=864$　令 $x=x_1+x_2$　第一上商，$x_1=20$。

开方列位图

商　位	
置　积	𝍧　𝍮　𝍣
方　法	
从　方	𝍠　𝍪
隅　算	𝍠

商第一位数图

商　阔	𝍪
置　积	𝍧　𝍮　𝍣
方　法	𝍡
从　方	𝍠　𝍪
隅　算	𝍠

商第二位数图

商　阔	𝍪　𝍣
置　积	𝍡　𝍪　𝍣
方　法	𝍫
从　方	𝍩　𝍡
隅　算	𝍠

即：（隅）（从方）（方法）（实）（上商）

（隅）（从方）	（方法）	（实）	（上商）	
100+120		−864	2	$x_1=20$
		+240		
+	200	+400		
100+120+	200	−224		“二因方法，一退名廉”得变式：
×	2			$x_2^2+12x_2+40x_2=224$
100+120+	400	−224		∴　$x_2=4$，$x=24$

因 $x^2+bx+c=0$，初商 x，代入后余实 $=f$，得变式：

$(2x_1+x_2)x_2+bx_2+f=0$，或 $x_2^2+(b+2x_1)x_2+f=0$。

例 2. $x^2-12x=864$。

（隅）（从方）	（方法）	（实）	（上商）	
100 − 120		− 864	3	$x_1=20$
	+ 300	− 360	（益积）	
100 − 120 +	300	−1224		“二因方法，一退名廉”得变式：
	× 2	+ 900		$x_2^2-12x_2+60x_2=324$
100 − 120 +	600	− 324		∴ $x_2=6$，$x=36$

例 3. $-x^2+60x=864$。

（隅）（从方）	（方法）	（实）	（上商）	
−100 + 600		− 864	2	$x_1=20$
	−200	− 400	（益隅）	
−100 + 600	−200	−1264		“二因方法，一退名廉”得变式：
	× 2	+1200		$-x_2^2+60x_2-40x_2=64$
−100 + 600	−400	− 64		∴ $x_2=4$，$x=24$

例 4. $x^2-12x=864$。

（隅）（方法）	（下法）	（上商）	
100 − 120	− 864	3	$x_1=30$
+300	+ 540		按 180 = 300 − 120 为减从，
100 + 180 减	− 324		“余从一退”得变式：
+300 从			$x_2^2+48x_2=324$
100 + 480	− 324		∴ $x_2=6$，$x=36$

例 5.　$-8x^2+312x=864$，以翻积术入之。

（隅）（方法）（下法）（上商）

−800+3120	−864	3	$x_1=30$
−2400	+2160		
−800+720	−1296		（翻积）
−2400			“余从一退”得变式：$-x_2^2-168x_2=-1296$
−800−1680	+1296		∴　$x_2=6, x=36$

例 6. $-x^2+60x=864$，以翻积术入之。

（隅）（方法）（下法）（上商）

−100+600	−864	3	$x_1=30$
−300	+900		
−100+300	+36		（翻积）
−300			得变式：
−100	+36		$-x_2^2=-36$
			∴　$x_2=6, x=36$

此处益积，益隅和秦九韶的投胎，李治的益积意义不同，因秦、李都“益在实”，此处仅为齐同原实符号起见，先同名相益，次异名相减。

第十八章　秦九韶正负开方术

罗士琳称：“秦氏著《数学九章》（1247 年），而古正负术显。”①

① 《算学启蒙》卷末，罗士琳识语，《观我生室汇稿》本。

书中说筹位和古代无异。而应用〇号,简号╳,〇̍或〇̄,〤或⋇是后世暗码的起源。

	0,	1,	2,	3,	4,	5,
纵者为:	〇	𝍠,	𝍡,	𝍢,	𝍣或╳,	𝍤或〇̍或〇̄。
横者为:	〇	𝍩,	𝍪,	𝍫,	𝍬或╳,	𝍭或〇̍或〇̄。

	6,	7,	8,	9,
纵者为:	𝍥,	𝍦,	𝍧,	𝍨或〤
横者为:	𝍮,	𝍯,	𝍰,	𝍱或⋇

秦氏论正负开方,至多者为九乘方,即十次方程,而自平方至九乘方,各数应列之地位,如下页:

实,方,廉,隅的系数符号有正,负,或益,从,如从廉,益隅,正实,负廉,等等。[①] 李锐称:"秦道古(九韶)卷四上开方图,负算画黑,正算画赤。"[②]李氏所见本如此,现传《宜稼堂丛书》刻本,已无朱黑之别。其种类有连枝,玲珑,同体之分;而变式有翻法,换骨,投胎之别。秦氏称:"乘方一位开尽者,不用翻法。"否则有翻法。焦循以为:"测望篇第六题望敌圆营用开连枝三乘玲珑方。因初商之积,小于原积,故不名翻法,翻以减去下实为义也。"[③]秦书翻法仅一见,是否应如焦氏的解释,还不能确定。

① 秦九韶:《数书九章》,卷四,开玲珑翻法三乘方术曰:"从常为正,益常为负。"是以正为从,以负为益。《四元玉鉴》梯法七乘方图中,有云:"正者为从,负者为益。"亦是此意。

② 《益古演段》卷上第二页,《知不足斋丛书》本。

③ [清]焦循:《天元一释》上,第一二页,上海著易堂仿聚珍本。

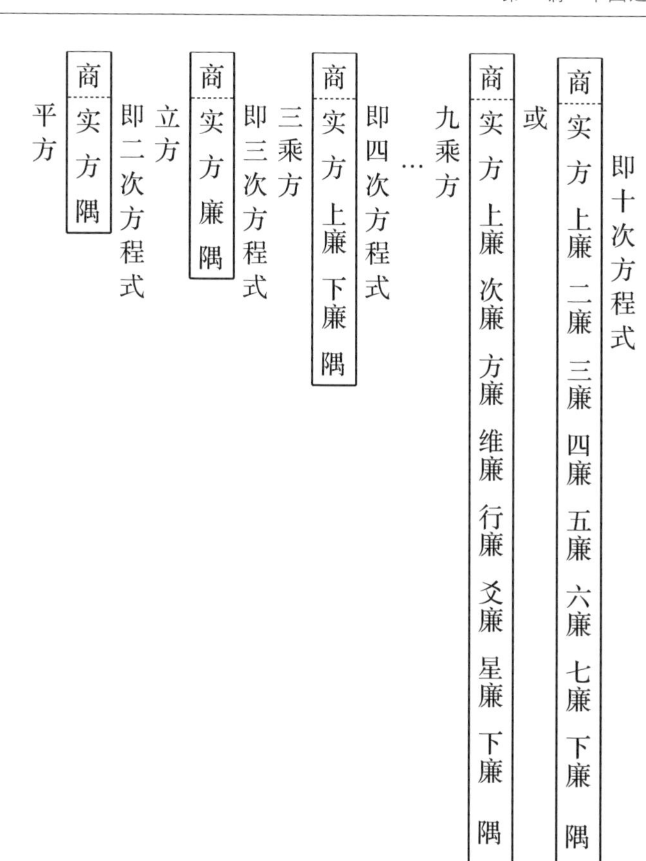

至“超步进位”之法，因方程：

$$x^n+a_{n-1}\cdot x^{n-1}+a_{n-2}\cdot x^{n-2}+a_{n-3}\cdot x^{n-3}+\cdots\cdots$$

$$+a_3\cdot x^3+a_2\cdot x^2+a_1\cdot x-a_0=0。$$

如令　$x=10y$，则上式可书为：

$$10^n y^n+a_{n-1}\cdot 10^{n-1}y^{n-1}+a_{n-2}\cdot 10^{n-2}y^{n-2}+\cdots\cdots$$

$$+a_3\cdot 10^3y^3+a_2\cdot 10^2y^2$$

$$+a_1\cdot 10y-a_0=0。$$

同理递进以求大数,递退以求小数,如:

$$0.5x^2-152x-11552=0,$$

令

$$x=100y,$$

则上式可写成:

$$5000y^2-15200y-11552=0,$$

故三乘方商十时,方一进,上廉二进,下廉三进,隅四进;商百时,同前各进,即方再一进,上廉再二进,下廉再三进,隅再四进,余仿此。其中约商方法,先约最高数,以次递退,如某式之根 $x=366$,先约商300,次60,次6,即 $x=300+60+6$。

此项"超步进位"方法,从《九章算术》以来开平方、开立方,贾宪、刘益立成释锁、增乘开方,都已说过。

《数书九章》卷五"尖田求积",论玲珑正负三乘方,即四次方程未知数各项,它系数相间为零数,①如:

$$-x^4+763200x^2-40642560000=0,$$

正负三乘方图				
	商	常为正	0	商
	实	常为负	-40642560000	实
	虚方		0	方
	从上廉		763200	上廉
	虚下廉		0	下廉
	益隅		-1	隅

(1)

① [清]李锐(1773~1817)校《数书九章》:"三乘方则有五层,一实,二方,三上廉,四下廉,五隅;今止有隅与上廉与实,少下廉与从方,盖五层空二,故为玲珑。"(见北京大学藏抄本《数书九章》)。

可开玲珑翻法三乘方,“一位开尽者,不用翻法”。

步法是以从上廉超一位,益隅超三位,商数进一位,约商得十位,或称:方一进,上廉二进,下廉三进,隅四进。如:

										0	0	商
-	4	0	6	4	2	5	6	0	0	0	0	实
										0		方
				7	6	3	2	0	0			上廉
								0				下廉
						-	1					隅

今再超进,上廉再超一位,益隅再超三位,商数再进一位。或称:同前各进乃置商百(位),其上廉为:763200^{0000},其益隅为:$-1^{00000000}$。

										0	0	0	商
-	4	0	6	4	2	5	6	0	0	0	0	实
									0			方
		7	6	3	2	0	0					上廉
					0							下廉
		-	1									隅

(2)

约上商800为定商,以商生隅,得-800^{000000}为益下廉,又以商生下廉,得-640000^{0000}为益上廉。

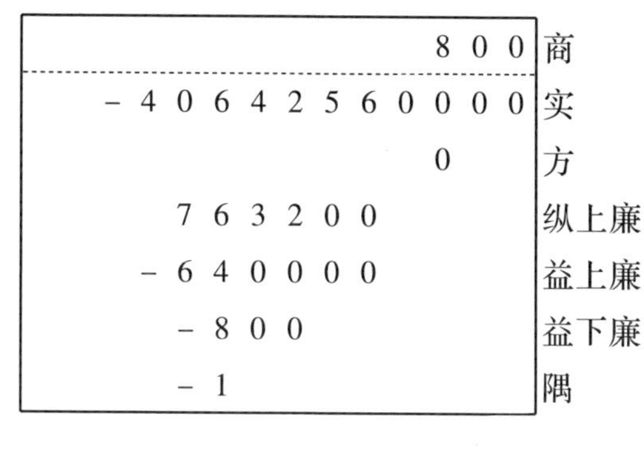

									8	0	0	商
-	4	0	6	4	2	5	6	0	0	0	0	实
									0			方
		7	6	3	2	0	0					纵上廉
	-	6	4	0	0	0	0					益上廉
		-	8	0	0							益下廉
		-	1									隅

益上廉与从上廉 763200^{0000} 相消，从上廉余 123200^{0000}。

数	位
8 0 0	商
−4 0 6 4 2 5 6 0 0 0 0 0	实
0	方
1 2 3 2 0 0	上廉
−8 0 0	下廉
−1	隅

又与商生上廉，入方，得 98560000^{00} 为从方。

数	位
8 0 0	商
−4 0 6 4 2 5 6 0 0 0 0 0	实
9 8 5 6 0 0 0 0	方
1 2 3 2 0 0	上廉
−8 0 0	下廉
−1	隅

又与商相生，得 78848000000 为正积，与原负积 4064250000 相消。

数	位
8 0 0	商
−4 0 6 4 2 5 6 0 0 0 0 0	负实
7 8 8 4 8 0 0 0 0 0 0	正实
9 8 5 6 0 0 0 0	方
1 2 3 2 0 0	上廉
−8 0 0	下廉
−1	隅

秦氏称：以负实积正积，其积乃有余为正实，谓之换骨。

又前相消余38205440000为正实。

数	位
8 0 0	商
3 8 2 0 5 4 4 0 0 0 0	正实
9 8 5 6 0 0 0 0	方
1 2 3 2 0 0	上廉
- 8 0 0	下廉
- 1	隅

一变

（3）

又以益隅 $-1^{00000000}$ 与商8相生，得 $-8^{00000000}$ 增入益下廉得 -1600^{000000}。

数	位
8 0 0	商
3 8 2 0 5 4 4 0 0 0 0	实
9 8 5 6 0 0 0 0	方
1 2 3 2 0 0	上廉
- 1 6 0 0	下廉
- 1	益隅

又以益下廉与商相生，得 -1280000^{0000} 为益上廉。

数	位
8 0 0	商
3 8 2 0 5 4 4 0 0 0 0	实
9 8 5 6 0 0 0 0	方
1 2 3 2 0 0	正上廉
- 1 2 8 0 0 0 0	负上廉
- 1 6 0 0	下廉
- 1	益隅

以正负上廉相消得 -1156800^{0000} 为益上廉。

数	位
8 0 0	商
3 8 2 0 5 4 4 0 0 0 0	实
9 8 5 6 0 0 0 0	方
- 1 1 5 6 8 0 0	益上廉
- 1 6 0 0	益下廉
- 1	益隅

以商生上廉得 925440000^{00} 为益方。

数	位
8 0 0	商
3 8 2 0 5 4 4 0 0 0 0	实
9 8 5 6 0 0 0 0	正方
- 9 2 5 4 4 0 0 0 0	益方
- 1 1 5 6 8 0 0	益上廉
- 1 6 0 0	益下廉
- 1	益隅

正负方相消余 -826880000^{00} 为益方。

二变

数	位
8 0 0	商
3 8 2 0 5 4 4 0 0 0 0	实
- 8 2 6 8 8 0 0 0 0	益方
- 1 1 5 6 8 0 0	益上廉
- 1 6 0 0	益下廉
- 1	益隅

又以商 8 生益隅 $-1^{00000000}$ 得 $-8^{00000000}$，增入益下廉 -1600^{000000}，得 -2400^{000000}。

800	商
38205440000	实
－826880000	益方
－1156800	益上廉
－2400	益下廉
－1	益隅

以商生下廉，得 -19200^{000000}，入益上廉，得 -3076800^{0000} 为益上廉。

800	商
38205440000	实
－826880000	益方
－3076800	益上廉
－2400	益下廉
－1	益隅

三变

又以商生益隅，得 $-8^{00000000}$，入益下廉，得 -3200^{000000}。

800	商
38205440000	实
－826880000	益方
－3076800	益上廉
－3200	益下廉
－1	益隅

四变

方一退，上廉二退，下廉三退，隅四退，毕，以方约实，续商40。

									8	0	0	商
3	8	2	0	5	4	4	0	0	0	0	实
－	8	2	6	8	8	0	0	0	0		方
	－	3	0	7	6	8	0	0			上廉
			－	3	2	0	0				下廉
					－	1					隅

以续商生隅，入下廉内，得：

									8	4	0	商
3	8	2	0	5	4	4	0	0	0	0	实
－	8	2	6	8	8	0	0	0	0		方
	－	3	0	7	6	8	0	0			上廉
			－	3	2	4	0				下廉
					－	1					隅

以商生下廉，入上廉内，得：

									8	4	0	商
3	8	2	0	5	4	4	0	0	0	0	实
－	8	2	6	8	8	0	0	0	0		方
	－	3	2	0	6	4	0	0			上廉
			－	3	2	4	0				下廉
					－	1					隅

以商生上廉，入方内，得：

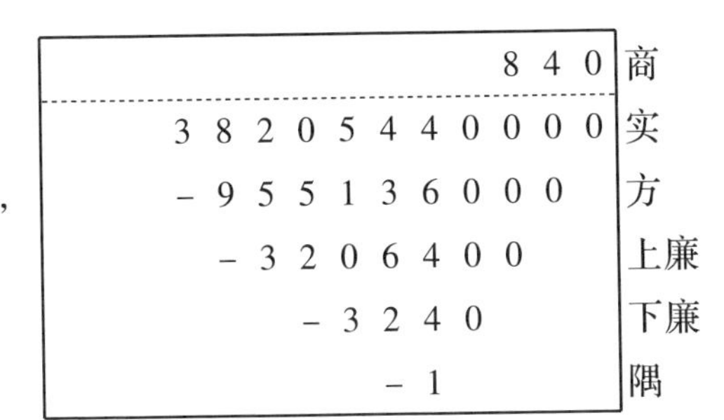

以商命方法，除实适尽。

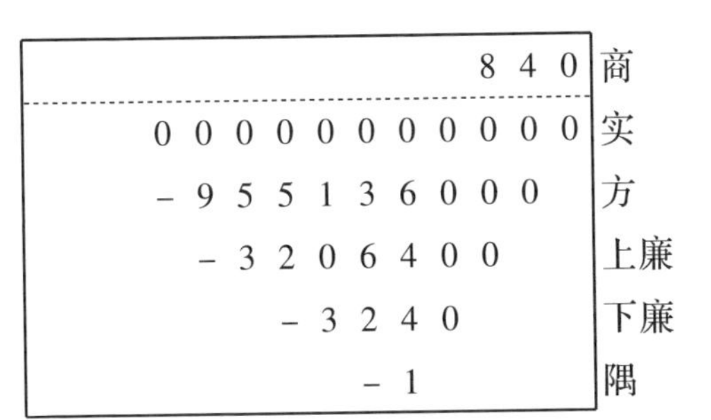

所得商数，为840矣。

因方程

$$-x^4+763200x^2-40642560000=0, \qquad (1)$$

令 $100y=x$，则变式

$$-(100y)^4+763200\cdot(100y)^2-40642560000=0 \qquad (2)$$

可约商8，即指原(1)式可约商800。

秦九韶正负三乘方图，并可以和涅（Horner，1819年）相类方法记录如：

$$\begin{array}{llllll}
-1\times(100)^4+ & & +763200\times(100)^2 & & -40642560000 & \underline{|8} \\
 & -800\times(100)^3 & -640000\times(100)^2 & +98560000\times(100) & +78848000000 & \\
\hline
-1\times(100)^4 & -800\times(100)^3 & +123200\times(100)^2 & +98560000\times(100) & +38205440000 & \text{一变} \\
 & -800\times(100)^3 & -1280000\times(100)^2 & -925440000\times(100) & & \\
\hline
\end{array}$$

$$
\begin{array}{ll}
-1\times(100)^4-1600\times(100)^3-1156800\times(100)^2-826880000\times(100)+38205440000 & \text{二变} \\
\qquad -\ 800\times(100)^3-1920000\times(100)^2 & \\
\hline
-1\times(100)^4-2400\times(100)^3-3076800\times(100)^2-826880000\times(100)+38205440000 & \text{三变} \\
\qquad -\ 800\times(100)^3 & \\
\hline
-1\times(100)^4-3200\times(100)^3-3076800\times(100)^2-826880000\times(100)+38205440000 & \text{四变}
\end{array}
$$

故(2)式约商8后,即原式(1)约商800后,四变为:

$$
-1\times(100)^4y^4-3200\times(100)^3y^3-3076800\times(100)^2y^2
-826880000\times(100)y+38205440000=0, \tag{3}
$$

令 $10y=z$,或 $10z=x$,则变式

$$
-1\times(10)^4z^4-3200\times(10)^3z^3-3076800\times(10)^2z^2
-826880000\times(10)z+38205440000=0 \tag{4}
$$

可约商4。

$$
\begin{array}{ll}
-1\times(10)^4-3200\times(10)^3-3076800\times(10)^2-826880000\times(10)+38205440000 & \underline{|4} \\
\qquad -\ 40\times(10)^3-\ 129600\times(10)^2-128256000\times(10)-38205440000 & \\
\hline
-1\times(10)^4-3240\times(10)^3-3206400\times(10)^2-955136000\times(10) & \text{一变}
\end{array}
$$

即原式(1)约商40后,一变为:

$$
-1\times(10)^4z^4-3240\times(10)^3z^3-3206400\times(10)^2z^2
-955136000\times(10)z=0, \tag{5}
$$

或
$$
-x^4-3240x^3-3206400x^2-955136000x=0, \tag{6}
$$

而 $x=840$ 为一根。(6)式即方程论所称之降低式(depressed equation)。如上第一除实不尽,则三乘方有四变,即 $x^n-A=0$ 式有 n 变,其 n 变之式即为第一次之降低式。① 上式第一商一变后,原负实变为正实,称作“换骨”。秦氏所设的例,实常是负(赤,也有作正

① 参看卡约黎(Cajori):《方程式论》,倪德基译,上海中华书局1923年5月版。

实的)，如第一商一变后，于原负实有增益，称作“投胎”。例如 $0.5x^2-152x-11552=0$，约 300 后变式为 $5000y^2+14800y-12152=0$，而 $x=100y$，普通变后实多渐小，如加多而生“换骨”，“投胎”，则当特别注意，虑布算或有差误。

开方不尽，共有三种记法：

(一)进一位，如 $\sqrt{8000}=89+=90$，

(二)加借算，如 $\sqrt{640}=25\frac{15}{2\times25+1}=25\frac{5}{17}$。此加借算之法，自古已有，只及于开平、立方。秦九韶则扩充而应用于多乘方，如《数书九章》卷六，环田三积方程 $-x^4+15245x^2-626506.25=0$，初商 $x_1=20$ 后，变原式为 $-x_2^4-80x_2^3+12845x_2^2+577800x_2-324506.25=0$，假定此变式根数为 1，故以方、廉、隅各数正负相并为分母，余实为分子，即 $x=20\frac{324506.25}{590564}$ 或 $x=20\frac{1298025}{2362256}$。如所得分数为负数时，则当弃此分数不用，如《数书九章》卷十二，“囤积量容”题，$16x^2+192x-1863.2=0$，$x=6.35-\frac{1.16}{3.9456}=6.35$；又 $36x^2+360x-13068.8=0$，$x=14.7-\frac{2.44}{139.68}=14.7$，所谓“实不及收，就续商。”

(三)退商进求小数，有“进退开除”法，如前所说 $16x^2+192x-1863.2=0$，$x=6.35$；又 $36x^2+360x-13068.8=0$，$x=14.7$。又卷五“均分梯田”$9x^2+5100x-322500=0$，$x=57\frac{853}{2045}=57\frac{41}{100}=57.41$。

$528381x^2+360096600x-18933652500=0$，$x=49\frac{20276319}{412906309}$，$x=49\frac{4.9}{100}=49.049$。在 $16x^2+192x-1863.2=0$ 题，演算次序，先约商 6：

$$
\begin{array}{ll}
16+192-1863.2 & \underline{|6} \\
\quad 96+1728 & \\
\hline
16+288-135.2 & (一变) \\
\quad 96 & \\
\hline
16+384-135.2 & (二变)“方一退,隅再退,续商0.3”。 \\
0.16+38.4-135.2 & \underline{|3} \\
\quad +\ 0.48+116.64 & \\
\hline
0.16+38.88-18.56 & (一变) \\
\quad 0.48 & \\
\hline
0.16+39.36-18.56 & (二变)“方一退,隅再退,续商0.05”。 \\
0.0016+3.936-18.56 & \underline{|5} \\
\quad +0.008+19.72 & \\
\hline
0.0016+3.944+1.16 &
\end{array}
$$

因余实为1.16,即得数 $x=6.35-\frac{1.16}{3.9456}=6.35=6.4$。秦九韶于退商求小数之法,实与和涅氏同具明确的见解。李治《益古演段》(1259年)第二十二问,$-0.96x^2+91x-306.74=0$,$x=3.5$,和朱世杰《四元玉鉴》(1303年)“锁套吞容”第十七问 $135x^2+4608x-138240=0$,$x=19.2$,虽也说小数开方,它的商数还不是奇零不尽;若秦九韶则知求略近值得商至“实不及收”,即最后之小数,算至略大于真数为止,比较李、朱所示,尤为明显。前此贾宪,刘益正负开方术,亦不及此完备。秦书序于淳祐七年(1247年),比鲁飞尼(Rufffini)(1804年)及和涅(1819年)的发明,实先五百余年,他们二人全不知道我们在十三世纪已应用此术。①

秦九韶在《数书九章》卷六,“漂田推积”题:$121x^2-43264=0$,称:“开方不尽,以连枝术入之,用隅(121)乘实(43264)得定实(5234944),以1为定隅。”因原式依正负开方术,开得 $x=18$ 后,得数还未尽,得变式函有实数。现于原式中,令 $x=\frac{y}{n}=\frac{y}{121}$,即先以121乘它根数,得 $y^2-121\times43264=0$,由是得商 $y=2288$,故知原式的根 $x=18\frac{10}{11}$。又卷七“临台测深”题,“开同体连枝平方”,术语夹注称:“同体格先以隅开平方,得数名同隅,以同隅乘定实开之,得数为实,以同隅为法除之,得峻斜(商)。”如:$121x^2-43264=0$,$\sqrt{121}=11$,故于原式中,令 $x=\frac{y}{n}=\frac{y}{11}$,如前先以11乘它的根数,得 $y^2-43264=0$,由是得商为 $y=208$,故知原式的根 $x=18\frac{10}{11}$。这是另一法。其后李治《益古演段》第四十问也说“连枝同体术”,如 $-22.5x^2-648x+23002=0$,平方开之,今不可开,先以隅法22.5乘实23002得517545为实,原从-648依旧为从,-1为益隅,即得 $-y^2-648y+517545=0$,$y=465$,$x=\frac{465}{225}=20\frac{2}{3}$。按秦九韶、李治的连枝同体术,并因知原式开方不尽,故先变原式之根,x 为 $\frac{y}{n}$。其后朱世杰《四元玉鉴》内“端匹互隐”第一问,“和分索隐”第一问的“按连枝同体术求之”,也是如此。若“和分索隐”第十三问的“按之分法

① 参看倪译前书,§56,“和涅之法”,第七四页至第七九页。F. Cajori, *A History of Elementary Mathematics*, p. 240, New York, 1917.

求之”，则先求得大数，次于变式按连枝同体术，令 x_2 为 $\frac{y}{n}$，求它小数。这是“连枝同体术”和“之分法”不同的情形。①

第十九章　秦九韶数理学说

秦九韶《数书九章》共十八卷（1247 年），其中第一、二卷“大衍类”，第三、四卷“天时类”，第五、六卷“田域类”，第七、八卷“测望类”，第九、十卷“赋役类”，第十一、十二卷“钱谷类”，第十三、十四卷“营造类”，第十五、十六卷“军旅类”，第十七、十八卷“市易类”。

各类之中，又分九题。② 原书于《九章算术》：方田、粟米（互易或互换附）、衰分、少广、商功、均输、盈朒（即盈朒）、方程（正负附）、勾股（重差及夕桀附）外，又有大衍、率变、堆积、招法各法。

现分类说述，即在几何方面原书田域类“尖田求积”中，两尖田的面积 x，由

$$-x^4+2(A+B)x^2-(B-A)^2=0,$$

$$A=\left[b^2-\left(\frac{c}{2}\right)^2\right]\times\left(\frac{c}{2}\right)^2,$$

$$B=\left[a^2-\left(\frac{c}{2}\right)^2\right]\times\left(\frac{c}{2}\right)^2$$

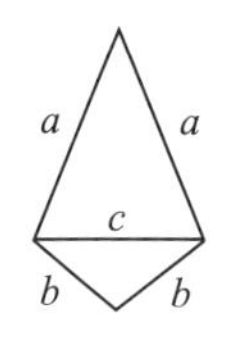

求得。

① 秦九韶：《数书九章》，《宜稼堂丛书》本。李治《益古演段》，《知不足斋丛书》本。朱世杰《四元玉鉴》，《观我生室汇稿》本。

② 参看秦九韶：《数书九章》十八卷，道光壬寅（1842 年），《宜稼堂丛书》本。

“三斜求积”的面积 x^2，由

$$x^4-\frac{1}{4}\left[a^2c^2-\left(\frac{c^2+a^2-b^2}{2}\right)^2\right]=0,$$

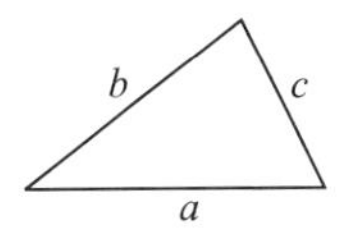

即　$x^2=\sqrt{s(s-a)(s-b)(s-c)}$，

$$s=\frac{a+b+c}{2}$$

求得[①]。

---

① 这是有名的希纶公式，希纶（Heron）是公元50年或200年时人。此式可由勾股定理推算出来，如：$A=\frac{1}{2}ah$

$$b^2-h^2=(a+d)^2$$
$$=a^2+2ad+d^2,$$

又　$h^2=c^2 \qquad -d^2$

则　$b^2=a^2+c^2+2ad$，

$$d=\frac{b^2-a^2-c^2}{2a}。$$

$$h=\sqrt{c^2-d^2}。$$

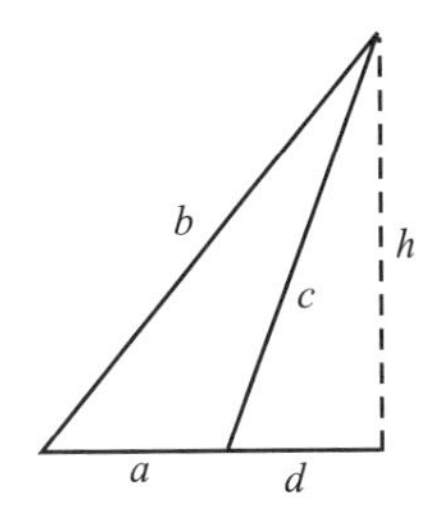

$$A=\frac{1}{2}a\cdot\sqrt{c^2-\frac{(b^2-a^2-c^2)^2}{4a^2}}$$

$$=\frac{1}{2}a\sqrt{\frac{4a^2c^2-(b^2-a^2-c^2)^2}{4a^2}}$$

$$=\frac{1}{4}\sqrt{(2ac-b^2+a^2+c^2)(2ac+b^2-a^2-c^2)}$$

$$=\sqrt{\left(\frac{a+b+c}{2}\right)\left(\frac{a+c-b}{2}\right)\left(\frac{b+c-a}{2}\right)\left(\frac{a+b-c}{2}\right)},$$

$A=\sqrt{s(s-a)(s-b)(s-c)}$，其中　$\frac{a+b+c}{2}=s$，

$$\frac{a+b+c}{2}-a=\frac{b+c-a}{2}=s-a,$$

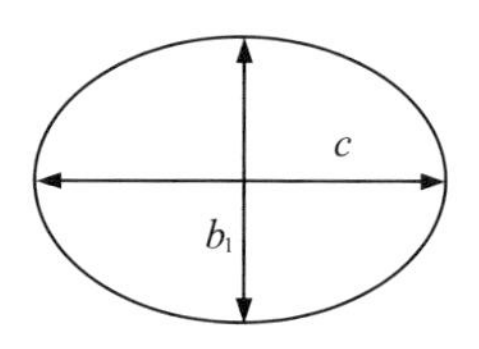

"蕉田求积"内,蕉田的面积 y^2,由

$$4y^4+\left[\left(\frac{c}{2}\right)^2-\left(\frac{b_1}{2}\right)^2\right]\times 2y^2-10\,(c+b_1)^3=0$$

求得。

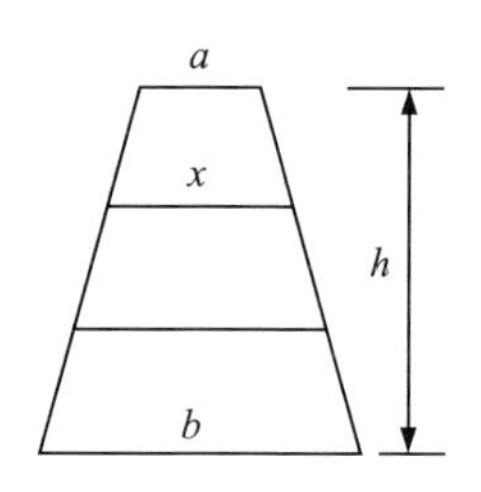

"均分梯田"作为三分,已知 a,b,h,则 x 之值,可由

$$\frac{b-a}{2}\times x^2+ahx-\frac{k}{2}\times h=0,$$

$$k=\frac{1}{3}\times\frac{(a+b)}{2}\times h$$ 求得。

秦九韶《数书九章》(1247 年)第一、二卷"大衍类"说到大衍求一术题问,此项题问是数论内同余式定理的应用。前此《算经十书》中《孙子算经》卷下:"今有物不知其数"题,亦属此类。

《孙子算经》原题称:

> 今有物不知其数,三三数之剩二,五五数之剩三,七七数之剩二,问物几何?答曰:二十三。

(接上页)

$$\frac{a+b+c}{2}-b=\frac{a+c-b}{2}=s-b,$$

$$\frac{a+b+c}{2}-c=\frac{a+b-c}{2}=s-c。$$ (证讫)。

又印度数学家 Baskara(1114 ~ ?)也有三斜求积公式,在秦九韶之前。Baskara 所著的 Lilawati 第二部分有这公式(见 1816 年 Taylor 译本第 76 ~ 77 页)。

他的方法如上图。

(1) $\frac{1}{2}\left[\frac{(b+c)(b-c)}{a}-a\right]=d,$

(2) $h=\sqrt{c^2-d^2},$

(3) $A=\frac{1}{2}ah。$

如用同余式定理符号，可记录成：

$N\equiv2(\mathrm{mod}3)\equiv3(\mathrm{mod}5)\equiv2(\mathrm{mod}7)$，求最小的数值 N。

《孙子算经》原题术文称：

> 术曰：三三数之剩二，置一百四十；五五数之剩三，置六十三；七七数之剩二，置三十；并之，得二百三十三。以二百一十减之，即得。
>
> 凡三三数之剩一，则置七十；五五数之剩一，则置二十一；七七数之剩一，则置十五。一百六以上，以一百五减之，即得。

这说明　$N=2\times70+3\times21+2\times15-2\times105=23$。

综合《孙子算经》此题原题文和术语，又可列式如下：

$$N\equiv R_1(\mathrm{mod}3)\equiv R_2(\mathrm{mod}5)\equiv R_3(\mathrm{mod}7)$$

$$N=70R_1+21R_2+15R_3(\mathrm{mod}105)。$$

《孙子算经》术文内"置七十，…置二十一，…置十五。…"，因

$$70\equiv2\times5\times7=1(\mathrm{mod}3)$$

$$21\equiv3\times7=1(\mathrm{mod}5)$$

$$15\equiv3\times5=1(\mathrm{mod}7)。$$

《孙子算经》原题文和术语还可列成原则，即设 A,B,C 是互质的三个正整数，R_1,R_2,R_3，是分别小于 A,B,C 的三个正整数，

$$N\equiv R_1(\mathrm{mod}A)\equiv R_2(\mathrm{mod}B)\equiv R_3(\mathrm{mod}C)。$$

如可得到 α,β,γ 另三个正整数，可使

$\alpha BC\equiv1(\mathrm{mod}A)$，

$$\beta AC \equiv 1 \pmod{B},$$

$$\gamma AB \equiv 1 \pmod{C}。$$

则 $$N \equiv [R_1 \alpha BC + R_2 \beta AC + R_3 \gamma AB] \pmod{ABC}。$$

这是现代的尤拉(L. Euler,1707~1783)定理。

宋秦九韶(1247年)应用此项定理来计算“上元积年”。

宋秦九韶《数书九章》(1247年)卷一、二“大衍类”,先将数分成“元数”(即整数),“收数”(即小数),“通数”(即分数)和“复数”(即10^n倍整数)等数种。次“两两连环求等”,即先求最大公约数,使诸数互相质素。如$A,B,C,D,\cdots$各“问数”的最小公倍数,是“衍母”θ,而“定数”$A',B',C',D',\cdots$等数的连乘积,亦应成θ。现以各“定数”除“衍母”所得称“衍数”,如$Y_1=\frac{\theta}{A'},Y_2=\frac{\theta}{B'},Y_3=\frac{\theta}{C'}$,次置“诸衍数”($Y_1,Y_2,Y_3,Y_4,\cdots$),各满“定母”($A',B',C',D',\cdots$)去之,不满的数称作“奇”($G_1,G_2,G_3,G_4,\cdots$)。最后用“奇”和“定”用“大衍求一”方法来求“乘率”。它的步骤,又和欧几里得算法(Euclid Algorithm)全相一致。

$$A' = q_1 G_1 + r_1, R_1 = \mu A' - a_1 G_1,$$

其中

$$\mu_1 = 1, a_1 = q_1;$$

$$G_1 = q_2 r_1 + r_2, r_2 = a_2 G_1 - \mu_2 A',$$

$$\mu_2 = q_2, a_2 = q_2 a_1 + 1;$$

$$r_1 = q_3 r_2 + r_3, r_3 = \mu_3 A' - a_3 G_1,$$

$$\mu_3 = q_3 \mu_2 + \mu_1, a_3 = q_3 a_2 + a_1;$$

$$r_2 = q_4 r_3 + r_4, r_4 = a_4 G_1 - \mu_4 A',$$

$$\mu_4 = q_4 \mu_3 + \mu_2, a_4 = q_4 a_3 + a_2;$$

$$r_3=q_5r_4+r_5, r_5=\mu_5A'-a_5G_1,$$

$$\mu_5=q_5\mu_4+\mu_3, a_5=q_5a_4+a_3;$$

…………………………………

$$r_{n-2}=q_nr_{n-1}+r_n, r_n=\mu_nA'-a_nG_1。$$

$$\mu_n=q_n\mu_{n-1}+\mu_{n-2}, a_n=q_na_{n-1}+a_{n-2};$$

$$r_{n-3}=q_{n+1}r_n。$$

因此

$$\alpha G_1=(-1)^nr_n(\bmod \mu_nA'),$$

即

$$\alpha G_2=1(\bmod A')。$$

按欧几里得算法,将 $A'=q_1G_1+r_1$,即 $A'=r_1(\bmod G_1)$ 化为 $r_{n-3}=q_{n+1}r_n$,而秦九韶大衍求一术,则将 $A'=r_1(\bmod G_1)$ 化至 $A'=q_1G_1+r_1, r_1=\mu_1A'-\alpha_1G_1$,而 $\mu_1=1, \alpha_1=q_1$,

$$a\alpha Y_1=a\alpha(B'C'\cdots\cdots),\quad b\beta Y_2=b\beta(A'C'\cdots\cdots),$$

$$c\gamma Y_3=c\gamma(B'C'\cdots\cdots),\quad R=R(A'B'C'\cdots\cdots),$$

故

$$b\beta Y_2=0(\bmod A),\quad c\gamma Y_3=0(\bmod B),$$

$$R=0(\bmod A),\quad a\alpha Y_1=\alpha(\bmod A)。$$

或

$$N=\sum a\alpha Y_1-R=a\alpha Y_1=a(\bmod A),$$

同理

$$N=\sum a\alpha Y_1-R\theta=(a,b,c,\cdots\cdots)(\bmod ABC\cdots\cdots)。$$

依秦九韶法,又可将《孙子》题列成:

$A,B,C,$　　　元数即定母 3,5,7,衍母 $\theta=105$。

$Y_1, Y_2, Y_3,$	衍数	35,21,15,
$G_1, G_2, G_3,$	奇数	2,1,1,
$\alpha, \beta, \gamma,$	乘率	2,1,1,
$\alpha Y_1, \beta Y_2, \gamma Y_3,$	乘数	70,21,15,
$a, b, c,$	余数	2,3,2,
$a\alpha Y_1, b\beta Y_2, c\gamma Y_3,$	用数	140,63,30。

$N=\sum a\alpha Y_1 - R\theta = 23$ 即为所求。和《孙子算经》术文相同。

第二十章　近古数学家小传（五）

32. 刘汝谐　33. 元裕　34. 杨云翼　35. 洞渊
36. 李德载　37. 赡思　38. 彭泽

32. 刘汝谐　平水人。祖颐《四元玉鉴后序》（1303 年）称："平阳蒋周撰《益古》，博陆李文一撰《照瞻》，鹿泉石信道撰《钤经》，平水刘汝谐撰《如积释锁》，绛人元裕细草之，后人始知有天元也。"平水是金时县名，刘汝谐是金人。①

33. 元裕　绛人，曾细草刘汝谐的《如积释锁》。清罗士琳以为元裕是元好问，字裕之，②已由以后《山西通志》批评过，认为不合。

① ［元］脱脱等：《金史》卷二六，志第七，地理下，称："绛州……县八，……绛，平水，［（金）宣宗兴定四年（1220 年）七月，徙置汾河之西，从平阳公胡天作之请也。］"

② ［清］罗士琳：《畴人传》卷四七，第三页至第四页，《观我生室汇稿》本。

和朱世杰撰，罗士琳补草，《四元玉鉴细草》内："松庭先生《四元玉鉴》后序"，内注文，《万有文库》本，《四元玉鉴细草》序第五页，1937 年。

34. 杨云翼(1170～1228)　字之美,金平定乐平人。明昌五年(1194年)进士。大安元年(1209年)张行简荐其材,且精术数,召授提点司天台,俄兼礼部郎中。贞祐三年(1215年)转礼部侍郎。兴定(1217～1221)中司天台不置浑仪,又缺测候人数,金宣宗尝以问云翼。云翼生金大定十年(1170年)。卒金正大五年(1228年)。年五十九。著有《勾股机要》一卷,《象数杂说》等藏在家中。①

35. 洞渊　不详其姓氏里居。李治《测圆海镜序》(1248年)称:"老大以来,得洞渊《九容》之说,日夕玩绎,……遂累一百七十问,既成编,客复目之《测圆海镜》。"②李善兰谓《九容》是"《测圆海镜》二卷中,勾上容圆,股上容圆,弦上容圆,勾股上容圆,勾外容圆,股外容圆,弦外容圆,勾外容半圆,股外容半圆九题"。③

36. 李德载　平阳人。撰《两仪群英集》,兼有地元,见祖颐《四元玉鉴后序》。李治《敬斋古今黈》称:"予至东平,得一《算经》,大概多明如积之术,以十九字志其上下层数曰:仙、明、霄、汉、垒、层、高、上、天;人;地、下、低、减、落、逝、泉、暗、鬼。此盖以人为太极,而以天、地各自为元,而涉降之。"④又元刻本王履道《阴阳备用三元节要》卷下(约1306年),也有"以天、地各自为元"的例子。

37. 赡思(1278～1351)　字得之。其先大食国人。泰定三年

① 《金史》卷二二,志第三,历下;又同书卷一一〇,列传第四八,杨云翼。[明]王圻《三续疑年录》据《遗山集》。[清]金门诏《补三史艺文志》;钱大昕《元史艺文志》。《续文献通考》经籍考艺术类。

② 《测圆海镜序》第一,二页,光绪丙子(1876年),同文馆集珍版本。

③ [清]李善兰:《天算或问》卷一第一页,《则古昔斋算学》一三,同治丁卯(公元1867年)刻本。并参看李俨:《中算史论丛》,第四集,第54页,"洞渊的测圆术"。

④ 《敬斋古今黈》卷之三,第三页,《藕香零拾》本。

(1326年),诏以遗逸,征至上都。天历三年(1330年)召入为应奉翰林文字。至元二年(1336年)拜陕西行台监察御史。至正十年(1350年)召为秘书少监,议治河事。皆辞疾不赴。十一年(1351年)卒于家。年七十四(1278~1351)。赡思邃于经,而易学尤深。至于天文、地理、钟律、算数、水利,旁及外国之书,皆究极之。① 赡思有《河防通议》二卷,今刊入《守山阁丛书》,是辑自《永乐大典》。此书亦“太在元下”。李治《敬斋古今黈》称:“予遍观诸家如积图式,皆以天元在上,乘则升之,除则降之。”赡思亦沿用此制。②

38. 彭泽　李治《敬斋古今黈》称:“独太原彭泽彦材法,立天元在下,凡今之印本《复轨》等俱下置天元者,悉踵彦材法耳。彦材在数学中,亦入域之贤也。”③李治《益古演段》(1259年)也说“元在太下”,是受彭泽的影响。以后郭守敬《授时历草》也说“元在太下”。

---

① 《元史》卷一九〇,列传第七七,儒林二,……赡思。

② [清]顾观光:《九数存古》卷五,第五〇页,及第五一卷,江苏书局校刊,光绪一八年(1892年)。《敬斋古今黈》卷之三,第三页,《藕香零拾》本。

《四库全书》提要称:“《河防通议》二卷,[元]沙克什撰[案沙克什原文作瞻思,今改正]。沙克什,色目人,官至秘书少监,事迹具《元史》本传。”

《河防通议》二卷本,至治初元岁在辛酉(1321年)真定沙克什原序称:“金时都水监有书详载其事,且曰《河防通议》,凡十五门,……愚少尝学算数于真定,壕寨官张祥瑞之授以是书,且曰此监本也,得之于太史若思(郭守敬,1231~1316),复十五年复得汴本……署云朝奉郎尚书屯田员外郎骑都尉沈立撰,愚患二本之得失互见,……因暇日擿而合之为一。……”

《守山阁丛书》本《河防通议》卷上,河议第一,制度第二,料例第三;又卷下,功程第四,输运第五,算法第六。

③ 《敬斋古今黈》卷之三,第三页,第四页,《藕香零拾》本。

第二十一章　近古数学家小传（六）

39. 李治

39. 李治（1192～1279）　亦作李冶，字仁卿，号敬斋，李遹次子。金真定栾城县人，自幼善算。金正大七年（1230年）词赋进士。调高陵主簿未上。从大臣辟，权知河南钧州事。于此特著《泛说》四十卷。壬辰（1232年）正月钧州城溃，微服北渡。在金时和元好问（1190～1257）等相友好。元好问在金大兴二年（1233年）寄耶律楚材信，曾提到："真定李治"（见《遗山先生文集》卷三十九，《四部丛刊》本）。天兴三年（1234年）金亡。李治壬辰北渡后，流落忻崞间。先隐于崞山的桐川。元好问亦在桐川，有"桐川与仁卿饮"一诗，时在淳祐四年（1244年）（见《元遗山诗集》，和清施国祁《元遗山诗集笺注》卷九）。在桐川聚书环堵，得洞渊九容之说，日夕玩绎，戊申（1248年）写成《测圆海镜》十二卷。后由崞到太原，居太原藩府；到平定，居聂珪帅府。辛亥（1251年）家真定元氏县的封龙山，封龙在恒山之阳。李治又和元裕，张德辉相友好。元世祖居潜邸因德辉荐，丁巳（1257年）五月元世祖命召金遗老窦默、李俊民、李治、魏璜于四方（见《元史》卷一四八），召至问以时事，有"王庭问对"。己未（1259年），李治因近世有某者以方圆移补成编，号《益古集》。因再为移补条段，细缁图式，成《益古演段》三卷。中统元年（1260年）元世祖即位，始立翰林院，二年（1261年）八月授以翰林学士（见《元史》卷八十一，元袁桷，《清容居士集》卷十八，和元王恽（1228～1304），《秋涧先生大全文集》卷八十二),期月告老,归隐到封龙山。中统三年(1262 年)李治序金元好问《遗山先生文集》四十卷,即自题封龙山人李治。商挺至元元年(1264 年)入拜参知政事,荐李治等同修辽、金二史。李在封龙山,聚徒讲诵。至元十六年(1279 年)死,年八十八(1192 ~ 1279)。子克修。治病革,告克修说:"《测圆海镜》一书,虽九九小数,吾常精思致力焉,后世必有知者。"著作不关算数的,有《泛说》四十卷,《古今黈》四十卷,《文集》四十卷,《壁书丛削》十二卷。①

① 参考文献:

(1)《金史》,北京图书馆藏元至正刊本,百衲本《二十四史》本。

(2)《大金国志》卷二十八,钞本。

(3)《元史》卷八十一,卷一百四十八董俊传;卷一百六十李治传;卷一百五十九商挺传;卷一百六十三张德辉传。北京图书馆藏明洪武刊本,百衲本《二十四史》本。

(4)柯劭忞:《新元史》卷一百七十一。

(5)[金]元好问:《翰苑英华中州集》卷五,《四部丛刊》本。

(6)[金]元好问:《遗山文集》四十卷内,卷一,卷九,卷十三,卷十七(寄庵先生纂碑记),卷三十九,《四部丛刊》本。

(7)《元遗山诗集》,中统本,

[清]施国祁:《元遗山诗集笺注》卷一,卷四,卷九(桐川与仁卿饮),卷十,卷十三,康熙庚寅(1710 年)本。

(8)元《遗山先生全集》,重刊本。

(9)[元]苏天爵:《国朝名臣事略》卷五,卷十,卷十二、十三、十四,前南京江苏省立国学图书馆藏沈(子培)氏海日楼藏元元统乙亥,金氏勤有书堂刊本,和上海涵芬楼藏黄丕烈校旧钞本。

(10)[元]苏天爵:《国朝文类》七十卷内卷三,卷四,卷八,卷十六,卷三十二,卷三十七,《四部丛刊》本。

(11)[元]袁桷:《清容居士集》卷十八,《四部丛刊》本。

(12)[元]王若虚:《滹南遗志集》,《四部丛刊》本。

(13)[元]张之翰:《西岩集》卷八,《四库全书珍本初集》本。

(14)[元]安熙:《安默庵文集·封龙十咏序》。

(15)[元]王浑:《秋涧先生文集》卷三,卷六十九(史天泽传),卷八十二(中堂记事记),国学图书馆藏明宏治戊午翻元刊本,《四部丛刊》本。

(16)李治:《敬斋古今黈》八卷本,武英殿聚珍版本,文澜阁《四库全书》本。

第二十二章　天元术

天元术以天元一的“元”字代未知数。或以太极的“太”，记绝对项，写在系数之旁，因而说明多次方程各项的地位。它的源流据祖颐《四元玉鉴后序》称：“平阳蒋周撰《益古》，博陆李文一撰《照胆》，鹿泉石信道撰《钤经》，平水刘汝谐撰《如积释锁》，绛人元裕细草之，后人始知有天元也。”其法李治《测圆海镜》（1248 年）言之独详，如：

（接上页）

(17) 李治：《敬斋古今黈》十二卷本，缪刻《藕香零拾》本。

附录：

事迹。

王庭问对。

门生集贤焦公（养直）撰：文集序。

王文忠公撰：书院记。

太常徐公撰：四贤堂记。

敬斋：泛说。

(18) [明] 杨士奇：《文渊阁书目》卷十四。

(19) [明] 王圻：《续文献通考》引《栾城县志》卷四。

(20) [明] 吴元善：《圣门志》卷一上（1624 年）。

(21)《栾城县志》，卷二，卷四，清康熙二十二年（1683 年）本。

(22) [清] 卢文昭：《辽金元艺文志》。

(23) [清] 施国祁：《礼耕堂丛说》，缪刊本。

(24) [清] 沈涛：《常山贞石志》二十四卷内（故知中山府事王善神道碑），光绪二十年（1894 年）本。《京畿金石考》引同。

(25)《畿辅通志》卷一四五，一四六，清雍正十一年（1733 年）本。

(26) [清] 曾国荃：《山西通志》卷九十六，光绪十八年（1892 年）本。

(27)《元氏县志》卷十一，光绪十年（1884 年）本。

(28) [金] 李治（1192～1279）：《测圆海镜》十二卷（1248 年）。

(29) [金] 李治：《益古演段》三卷（1259 年）。

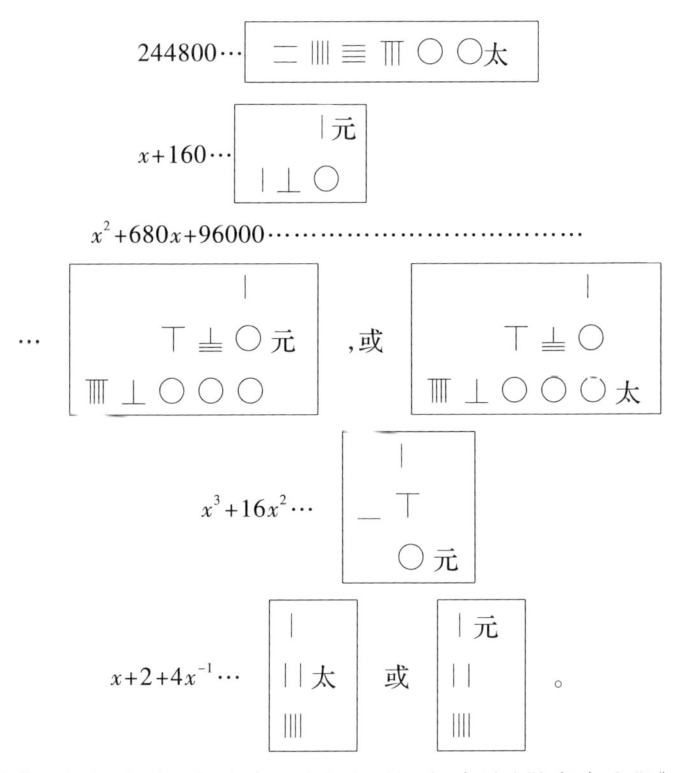

这称作“太在元下”,但亦有“元在太下”,如李治《敬斋古今黈》称:“独太原彭泽彦材法,立天元在下。凡今之印本《复轨》等,俱下置天元者,悉踵彦材法耳。”以后郭守敬《授时历草》亦“元在太下”。

第二十三章　李治数理学说

(一)李治天元一术

李治《测圆海镜》《益古演段》于“天元”一术说得十分详细。

法以常数(constant)为“太极”,旁记“太”字,未知数一次(x)称“天元”,旁记“元”字。《测圆海镜》中太在元下,即“元下必太,太上必元,故有元字不记太字,有太字不记元字。元上一层则元自乘数,又上一层则元再乘数,凡上一层则增一乘。太下一层则元除太数,又下一层则元再除太数,凡下一层则增一除。”①

如:

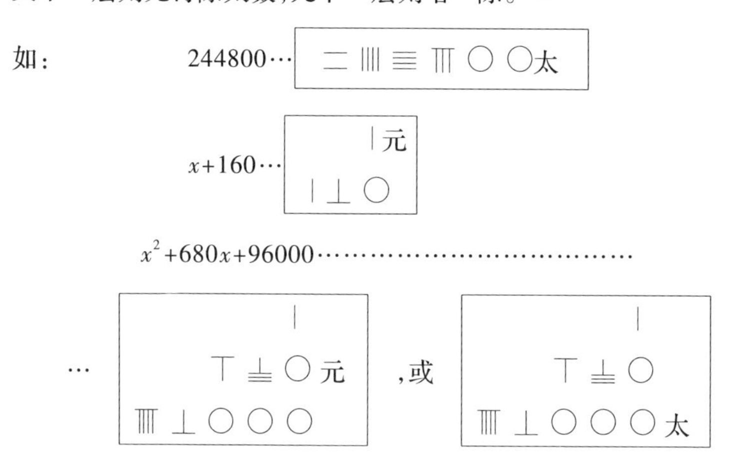

(二)李治正负开方术

李治筹位也应用〇号,即:

	0,	1,	2,	3,	4,	5,	6,	7,	8,	9
纵者为:	〇,	𝍠,	𝍡,	𝍢,	𝍣,	𝍤,	𝍥,	𝍦,	𝍧,	𝍨
横者为:	〇,	𝍩,	𝍪,	𝍫,	𝍬,	𝍭,	𝍮,	𝍯,	𝍰,	𝍱

李氏论正负开方,至多者为五乘方,即六次方程式,其自平方至五

① 《测圆海镜》卷二,第九页,李锐案语,同文馆集珍版,光绪丙子(1876年)。

乘方各数应列之地位，如：

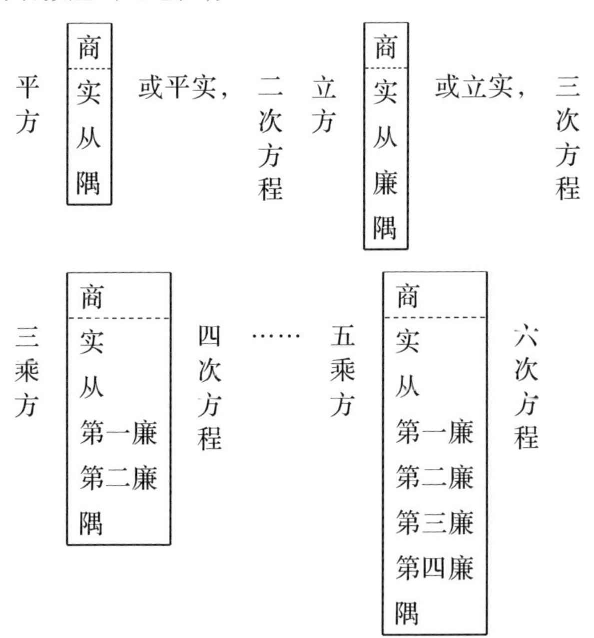

其中《测圆海镜》实无论正负并称实，或于平方之实称平实，立方之实称立实，三乘方之实，称三乘方实。从之正者称从或从方；为负者称益从、益方或虚从。廉之正者称廉，第一廉，或从廉；为负者称益廉，或第一益廉；余廉同此。隅之正者称隅，隅法，常法；为负者称益隅，虚隅，虚法，虚常法。《益古演段》仅言平方，列位亦"下法上实"，实无论正负并称实，正从称从，负从称益从或虚从。正隅称常法或隅法，负隅称益隅，虚隅，虚常法。而旧术中从称从法，隅称为廉；又二次方程式 $ax^2-bx+c=0$ 或 $-ax^2+bx-c=0$，时称为减从，此外隅之在平方者亦称平隅。

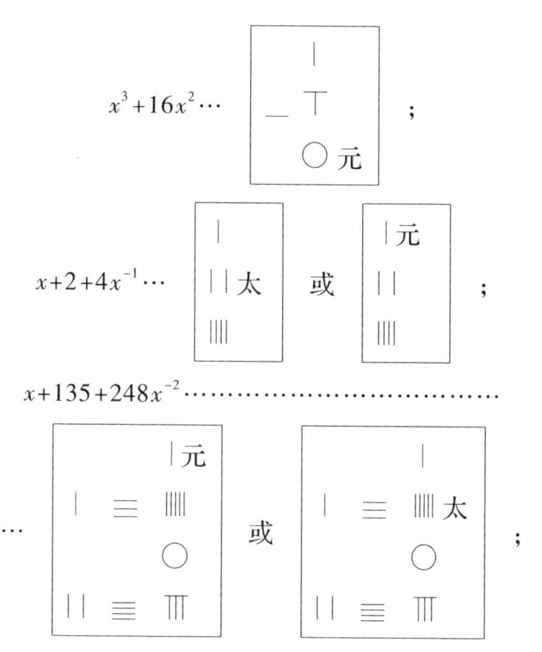

李治遍观诸家如积图式，都以天元在上，乘则升之，除则降之。其后《益古演段》元太次序，除第十一问别纸所记一题外，都反《测圆海镜》的例，“元在太下”，则受彭泽之影响，故

$x+160$⋯　丨 ⊥ ○ 太
　　　　　　　丨　，

宋元后期作品，都照此例。

“《测圆海镜》不言正负，而邪画以标异数，……李尚之(锐)云(《益古演段》)第五十四问，五十七问，条段图，虚积及应减处并以红色为志，知当时算式亦必以红黑为别，而传写者改去也。”①李锐

① ［清］焦循：《天元一释》上，第九页，著易堂仿聚珍版印本。

又以《益古演段》元本算式正负无别为证。① 兹为下文便利起见，假定其已知负算以斜画为记，如-3 或𝍬。

而变式有益积、倒积、翻法或翻之别。其中益积并“益在积”，与秦九韶之投胎相同，与杨辉之益积或益隅又复有别。如《测圆海镜》明叀前第一问，$-x^2+204x+8640=0$，$x=240$。

又，$-x^2+102x+2160=0$，$x=120$。均称“益积”开平方。

大和第四问，$4x^3-2640x^2+264960x+6156000=0$，$x=150$。

明叀前第二问，$-x^4+8640x^2+652320x+4665600=0$，$x=120$。

又$-2x^4+604x^3+17280x^2-8553244x+401067842=0$，$x=289$ 亦是此例。另外倒积、翻法意义又相同，如“三事和第八问”，$-4x^2+1600x-81600=0$，法中称：“翻开之得半大弦三百四十”，草中称：“倒积开得三百四十。”杨辉称为翻积，而草中亦有“乃命翻法”之语。李冶说翻法，或“翻在实”，如《测圆海镜》

底勾第五问，$x^2-170x+6000=0$，$x=120$；

明叀前第三问，$x^2-144x+2880=0$，$x=120$；

三事和第八问，$-4x^2+1600x-81600=0$，$x=340$；

大股第九问，$x^3-1200x^2+213600x-10080000=0$，$x=120$；

底勾第五问，$x^3-140x^2+900x+180000=0$，$x=120$；

大股第十二问，$0.5x^3-1200x^2+427200x-40320000=0$，$x=240$；

大勾第八问，$-2x^2-736x-61440=0$，$x=240$；

明叀前第十问，$63x^4-15792x^3+1336328x^2-46428480x+$

$$+553190400=0,\ x=120;$$

则与秦九韶之换骨相同，亦有“翻在从”的，亦称翻法，如《测圆海

① 《益古演段》卷上，第二页，《知不足斋丛书》本。

镜》

明叀前第四问，$-x^2+60x+7200=0$，$x=120$；

杂糅第四问，$-8x^2+448x+61440=0$，$x=120$；

明叀后第九问，$400x^2-1280x-81920=0$，$x=16$；

杂糅第十七问，$-4x^4-600x^3-22500x^2+11681280x+$

$$+768486400=0,x=120。$$

另有“倒积倒从开平方”方法，如《益古演段》

第二十四问，$1.75x^2-108x+1449=0$，$x=42$，

倒积倒从开平方，初商 40 后，变式得 $1.75y^2+32y-71=0$，从、实符号适和原式相反，这也和秦氏的换骨相类。

（三）李治圆城图式，名义

《测圆海镜》十二卷，“以勾股容圆为题，自圆心圆外纵横取之，得大小十五形，皆无奇零。”①如通△天地乾，天地为通弦，天乾为通股，乾地为通勾，而所取之勾股弦，并为 $8^2+15^2=17^2$ 之倍数，如通弦$=40\times17$，通股$=40\times15$，通勾$=40\times8$。所得十五形正数，为：

弦，c，勾，a，股，b，

大或通△天地乾 680，320，600，

边△天川西 544，256，480，

底△日地北 425，200，375，

黄广△天山金 510，240，450，

① 《四库全书提要》，《测圆海镜》条。

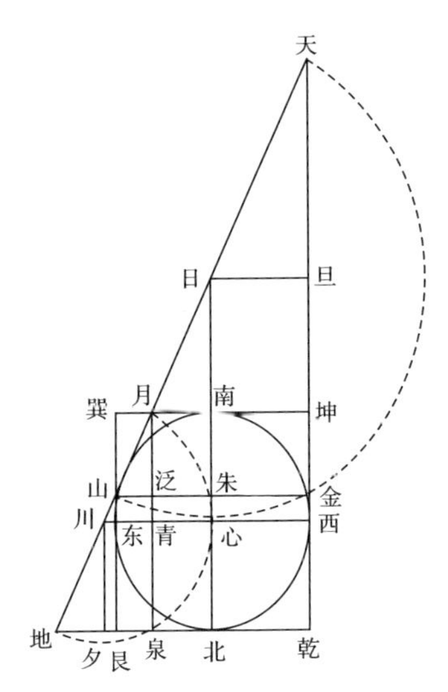

黄长△月地泉 272,128,240,

上高△天日旦 255,120,225,

下高△日山朱 255,120,225,

上平△月川青 136,64,120,

下平△川地夕 136,64,120,

大差△天月坤 408,192,260,

小差△山地艮 170,80,150,

(皇)极△日川心 289,136,255,

(太)虚△月山泛 102,48,90,

明△日月南 153,72,135,

叀△山川东 34,16,30。

释名:

勾 $=a$,股 $=b$,弦 $=c$。

黄 = 黄方 = 内容圆径 = 圆 $=2r$。

勾股和 = 和 $=a+b=$ 弦黄和 $=(a+b-c)+c$。

勾股较 = 较 = 差 = 中差 $=b-a=$ 双差较 $=(c-d)-(c-b)$。

勾弦和 $=a+c$。

勾弦较 = 大差 $=c-a$

= 股黄较 = 股黄差

$=b-(a+b-c)$。

股弦和 $=b+c$。

股弦较 = 小差 $=c-b=$ 勾黄较

= 勾黄差 $=a-(a+b-c)$。

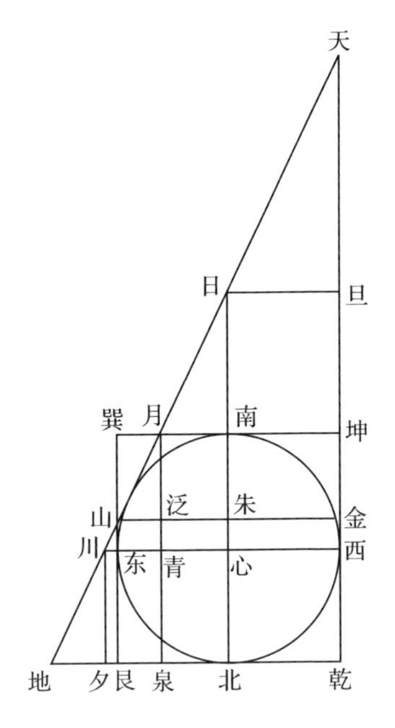

双差=大差+小差。

弦较和=$(c)+(b-a)$

=股较和=$b+(c-a)$

=勾和较=$(b+c)-a$。

弦较较=$c-(b-a)$=股和较=$(c+a)-b$

=勾较和=$(c-b)+a$。

弦和和=总和=三事和=$a+b+c$=勾和和=$(b+c)+a$

=股和和=$(a+c)+b$。

弦和较=黄=黄方=圆径=$a+b-c$

=勾较较=$a-(c-b)$=股较较=$b-(c-a)$。

杂率：

角差=远差=(上或下)高 b-(上或下)平 a

=高$(b-a)$+平$(b-a)$

=明$(a+b)$-叀$(a+b)$=通$(b-a)$-极$(b-a)$

=极$(b-a)$+虚$(b-a)$。

次差=近差=戾(音列)差=明$(b-a)$+叀$(b-a)$

=明$(c-a)$-叀$(c-b)$。

混同和=小差 b+大差 $a=2r$ 十虚 c。

傍差=明$(b-a)$-叀$(b-a)$=高$(b-a)$-平$(b-a)$

=极$(c-a)$+极$(c-b)$-虚$(a+b)$=极 $c-2r$。

葌(音剉)差=虚$(b-a)$-傍差=大差$(b-a)$-角差

=极$(b-a)-2$ 平$(b-a)$=次差-小差$(b-a)$

=明 b+叀 $a-2$ 明 a。

葌和=虚$(b-a)$+傍差。

如积：

半段(圆)径幂=大差 b×小差 a=大差 a×小差 b

=虚 b×通 a=虚 a×通 b。

(圆)径幂=黄广 b×黄长 a。

半径幂=高 b×平 a=(明 c 十明 b)×(叀 c+叀 a)。

=(明 c 十明 a)×(叀 c+叀 b)。

皇极积=高 c×平 c。

太虚积=2 明 a×叀 b=明 b×叀 b。

(四)李治天元一术的应用

兹录《测圆海镜》卷七"明叀前第二问"一题,以见天元一术的应用,和他对于几何的知识。题曰:

"或问丙出南门直行一百三十五步而立,甲出东门直行一十六步见之,问(径几里),答曰:(城径二百四十步)。

此即有叀勾,有明股求圆径。如"圆城图式"有川东,有日南,求东西径。

草曰:立天元一为皇极上股弦差。即东行步上斜也。亦谓叀弦。

令 x=皇极上股弦差。

=极($c-b$)

=日川-日心

=山川=叀 c。

以天元加二行差,得

,

即明弦也。此即皇极弦上勾弦差也。

二行差=日南-川东

=日心-川心。

x+二行差=山川+日心-川心

=日川-川心

=极($c-a$),皇极上勾弦差,

以天元乘之，又倍之，得：

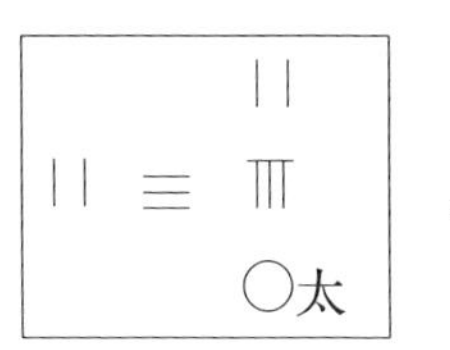

即皇极内黄方幂也泛寄。

置皇极弦上勾弦差，以东行步乘之，得：

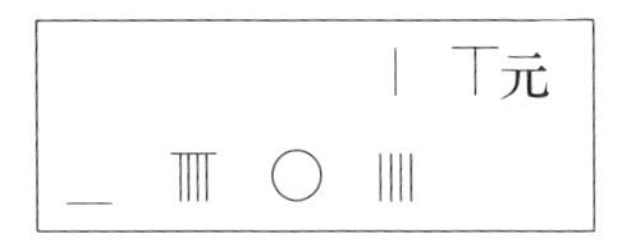

以天元除之，得下：

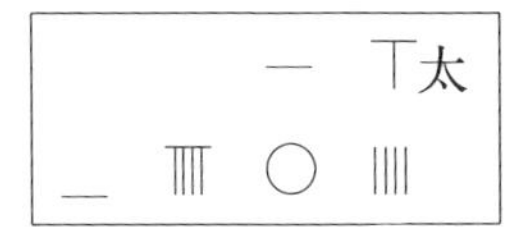

为明勾也。

又置天元，以南行乘之，得：

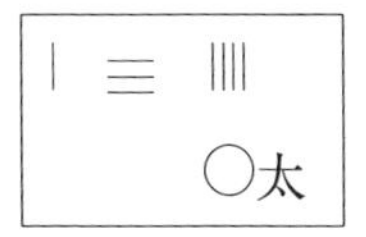

合用明弦除，不除，寄为母，便以此叀股于上寄明弦母。

$=$日月$=x+119$（明弦）。

$2x(x+119)$

$=2$极$(c-b)\times$极$(c-a)$

$=$极$[2c^2-2(a+b)c+2ab]$

$=\overline{\text{极}(a+b-c)^2}$，极黄方幂。

$=2x^2+238x$（泛寄）。

因$\triangle_s$日月南，山川东为相似，

故$\dfrac{\text{日月}[=\text{极}(c-a)]\times\text{川东}}{\text{山川}}$

$=$月南，

即$\dfrac{(x+119)\times16}{x}$

$=16+1904x^{-1}$（明勾）。

又因$\triangle_s$日月南，山川东为相似，

故$\dfrac{\text{山川}\times\text{日南}}{\text{日月}}=$山东，

即$\dfrac{x\times135}{x+119}=135\times x\times\dfrac{1}{x+119}$

（叀股）。

而$\dfrac{1}{x+119}$为寄母。

乃再置明勾，以明弦乘之，得：

```
            一 丅
      三 Ⅲ 〇 Ⅲ 太
二 || ⊥ |||| ⊥ 丅
```
，

亦为带分明勾，加入上位，得：

```
         | ☰ |
      三 Ⅲ 〇 Ⅲ 太
二 || ⊥ |||| ⊥ 丅
```
，

即是一个虚弦也。

《测圆海镜》第一卷“识别杂记”中“诸弦”称：“太虚弦内减吏股，即明勾。”即山月－山东＝月南。盖因自心作直垂心中，则△日中心＝△日朱山。即山月－山东＝山月－中山＝月中＝月南也。故山月＝月南+山东

$$=(16+1904x^{-1})+\frac{135}{x+119}$$

$$=\frac{(16+1904x^{-1})(x+119)+135}{x+119}$$

$$=\frac{151x+3808+226576x^{-1}}{x+119}\text{（太虚弦）。}$$

以自增乘得下式：

```
                 || 二 Ⅲ 〇 |
          | 一 |||| 〇 〇 一 丅 元
       ⊥ || ≟ || ⊥ Ⅲ 一 丅
  一 Ⅱ 二 |||| ⊥ 〇 二 Ⅲ 一 丅
|||| 一 ||| 三 丅 ⊥ Ⅲ 三 Ⅱ ⊥ 丅
```
”

以太虚弦自乘之，其

$$(151x+3808+226576x^{-1})^2$$
$$=22801x^2+1150016x$$
$$+82926816$$
$$+1725602816x^{-1}$$
$$+51336683776x^{-2}$$

为太虚弦分子之自乘幂。因称为一段虚弦幂。

尚有分母之明弦自乘幂 $(x+119)^2$ 另置之。

“然后置明弦以自之，得：

《测圆海镜》第一卷“识别杂记”中“诸弦”称：“太虚弦加入极弦

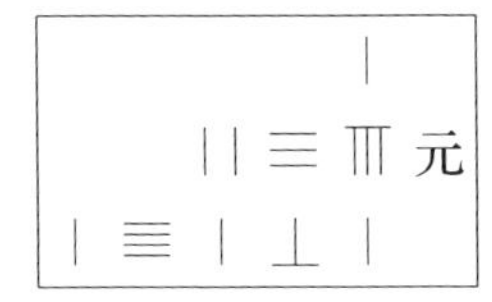

为明弦幂，以乘泛寄，得：

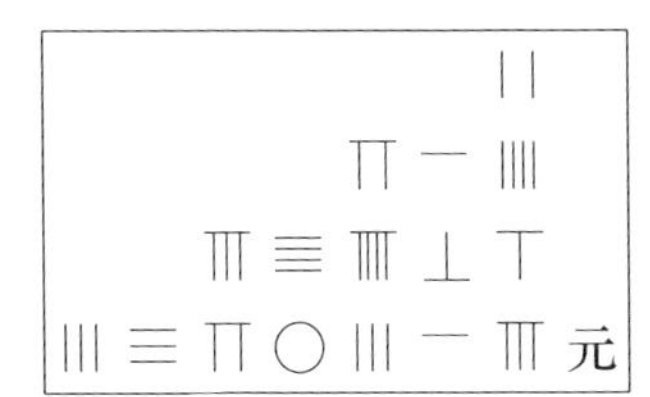

为同数。

与左相消，得下式：

为极和"，即极黄方＝虚弦。因日心＋川心－日川＝日心＋山川＋山月－（日心＋山川）＝山月。

故　虚弦幂＝极黄方幂。

即　一段虚弦幂＝明弦幂×极黄方幂。

故明弦幂$(x+119)^2=x^2+238x+14161$，乘泛寄极黄方幂$(2x^2+238x)$，得$(x^2+238x+14161)(2x^2+238x)=2x^4+714x^3+84966x^2+3370318x$为一段虚弦幂的同数。

为同数，即：$22801x^2+1150016x+82926816+1725602816x^{-1}+51336683776x^{-2}=2x^4+714x^3+84966x^2+3370318x$。

与左相消，即：

$-2x^4-714x^3-84966x^2$

$+22801x^2-3370318x$

$+1150016x+82926816$

$+1725602816x^{-1}$

$+51336683776x^{-2}=0$，

或$-2x^4-714x^3-62165x^2$

$-2220302x+82926816$

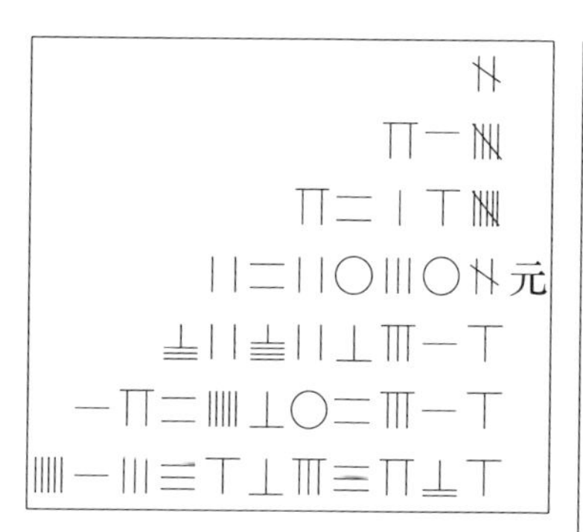

$+1725602816x^{-1}$

$+51336683776x^{-2}=0$。

$\therefore \quad x=34=$ 叀 c,

$16=$ 叀 a。

开五乘方得三十四步,为东行上斜步也。即叀弦。其东行步得⊥,即叀勾也。

勾弦各自为幂,以相减余九百步,开方得三十步,即叀股也。

即各得此数,乃以股外容圆半法,求圆径得二百四十步,即城径也,合问。”①

而叀 $b=\sqrt{34^2-16^2}=30$(叀股)。

股外容圆半法,见《测圆海镜》卷二,“正率一十四问”之第十,“法曰:……以勾股相乘,倍之,为实,以小差为法。”

即 $\dfrac{2\times16\times30}{34-30}=240$。

兹再录《益古演段》卷中第二十三问一题,以见如积,相消之义,题曰:

“今有圆方田各为段,共计积一千三百七步半,只云方面大如圆径一十步。圆依密率,问面径各多少。答曰:方面三十一步;圆

① 《测圆海镜》卷第七,第一页及第八页,同文馆集珍版本。

径二十一步。

法曰：立天元一为圆径，加一十步，得

今　x=圆径=D，

$x+10$=方面。

为方面，以自之，得：

$(x+10)^2=x^2+20x+100$

（方田积）。

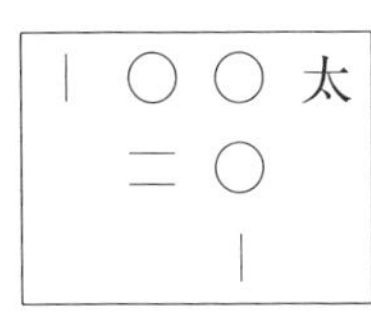

为方田积，以十四之，得下式：

$14(x^2+20x+100)=14x^2+280x+1400$（十四段方田积）。

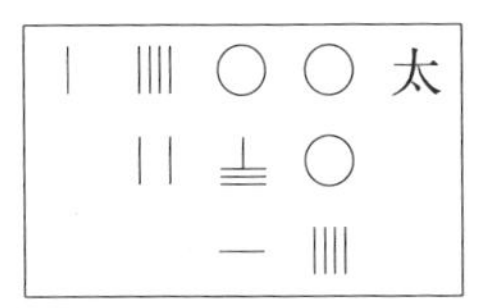

为十四段方田积，于头。

又立天元圆径，以自乘为幂，又以十一之，得

x^2=圆径幂，

$11x^2=11x^2$（十四段圆田积）。

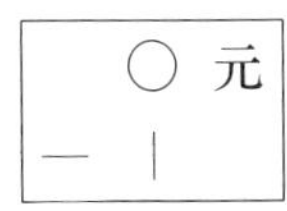

便为十四段圆田积。依密率，合以径自乘又十一之，如十四而一。今以十一乘，不受除，故就为十四分母也。

因密率　$\pi=\frac{22}{7}$，

圆田积$=\frac{11}{14}D^2$。

一段圆田积，应有分母14，十四段圆田积，便无分母。

以并入头位，得：

$14x^2+280x+1400+11x^2$

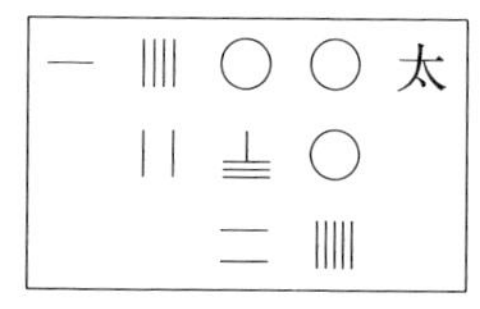

$=25x^2+280x+1400$（十四段如积）。

为十四段如积，寄左。

然后列真积一千三百七步半，就分十四之，得一万八千三百五步，与左相消，得：

$14\times1307\frac{1}{2}=18305$，与左相消：

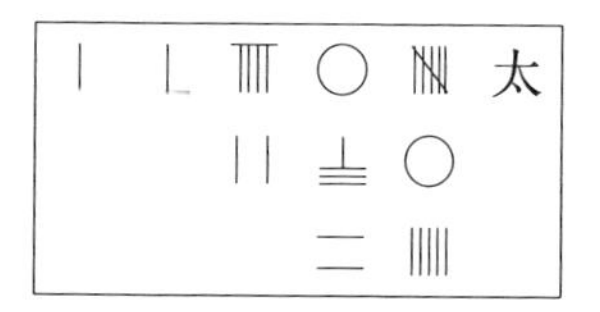

$25x^2+280x+1400=18305$，

$25x^2+280x+1400-18305=0$，

$25x^2+280x-16905=0$，

$x=21$，（圆径）

$x+10=31$。（方田）

开平方除之，得二十一步，为密率径也，加不及步，为方田也。依条段求之，十四之积步于上，内减十四段不及步幂为实，二十八之不及步为从，二十五常法，义曰：将此十四个方幂之式，只作一个方幂求之，自见隅从也。”①

换言之，即：$25x^2+2\times14\times10x$

$-\left(14\times1307\frac{1}{2}-14\times10^2\right)$

$=0$。

如图14方面积 $=14(x+10)^2$

$=14x^2$（十四径方积）

$+14\times10x$（十四之从）

$+14\times10x$（十四之从）

$+14\times10^2$（此系十四段不及步幂应与左相减，故书减为志。）

① 《益古演段》卷中第一页及第二页，《知不足斋丛书》本。

总十四方面积

十四之从	十四径方积
减	十四之从

十四圆积令为十一径方积

$14(x+10)^2$

$14\times10x$	$14x^2=14D^2$
14×10^2	$14\times10x$

$14\times\frac{11}{14}D^2$ $=11D^2$ $=11x^2$

又 14 圆积 $=14\times\frac{11}{14}D^2=11x^2$（为十一径方积）。如题意，故以“十四径方积”（$14x^2$），加“十一径方积”（$11x^2$），得 25 为 x^2 之系数，又以两倍“十四之从”得 2×14 的不及步（10），即 $2\times14\times10$ 为 x 的系数。而 14 的总积内减 14×10^2 即 $14\times1307\frac{1}{2}-14\times10^2$ 为实。

第二十四章　近古数学家小传(七)

40. 杨辉　41. 丁易东

40. 杨辉　字谦光,钱塘人。景定辛酉(1261 年)作《详解九章算法》,后附《纂类》,总十二卷。现在所传者,不是全本。[1] 又《详解算法》若干卷,说明乘除,九归,飞归。景定壬戌(1262 年)作《日用算法》二卷,以明乘除,为初学用,编诗括十有三首,立图草六十六问,永嘉陈几先为之题跋。[2] 咸淳甲戌(1274 年)作《乘除通变本末》三卷:上中卷《乘除通变算宝》为辉自撰,下卷《法算取用本末》和史仲荣合撰。德祐乙亥(1275 年)作《田亩比类乘除捷法》二卷。是年冬因刘碧涧,丘虚谷及旧刊遗忘之文,而作《续古摘奇算法》二卷。以上七卷称为《杨辉算法》。洪武戊午(1378 年)古杭勤德书

---

① 《宜稼堂丛书》本《详解九章算法》存商功第五,均输第六,盈不足第七,方程第八,勾股第九,凡五章。脱去方田第一,粟米第二,衰分第三,少广第四,凡四章。所存者不循旧次,宋景昌亦未为之排比。若从《永乐大典》卷一六三四四,尚可辑出少广第四,一章。李俨藏有影摄本《永乐大典》卷一六三四三至一六三四四,十翰,算法一四至一五,由法人伯希和寄赠,原书藏英剑桥大学。参看李俨:《永乐大典算书考》,《图书馆学季刊》,第二卷,第二期。

② 其序跋及最题,载入李俨所藏《诸家算法》中,为莫友芝(1811 ~ 1871 年)子绳孙旧藏本。《永乐大典》卷一六三四三,第一九页至第二一页,又引一题为《诸家算法》所未记。

现在杨辉《详解算法》内各处未见过的六个题问,和杨辉《日用算法》内序文,和十题问,已经收集在李俨《中算史论丛》第二集,第 60 ~ 72 页,"宋杨辉算书考"之内。

堂新刊行世。①

41. 丁易东　宋时人,著《大衍索隐》三卷,曾介绍纵横图,其中卷中:"洛书四十九得大衍五十数图",和杨辉的"攒九图"相似,其中卷下:"九宫八卦综成七十二数合洛书图",和杨辉的"连环图"相似。

第二十五章　杨辉数理学说

(一)纵横图

宋杨辉,《续古摘奇算法》上卷,载有纵横图(包括 magic squares 和 magic circles),由洛书数到连环图首先说明做法,奇行以洛书为例,如耦行以"花十六阴图"为例,如:

① 北京北海,北京图书馆有杨守敬旧藏朝鲜刻本《杨辉算法》。《杨辉算法》,日本东京共有三部:一在内宫省,一在内阁文库,一在大塚高等师范学校。

[宋]杨辉《详解九章算法》附《纂类》(一)(二),另附宋景昌,《详解九章算法札记》。

又《田亩比类乘除捷法》卷上,卷下,《算法通变本末》卷上,《乘除通变算宝》卷中,《法算取用本末》卷下,《续古摘奇算法》另附宋景昌《杨辉算法札记》,《宜稼堂丛书》(1842)有印本。商务印书馆《丛书集成初编》有据《宜稼堂丛书》排印本(1936,1937,1939)。

又钱泰吉:《曝书杂记》卷下称:"对《杨辉算法》有札记",现在还未看到。

洛书

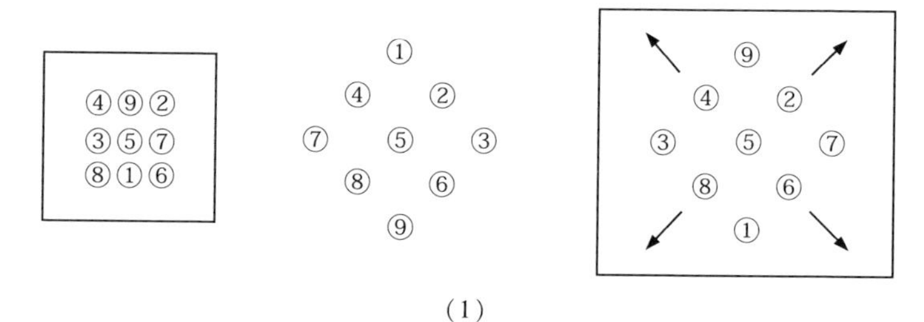

(1)

“九子斜排　上下对易　左右相更　四维挺出
戴九履一　左三右七　二四为肩　六八为足”

13	9	5	1
14	10	6	2
15	11	7	3
16	12	8	4

“易换术曰：以十六子依次递作四行排列。先以外四角对换；一换十六，四换十三。后以内四角对换；六换十一，七换十。横直上下斜角，皆三十四数。对换止可施之于小。”

2	16	13	3
11	5	8	10
7	9	12	6
14	4	1	15

(2)花十六图

4	9	5	16
14	7	11	2
15	6	10	3
1	12	8	13

(3)花十六阴图

1	23	16	4	21
15	14	7	18	11
24	17	13	9	2
20	8	19	12	6
5	3	10	22	25

(4)五五图

12	27	33	23	10
28	18	13	26	20
11	25	21	17	31
22	16	29	24	14
32	19	9	15	30

或

4	19	25	15	2
20	10	5	18	12
3	17	13	9	23
14	8	21	16	6
24	11	1	7	22

(5)五五阴图

13	22	18	27	11	20
31	4	36	9	29	2
12	21	14	23	16	25
30	3	5	32	34	7
17	26	10	19	15	24
8	35	28	1	6	33

(6)六六图

4	13	36	27	29	2
22	31	18	9	11	20
3	21	23	32	25	7
30	12	5	14	16	34
17	26	19	28	6	15
35	8	10	1	24	33

(7)六六阴图

46	8	16	20	29	7	49
3	40	35	36	18	41	2
44	12	33	23	19	38	6
28	26	11	25	39	24	22
5	37	31	27	17	13	45
48	9	15	14	32	10	47
1	43	34	30	21	42	4

(8)衍数图

4	43	40	49	16	21	2
44	8	33	9	36	15	30
38	19	26	11	27	22	32
3	13	5	25	45	37	47
18	28	23	39	24	31	12
20	35	14	41	17	42	6
48	29	34	1	10	7	46

(9)衍数阴图

61	4	3	62	2	63	64	1
52	13	14	51	15	50	49	16
45	20	19	46	18	47	48	17
36	29	30	35	31	34	33	32
5	60	59	6	58	7	8	57
12	53	54	11	55	10	9	56
21	44	43	22	42	23	24	41
28	37	38	27	39	26	25	40

(10)易数图

61	3	2	64	57	7	6	60
12	54	55	9	16	50	51	13
20	46	47	17	24	42	43	21
37	27	26	40	33	31	30	36
29	35	34	32	25	39	38	28
44	22	23	41	48	18	19	45
52	14	15	49	56	10	11	53
5	59	58	8	1	63	62	4

(11)易数阴图

31	76	13	36	81	18	29	74	11
22	40	58	27	45	63	20	38	56
67	4	49	72	9	54	65	2	47
30	75	12	32	77	14	34	79	16
21	39	57	23	41	59	25	43	61
66	3	48	68	5	50	70	7	52
35	80	17	28	73	10	33	78	15
26	44	62	19	37	55	24	42	60
71	8	53	64	1	46	69	6	51

(12)九九图

1	20	21	40	41	60	61	80	81	100
99	82	79	62	59	42	39	22	19	2
3	18	23	38	43	58	63	78	83	98
97	84	77	64	57	44	37	24	17	4
5	16	25	36	45	56	65	76	85	96
95	86	75	66	55	46	35	26	15	6
14	7	34	27	54	47	74	67	94	87
88	93	68	73	48	53	28	33	8	13
12	9	32	29	52	49	72	69	92	89
91	60	71	70	51	50	31	30	11	10

(13)百子图

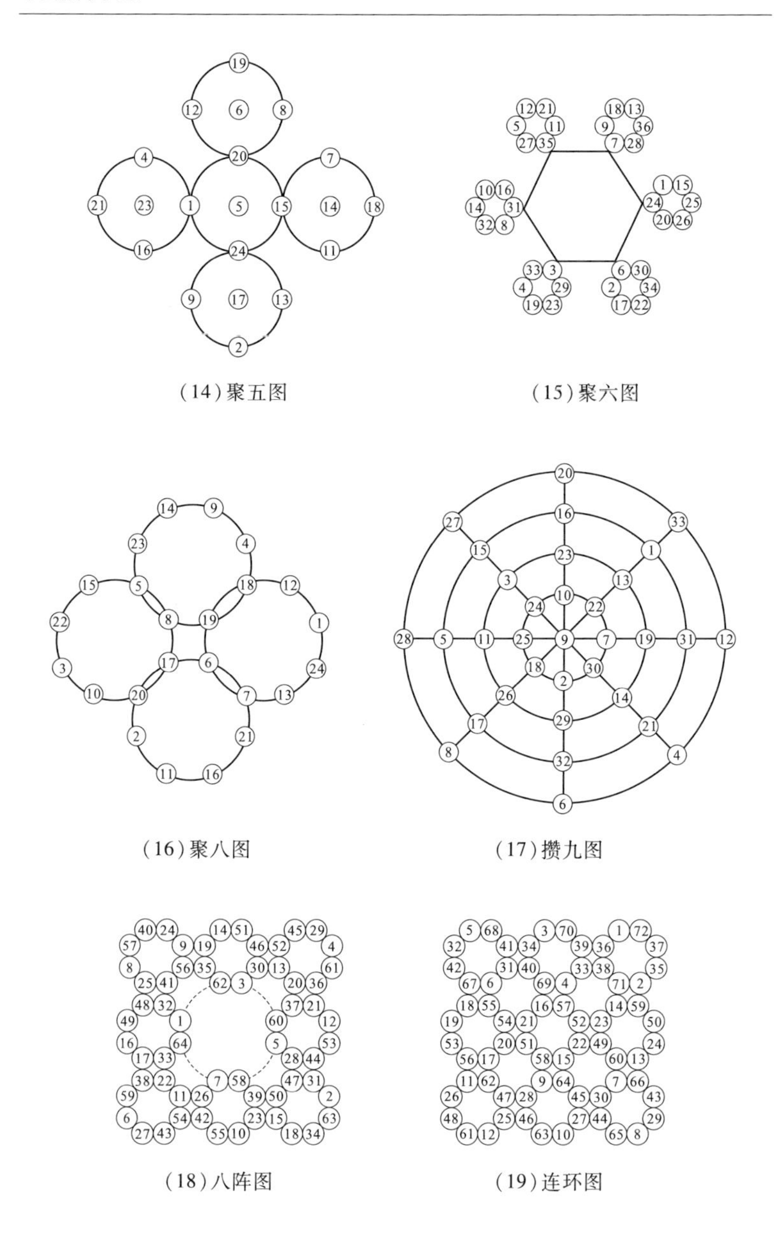

（14）聚五图　（15）聚六图

（16）聚八图　（17）攒九图

（18）八阵图　（19）连环图

以上洛书数,花十六图,花十六阴图,五五图,五五阴图,六六图,六六阴图,衍数图,衍数阴图,易数图,易数阴图,九九图,百子图;聚五图,聚六图,联八图,攒九图,八阵图,连环图。都载在宋杨辉《续古摘奇算法》上卷之内。

同时宋丁易东撰《大衍索隐》三卷,其中卷中(17),"洛书四十九,得大衍五十数图",和杨辉(17)"攒九图"相似;又卷下(19)"九宫八卦综成七十二数合洛书图"和杨辉(19)"连环图"相似。

杨辉所引各纵横图除(13)百子图斜线总和未和纵横总和相同外,其余各图都是相等。又各纵横图四角除外,各外圈斜对照或平对照两数字还具有斜"对称性"或平"对称性"相等的和。如(4)五五图有平"对称性"和数 26。如(5)五五阴图有斜"对称性"和数 42。

杨辉(14)聚五图以后说到圆图,这在国外,1769 年 Benjamin Franklin 方始记及。

又(19)"连环图"每环总和相等,又每相接四数总和亦相等,如:

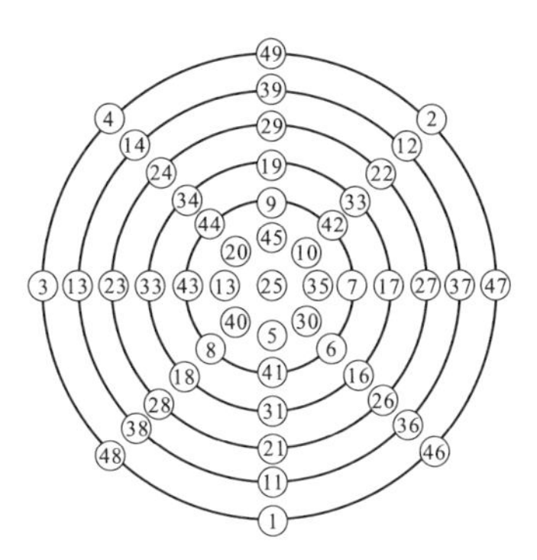

$(17)_2$ "洛书四十九,得大衍五十数图"

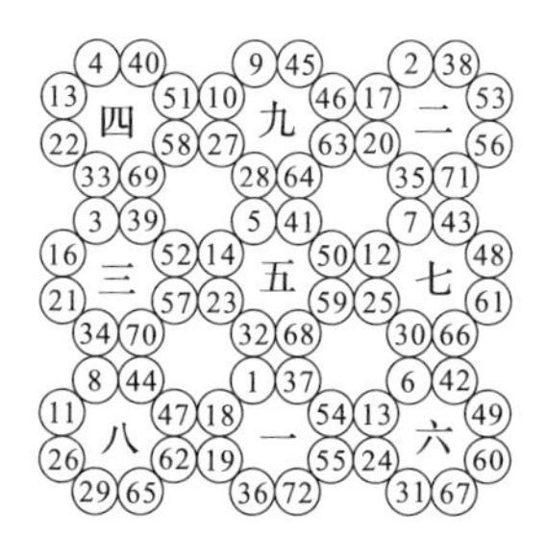

$(19)_2$ “九宫八卦综成七十二数合洛书图”

$5+68+41+31+6+67+42+32=292$

$3+70+39+33+4+69+40+34=292$

……………………………………

$41+34+40+31=146$

$39+36+38+33=146$

……………………………………

$(19)_2$ 图亦具有同样性质。

(二)乘除捷法

《算经十书》内《夏侯阳算经》卷下，乘除捷法曾应用进位，退位方法，另举“身外添二，添三，添四，添五，添七”各例，即：

$$12N=10N+2N$$

$$13N=10N+3N$$

$$14N=10N+4N$$

………………

$$17N=10N+7N$$

和“从下内减一”，即：

$$\frac{9}{10}N=N-\frac{N}{10}。$$

“身外减二”,即:

$$N\div 12$$

各例。

宋杨辉在《乘除通变算宝》卷中(1274年),有“加法五术”,即加法代乘五术:

一曰加一位,如乘11,12,13,…,19。

二曰加二位,如乘111,112,113,…,199。

三曰重加,如乘195=13×15,169=13×13。

四曰加隔位,如乘101,102,103,…,109。

五曰加五位,如:21×201,22×202,…,29×209的“连身加”。

又有“减法四术”,即减法代除四术:

一曰减一位,如除11,12,13,…,19。

二曰减二位,如除111,112,113,…,199。

三曰重减,如除187=11×17,154=11×14。

四曰减隔法,如除101,102,103,…,109。

如:　　$4788\div 14=342$:

	4788	14
先约3,减3×4=12余5	358	342
次约4,减4×4=16余2	428	
次约2,减2×4=8无余	2	

又如:　$28222\div 103=274$:

	28222	103
先约2,减2×3=6余76	276	274

次约 7，减 $7\times3=21$ 余 41　741

次约 4，减 $4\times3=12$ 无余　　4

宋杨辉《乘除通变算宝》卷中（1274 年），另附“求一代乘除说”，说明乘除首位不是 1 时，可加倍或折半，使首位变成 1 后，再用“加法代乘”和“减法代除”来计算，如：

$$237000\times56=118500\times112。$$

$$249\times62=124\frac{1}{2}\times124。$$

$$13272\div56=26544\div112。$$

$$15438\div62=30876\div124。$$

$$13152\div48=6576\div24。$$

$$=3288\div12。$$

宋杨辉《乘除通变算宝》（1274 年）卷中，又引有“九归新括”的歌诀：

归数求成十：

九归遇九成十，八归遇八成十，

七归遇七成十，六归遇六成十，

五归遇五成十，四归遇四成十，

三归遇三成十，二归遇二成十；

归除自上加：

九归见一下一，见二下二，见三下三，见四下四；

八归见一下二，见二下四，见三下六；

七归见一下三，见二下六，见三下十二，即九；

六归见一下四，见二下十二，即八；

五归见一作二，见二作四；

四归见一下十二，即六；

三归见一下二十一,即七;

半而为五计:

九归见四五作五;八归见四作五;

七归见三五作五;六归见三作五;

五归见二五作五;四归见二作五;

三归见一五作五;二归见一作五;①

定位退无差:

商除于斗上定石者,今石上定斗;

商除人上得文者,今人上定十”。

同书二位除各数,亦有口诀,如:

八十三归括曰:

见一下十七;见二下三十四;

见三下五十一;见四下六十八;

见四一五作五;遇八十三成百;

四一五为中,后四句不用亦可,

见五下一百二;见六下百十九;

见七下百三十六;见八下百五十三。

六十九归括曰:

见一下三十一;见二下六十二;

见三下百二十四;遇三四五作五;

遇六十九成百;见四下一百五十五;

见五下二百十七;见六下二百四十八。

以后十三、十四世纪民间数学所流行各项歌诀,都由上面歌诀推广

① 以上歌诀先已出现在《日用算法》(1262 年)一书。

出来。如朱世杰《算学启蒙》(1299 年)有“九归除法”歌诀。

(三)级数总和

宋杨辉《算法通变本末》卷上(1274 年)说到三角垛,四隅垛总和算法。又《详解九章算法》(1261 年)商功第五,比类记有:

三角垛(宋秦九韶《数书九章》(1247 年)作蒺藜差)

$$1+3+6+\cdots+\frac{n(n+1)}{2}=\frac{1}{6}n(n+1)(n+2)。$$

四隅垛(宋秦九韶《数书九章》(1247 年)作方锥差)

$$1^2+2^2+3^2+\cdots+n^2=\frac{1}{3}n\left(n+\frac{1}{2}\right)(n+1)。$$

方垛　$1^2+(a+1)^2+\cdots+(c-1)^2+c^2$

$$=\frac{1}{3}(c-a)\left(c^2+a^2+ca+\frac{c-a}{2}\right)。$$

又果子垛

$$V=\frac{h}{6}[(2b+d)a+(2d+b)c]+\frac{h}{6}(c-a)$$

和沈括隙积术公式相同。又宋秦九韶《数书九章》(1247 年)对三角垛,四隅垛亦有记载。

第二十六章　近古数学家小传(八)

42. 元郭守敬

42. 郭守敬(1231~1316)字若思,顺德邢台人。守敬大父荣,通五经，精算数、水利。时刘秉忠（1216～1274），[①]张文谦（1217～1283），张易，王恂（1235～1281）同学于邢台县西紫金山。刘秉忠精天文、地理、算数、推步以及书翰。荣使守敬从秉忠学。元中统三年（1262年）张文谦荐守敬习水利，巧思绝人。是年八月守敬先引玉泉水以通漕运。至元二年（1265年）授守敬为都水少监。八年（1271年）迁都水监。十三年（1276年）立局改治新历。郭守敬和许衡、王恂、张文谦、张易、李谦各人同修历。并制仪表。十七年（1280年）新历告成，授太史令。新历名《授时历》，自至元十八年（1281年）正月一日颁行。二十年（1283年）李谦撰历议。《元史·历志》即据李谦历议著录。至元二十八年（1291年）复都水监，三十年（1293年）凿通惠河成，郭守敬亦参与工作。

《授时历》所创法凡五事：一曰：太阳盈缩，用四正定气，立为升降限立招差，求得每日行分初末极差积度，比古为密。二曰：月行迟疾，古历皆用二十八限，今以万分日之八百二十分为一限。凡析为三百三十六限，依垛叠招差，求得转分进退，其迟疾度数，逐时不同，盖前所未有。三曰：黄赤道差，旧法以一百一度，相减相乘。今依算术勾股，弧矢方圆斜直所容，求到度率积差，差率与天道实为吻合。四曰：黄赤道内外度。据累年实测，内外极度。二十三度九十分，以圆容方直矢接勾股为法。求每日去极，与所测相符。五曰：白道交周。旧法黄道变推白道，以斜求斜，今用立浑比量，得月与赤道正交距春秋二正。黄赤道正交，一十四度六十六分，拟以为法，推逐月每交二十宿度分，于理为尽。

---

① 《元史》有传。

至元十九年(1282年)王恂卒。郭守敬因《授时历》法推步立成还没有定稿,于是比次篇类,整齐分钞编成《授时历》《推步》七卷,《立成》二卷,《历议拟槁》三卷,《转神选择》二卷,《上中下三历注式》十二卷,共二十六卷。明陈第《世善堂藏书目录》著录有:"元郭守敬《授时历》二十四卷。"清梅文鼎据清初钦天监所藏王恂著《授时历草》二卷,和《大统历通轨》撰成《大统历法》,载在《明史》,因《大统历》实出于《授时历》。

至元二十三年(1286年)郭守敬继任太史令,又上表奏进《时候笺注》二卷,《修改源流》一卷。其测验书有:《仪象法式》二卷,《二至晷景考》二十卷,《五星细行考》五十卷,《古今交食考》一卷,《新测二十八舍杂座诸星入宿去极》一卷,《新测无名诸星》一卷,《月离考》一卷,并藏于官。延祐三年(1316年)卒,年八十六(1231~1316)。[1]

---

[1] 参考文献:

《元文类》卷五十:齐履谦:"知太史院事郭公行状"。

[明]宋濂等:《元史》卷五二志第四,历一,又卷一六四,列传第五一。

[清]张廷玉等:《明史》卷三一至卷三三,历一至历三。

梅文鼎所据《授时历草》二卷,是清初钦天监藏本,题:嘉议大夫太史令臣王恂奉敕撰。梅文鼎以为是郭守敬所续成的,见《明史》卷三四。

续《资治通鉴》卷二七七,元中统三年(1262年)和《续通鉴》卷一九〇,至元二十七年(1290年),卷一九一,至元三十年(1293)条。

《图书集成·职方典》引《元史·河渠志》,至元二十八年(1291年)条。

第二十七章　郭守敬数理学说

(一)郭守敬正负开方术

清梅毂成称:“尝读《授时历草》,求弦矢之法,先立天元一为矢。”①梅文鼎《古算衍略》内“古算器考”引《(授时)历草》算式,②筹位和李治,朱世杰相同,不用简号。又“乘除法实式”,法在上,实在中,商在下,③和《夏侯阳算经》所称“实居中央,…以法除之,宜得上商”稍有不同。又“黄道出入赤道二十四度,求矢”题,则因沈括公式:$a=\frac{2b^2}{d}+c$,和杨辉公式 $d=\frac{\left(\frac{c}{2}\right)^2}{b}+b$,消去 c,得:

$$b^4+d^2b^2-adb^2-d^3b+\frac{a^2d^2}{4}=0$$

隅,上廉,下廉,益从方,正实。

开方方法,先令 x_1,为初商,即 $x_1=b$,

则　$$[(d^2x_1-d^3)+(x_1^2-ad)x_1]x_1+\frac{a^2d^2}{4}=0,$$

如　$f(b)-f(x_1)=f$,即 $b>x_1$,则 $x=x_1+x_2$ 时,

① 梅毂成:《赤水遗珍》,《梅氏丛书辑要》卷六一。

② 梅文鼎:《古算衍略》第五页,兼济堂刻,《历算全书》本。

③ 《古算衍略》第六页,引《历草》。

$$[(x_1+x_2)^2+x_1^2](2x_1+x_2)x_2+d^2(2x_1+x_2)x_2$$
$$-ad(2x_1+x_2)x_2-d^3x_2+f=0,$$

又如 $f(b)-f(x_1+x_2)=f_1$,即 $b>x_1+x_2$,

则 $x=x_1+x_2+x_3$ 时,

$$[(x_1+x_2+x_3)^2+(x_1+x_2)^2][2\cdot(x_1+x_2)+x_3]x_3$$
$$+d^2[2\cdot(x_1+x_2)+x_3]x_3$$
$$ad[2\cdot(x_1+x_2)+x_3]x_3-d^3x_3+f_1=0,$$

同理,如 $f(b)-f(x_1+x_2+\cdots\cdots+x_{n-1})=f_{n-2}$,

即 $b>x_1+x_2+\cdots+x_{n-1}$,则 $x=x_1+x_2+\cdots+x_n$ 时,

$$[(x_1+x_2+\cdots+x_n)^2+(x_1+x_2+\cdots+x_{n-1})^2]$$
$$\times[2\cdot(x_1+x_2+\cdots+x_{n-1})+x_n]x_n$$
$$+d^2[2\cdot(x_1+x_2+\cdots+x_{n-1})+x_n]x_n$$
$$-ad[2\cdot(x_1+x_2+\cdots+x_{n-1})+x_n]x_n$$
$$-d^3x_n+f_{n-2}=0。$$

故《明史》“割圆求矢术”称:“以初商乘上廉,得数,以减益从方。余为从方。置初商自之,以减下廉,余以初商乘之,为从廉。从方,从廉相并为下法。下法乘初商,以减正实,实不足减,改初商;实有不尽,次第商除之。倍初商数与次商相并,以乘上廉,得数,以减益从方,余为从方。并初商,次商而自之,又以初商自之,并二数以减下廉,余以初商倍数并次商乘之,为从廉。从方,从廉相并为下法。下法乘次商以减余实,而定次商。有不尽者,如法商之,皆以商得数为矢度之数。”[1]术法和杨辉《田亩比类乘除捷法》卷下带从开方

① 《明史》卷三二,志第八,历二,《大统历法》一上。

法中“二因方法，一退为廉”之制相类。[1]

（二）郭守敬球面割圆术

古代印度三角函数表内的正弦函数表曾随《九执历》输入中国。此表系分一象限为90°，1°为60′。

又因　周天　　　$2\pi r=360\times60$，$\pi=3.1414$。

故　半径　　　$r=\dfrac{360\times60}{2\pi}=3438$。

此项函数表和三角计算法未被广用，到元代郭守敬（1231～1316）则另行创造。郭守敬

令　周天　　　$2\pi r=365\dfrac{1}{4}$，$\pi=3$。

故　全径　　$d=121.75$，半径 $r=60.8750$，

一象限为91°.31。

所算系用古代割圆弧矢术的公式，故“黄赤道相求弧矢诸率立成[2]上”所列

$\alpha=1°$　$\sin1°=1.0000$，$\text{vers}1°=0.0082$，

　$24°$　$\sin24°=23.8070$，$\text{vers}24°=4.8482$，

　$44°$　$\sin44°=41.7454$，$\text{vers}44°=16.5682$，

---

① 此法如应用于二次式 $ax^2+bx+c=0$，而 $x=x_1+x_2$ 时，因初商 x_1，代入后，余实 $=f$，又次商 x_2 代入得 $a(2x_1+x_2)x+bx_2+f=0$，或 $ax_2^2+(2a+b)x_2+f=0$，和杨辉《田亩比类乘除捷法》卷下所记带纵开方法完全一致。

② 古时的历家将日月五星在天上运行时的盈缩迟疾之数，预先为它排定立表，以便推步时取用，这种数表就叫做“立成”。为了某某用的，就叫做“××立成”，如“黄赤道相求弧矢诸率立成”等等。“立成”用现在的话来说就是“计算用表”。

$91^\circ.31 \quad \sin 91^\circ.31 = 60.8750, \mathrm{vers} 91^\circ.31 = 60.8750$。

和现代三角函数表校对有出入，而原理则相同。现就《明史》所引《大统历法》[①]内“法原”加以说明，最后说明球面三角形的算法在郭守敬时期已被应用。

古代割圆术弧矢公式有以下各种（如图1）：

$$A = \frac{1}{2}(cb + b^2), \qquad \text{出《九章算术》方田章} \tag{1}$$

$$d = \frac{\left(\frac{c}{2}\right)^2}{b} + b, \qquad \text{出《九章算术》勾股章} \tag{2}$$

$$a = \frac{2b^2}{d} + c, \qquad \text{出宋沈括（1031～1095）《梦溪笔谈》} \tag{3}$$

宋杨辉《详解九章算法》（1261年）由（1）（2）式算得

$$-(2A)^2 + 4Ab^2 + 4db^3 - 5b^4 = 0, \qquad (4)_1$$

元郭守敬（1231～1316）由（2）（3）式算得

$$b^4 + d^2b^2 - adb^2 - d^3b + \frac{a^2d^2}{4} = 0。 \qquad (4)_2$$

元郭守敬（1231～1316）首论球面割圆术，并算好三角函数表，称作“黄赤道相求弧矢诸率立成上”，“黄赤道相求弧矢诸率立成下”等，其割浑圆即算弧三角法。兹引有黄道积度求赤道积度及赤

---

① 《大统历法》系明初刘基等所编纂的一种历法。这个历法几乎全部以元郭守敬的《授时历》为蓝本，仅仅做了少许的变更。据《明史》所载，分为：法原，立成，推步三编。法原和推步又各分为七目。此篇所讨论的系法原中（三）黄赤道差和（四）黄赤道内外度等两目。

道内外度,又实测二至黄赤道内外半弧背二十四度[所测就整]。①

如图 2 所示:A 为春分点;D 为夏至点。AD 为黄道象限弧;AE 为赤道象限弧。

今有 BD 为黄道积度,求(1)赤道积度 CE,(2)赤道内外度 BC。

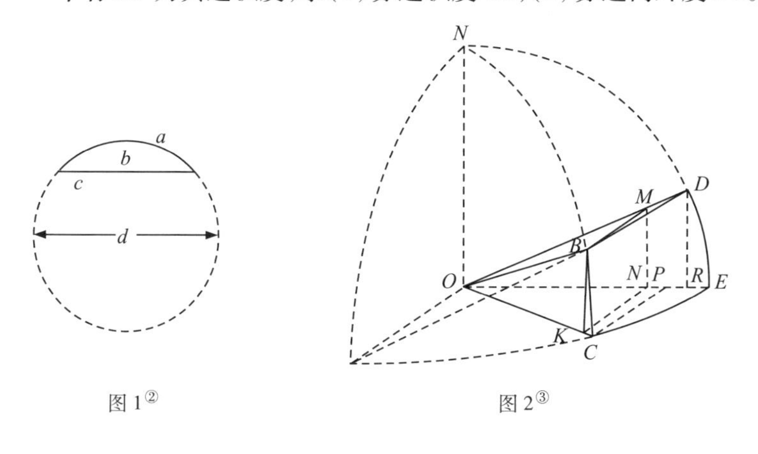

图 1②　　图 2③

① “黄道积度”即为现在的“黄经的余角”;“赤道积度”即为现在的“赤经的余角”;“赤道内外度”即为现在的“赤纬”;“二至黄赤道内外半弧背”即现在的“黄赤交角”。

当年郭守敬将周天分为 $365\frac{1}{4}$ 度,所以实测“黄道交角”得约 24 度(经过凑整),现在我们都是将周天分为 360°,实测“黄赤交角”约为 23°27′。

② 上列各式中的罗马字母,如图 1 所示:a 是弓形(古时称为弧矢形)的弧(古时称为弧背,折半之称为半弧背),c 是弓形的弦(古时称为弧弦,折半之称为半弧弦),b 是 a 弧中点和 c 弦中点的连线(古时称为矢,亦称弧矢),d 是直径(古时称为全径),A 是弓形的面积。弓形的一半古时称为半弧矢形,弓形的弧与弦之差折半称为半背弦差。

③ 古时称大圆之半径为大弦,其相应的勾、股称为大勾,大股。比半径小的线段(大圆半径上任一点至圆心的距离)为小弦,其相应的勾、股称为小勾、小股。如图 2 所示,OD 为大弦,则 DR 为大勾,OR 为大股;OM 为小弦,则 MN 为小勾,ON 为小股。

此外古时称 $\sin\alpha$(正弦)为“×半弧弦”,称 $\text{vers}\alpha$(正矢)为“×矢度”,称某道上的角度为“×道积度”。

自 D 作 DR 线与 OE 正交,自 B 作 BM 线与 OD 正交。

郭守敬因周天 $\pi d=365\frac{1}{4}$,$\pi=3$,故全径 $d=121.75$,半径 $r=60.875$,一象限 $=91°.31$。

据《明史》卷三十二,志第八,历二:大统历法一上法原:(三)黄赤道差 求黄道各度下赤道积度术:	(以下系说明)	(以下系据《明史》内资料补注) “如黄道半弧背1度,求赤道积度。如以半弧背1度求矢度。” 因 $\frac{a}{2}=1$
	已知 BD 弧求 CE 弧。从(二)“弧矢割圆”知全径 $d=2r=121.75$ 半径 $r=60.875$ BD 弧$\left(即\frac{\alpha}{2}=1°\right)$ 用 $b^4+d^2b^2-adb^2-d^3b+\frac{a^2d^2}{4}=0 \quad (4)_2$ 式,在 BDM 半弧矢形(就中弧 $a=2BD$,矢 $b=$	(为黄道半弧背)。 由 $b^4+d^2b^2-adb^2-d^3b+\frac{a^2d^2}{4}=0 \quad (4)_2$ 式,因$\frac{a}{2}=1$,则$\frac{a^2}{4}=1$ $d=121.75$ $d^2=14823.0625$ $d^3=1804707.859375$ $ad=2\times121.75$ $=243.50$ 即

	MD,弦 $c=2BM$) 算得黄道矢度:$MD=b=0.0082$,或检"黄赤道相求弧矢诸率立成上",亦得 $MD=b=0.0082$。	$b^4+14823.0625b^2$ $-243.50b^2$ $-1804707.859375b$ $+14823.0625=0$ $b=0.0082$。
置周天半径,内减去黄道矢度,余为黄赤道小弦。	$r-b=OM$ (为黄赤道小弦)。	$OM=r-b$ $=60.875-0.0082$ $=60.8668$ (为黄赤道小弦)。
置黄赤道小弦,以黄赤道大股乘之,大股见割圆。为实,黄赤道大弦半径为法,实如法而一,[1]为黄赤道小股。	又在 DER 半弧矢形(就中弧 $a_1=2DE$,矢 $b_1=RE$,弦 $c_1=2DR$)因为△OMN,ODR 相似正三角形中,有下式: $\frac{OM\times OR}{OD}=ON$ (为黄赤道小股)。	又 $\frac{60.8668\times 56.026}{60.875}$ $=\frac{3410.17203024}{60.875}$ $=56.0192=ON$ (为黄赤道小股)。 就中:黄赤道大股 $OR=r-RE$ $=60.875-4.8482$ $=56.0268$。 又 $RE=4.8482$ 黄道矢度,系检查"黄赤道相求弧矢诸率立成上"对照

① 此地所谓"实"即相当于现在的"被除数",所谓"法"即相当于现在的"除数","实如法而一"就是以除数去除被除数而求得商的意思。

置黄道矢自乘为实，以周天全径为法，实如法而一，为黄道半背弦差。	将沈括公式 $$a=\frac{2b^2}{d}+c, \qquad (3)$$ 改书为： $\frac{b^2}{d}=\frac{a-c}{2}=\frac{1}{2}\times(\overline{2BD-2BM})$ （为黄道半背弦差）。	$\text{vers}\alpha=\text{vers}24$ 得来。 $$\frac{b^2}{d}=\frac{\overline{0.0082}^2}{121.75}=0.00000055$$ （为黄道半背弦差）。
以差去减黄道积度，即黄道半弧背。余为黄道半弧弦。	“置黄道半弧背1度，内减黄道半背弦差，余为半弧弦。因差在微以下，不减，即用1度为半弧弦”，即： $$\frac{a}{2}-\frac{b^2}{d}=\frac{c}{2}=BM$$ （为黄道半弧弦）。	由 $\frac{b^2}{d}=\frac{a-c}{2}$， 得： $$\frac{a}{2}-\frac{b^2}{d}=\frac{c}{2}=BM=1-\frac{\overline{0.0082}^2}{121.75}=1-0.00000055\approx 1$$ （为黄道半弧弦）。
置黄道半弧弦自之为股幂，黄赤道小股自之为勾幂，二幂并之，以开方法除之，为赤道小弦。	“置黄道半弧弦1度自之得1度为股幂，黄赤道小股56.0192自之得3138.15076864为勾幂。二幂并之得3139.15076864为弦实，平方开之得56.0281（为赤道小弦）。”	$$\sqrt{\overline{BM}^2+\overline{ON}^2}=\sqrt{\overline{KN}^2+\overline{ON}^2}=\sqrt{1^2+\overline{56.0192}^2}=\sqrt{3139.15076864}=56.0281=OK$$ （为赤道小弦）。

置黄道半弧弦，以周天半径亦为赤道大弦。乘之为实，以赤道小弦为法而一，为赤道半弧弦。	因 $BM=KN$， $OE=OC$； 又在△OKN，OCP 相似正三角形中，有下式 $\frac{(KN=BM)\times OC}{OK}$ $=\frac{c_2}{2}=CP$ （为赤道半弧弦）。	因 $KN=BM=1$ $OC=r=60.875$ $OK=56.0281$ $\frac{60.875\times1}{56.0281}=1.0865$ （为赤道半弧弦）。
置黄赤道小股，亦为赤道横小勾。以赤道大弦即半径乘之为实，以赤道小弦为法而一，为赤道横大勾。	又在△OKN，OCP 相似正三角形中，有下式 $\frac{ON\times OC}{OK}=OP$　(5)[1] （为赤道横大勾）。	又因 $ON=56.0192$ $\frac{56.0192\times60.875}{56.0281}$ $=\frac{3410.1688}{56.0281}=60.8653$ （为赤道横大勾）。
以减半径，余为赤道横弧矢。	$b_2=r-OP$ $=PE$ （为赤道横弧矢）。	在 CEP 半弧矢形（其中 $a_2=2CE$，$b_2=PE$，$c_2=2CP$） 因 $r=60.875$，$b_2=r-OP=PE=60.875-60.8653=0.0097$ （为赤道横弧矢）。
横弧矢自之		

为实，以全径为法而一，为赤道半背弦差。	如前例求“黄道背弦差”例： $\frac{\overline{PE}^2}{d}=\frac{b_2^2}{d}=\frac{a_2-c_2}{2}$ $=\frac{1}{2}(\overline{2CE-2CP})$ （为赤道半背弦差）。	$\frac{b_2^2}{d}=\frac{\overline{0.0097}^2}{121.75}$ $=0.00000077$ （为赤道半背弦差）。
以差加赤道半弧弦为赤道积度。	$\frac{c_2}{2}+\frac{a_2-c_2}{2}=\frac{a_2}{2}$， 或 $CP+\frac{(r-OP)^2}{d}=CE$ （为赤道积度）。	赤道半弧弦： $CP=\frac{c_2}{2}=1.0865$， 赤道半背弦差 $\frac{a_2-c_2}{2}=\frac{b_2^2}{d}$ $=0.00000077$ $\frac{c_2}{2}+\frac{a_2-c_2}{2}=1.0865\ \frac{a_2}{2}$ （为赤道积度）。

在图2，如算弧三角形 ABC，令 BC 弧 $=a$，AC 弧 $=b$，AB 弧 $=c$，又 $\angle BAC=\angle A$，则由

$$OP=\frac{ON\times OC}{OK} \tag{5$_1$}$$

$$=\frac{OM\times OR}{\sqrt{ON^2+BM^2}}=\frac{OM\times OR}{\sqrt{\frac{OM^2\times OR^2}{OD^2}+\overline{BM}^2}},$$

可得

$$\sin b=\frac{\sin c\cos A}{\sqrt{\sin^2 c\cos^2 A+\cos^2 c}}。 \tag{5$_2$}$$

其中

$$\sin b=\frac{OP}{OC},\sin c=\frac{OM}{OB},$$

$$\cos A=\frac{OR}{OD},\cos c=\frac{BM}{OB},$$

$$r=OA=OB=OC=OD=OE。$$

(四)"黄赤道内外度 推黄道各度距赤道内外(度)…… 术:置半径内减去赤道小弦,余为赤道大小*二弦差。又为黄赤道小弧矢,又为内外矢,又为股弦差。	次已知 BD 弧,求 BC 弧。 由前已知 $r-b=OM$, 和 $OK=\sqrt{(KN=BM)^2+\overline{ON}^2}$ (为赤道小弦)。其中赤道小勾,小股系检"黄赤道相求弧矢诸率立成上"表。 同前例,在 BCK 半弧矢形(其中弧 $a_3=2BC$,矢 $b_3=CK$,弦 $c_3=2BK$)中, $r-OK=CK=b_3$ (为赤道二弦差),(又为黄赤道小弧矢)。	"如冬至后44度,求太阳去赤道内外(度)……" $r=60.875$, $B=44°$。 $OK=\sqrt{41.7454^2+40.7782^2}$ $=58.3569$ (为赤道小弦)。 $r-OK=60.875-58.3569$, 或　$CK=b_3=2.5181$ (为赤道二弦差), (又为黄赤道小弧矢)。
置半径内减去黄道矢度余为黄赤道小弦。以二至黄赤道内外半弧弦乘之为实,以黄	$r-b=r-MD=OM$ (为黄赤道小弦)。其中 MD 值检表得来。 因在 $\triangle OMN$, ODR 相似正	又　$r=60.875$, $B=44°$, $OM=60.875-16.5682$ $=44.3068$ (为黄赤道小弦)。

* 原文无"大小"二字,李俨补。

赤道大弦为法，即半径。除之，为黄赤道小弧弦。即黄赤道内外半弧弦，又为黄赤道小勾。	三角形中，有 $\frac{OM\times DR}{OD}=MN=BK$ $=\frac{c_3}{2}$ $(6)_1$ （为黄赤道小弧弦）。	假定 $A=24°$时 $DR=23.71$， $\frac{c_3}{2}=BK$ $=\frac{44.3068\times 23.71}{60.875}$ $=17.2569$ （为黄赤道小弧弦）。前
置黄赤道小弧矢，自之即赤道二弦差以全径除之，为半背弦差。	改书沈括公式成 $\frac{\overline{CK}^2}{d}=\frac{b_3^2}{d}=\frac{a_3-c_3}{2}$ （为半背弦差）。	已算出： 因 $CK=b_3=2.5181$， $\frac{\overline{2.5181}^2}{d=121.75}=0.0521$ （为半背弦差）。
以差加黄赤道小弧弦为黄赤道小弧半背，即黄赤道内外度。”	$\frac{a_3-c_3}{2}+\frac{c_3}{2}=\frac{a_3}{2}=BC$ （为黄赤道内外度）。	$\frac{a_3}{2}=0.0520+17.2569$ $=17.3089$ （为黄赤道内外度）。

如图2，如算弧三角形 ABC，令 BC 弧 $=a$，AC 弧 $=b$，AB 弧 $=c$，又 $\angle BAC=\angle A$，则由

$$BK=\frac{OM\times DR}{OD}, \qquad (6)_1$$

可得

$$\sin a=\sin c\sin A。 \qquad (6)_2$$

其中

$$\sin a=\frac{BK}{OB},\ \sin c=\frac{OM}{OB},\ \sin A=\frac{DR}{OD},$$

$$r=OA=OB=OC=OD=OE。$$①

(三)《授时历》平立定三差法

郭守敬《授时历》因太阳、太阴及五星行天有盈有缩。如古法以91度31奇为一象限,而太阳自冬至至春分本该行九十一日三十一刻有奇,而实际每于冬至后八十八日九十一刻,太阳已到春分宿度,是为盈历。而夏至前后则为九十三日七十一刻,是为缩历。今因每年为二十四气,则每季为六气。如以盈历为例,则$\frac{1}{6}\times 88$日91刻=14日82刻,为每气日数。其盈缩之差,由多而渐少,或由少而渐多,绝非平派,故《授时历》、《大统历》立为平、立、定三差之法,求合天度。

郭守敬言"太阳盈缩平立定三差之源"

命积(日)为:$n,\ 2n,3n,4n,5n,6n$;

积差为:$S_n,S_{2n},S_{3n},S_{4n},S_{5n},S_{6n}$;

(日)平差为:

$$(\mu_0=\mu_1+v_1-w_1),\mu_1=\frac{S_n}{n},\mu_2=\frac{S_{2n}}{2n},\mu_3=\frac{S_{3n}}{3n},$$

---

① 参考文献:

《明史》卷三十二,志第八,历二,百衲本《二十四史》本《明史》第七册。

梅文鼎:《堑堵测量》卷一及卷二,《历算全书》本。

Gauchet, L., *Note sur la Trigonométrie Sphérique de Kouo CheouKing*, *Toung-Pao*, Vol. XVIII, 1917, pp. 151 ~ 174.

[日]薮内清:《隋唐历法之研究》,第六章内"九执历之研究",昭和十九年(1944年)1月,第154页。

$$\mu_4=\frac{S_{4n}}{4n},\mu_5=\frac{S_{5n}}{5n},\mu_6=\frac{S_{6n}}{6n};$$

以逐差之法求得一差,二差,如:

一差,或泛平差为:$(v_0=v_1-w_0)$,$v_1=\mu_2-\mu_1$,$v_2=\mu_3-\mu_2$,

v_3,v_4,v_5。

二差,或泛立差为:(w_0),$w_1=v_2-v_1$,$w_2=v_3-v_2$,w_3,w_4。

此时(w_0),w_1,w_2,w_3,w_4 已全相等,即:

$$(\mu_0),\quad \mu_1,\quad \mu_2,\quad \mu_3,\quad \mu_4,\quad \mu_5,\quad \mu_6$$

$$(v_0),\quad v_1,\quad v_2,\quad v_3,\quad v_4,\quad v_5$$

$$(w_0)=w_1=w_2=w_3=w_4。$$

令　泛平积$=\mu_1$,泛平积差$=v_1-w_1=\mu_0-\mu_1$,

泛立积差$=\frac{w_2}{2}$。

又令　泛平积差$=v_1-w_1=\mu_0-\mu_1=nq+n^2c$。

其中　定差,$d=\mu_0$,平差,$q=\frac{v_1-w_1-\frac{w_1}{2}}{n}$,立差,$c=\frac{\frac{w_1}{2}}{n^2}$。

则代入得:$\mu_1=d-nq-n^2c$。

$$\mu_2=d-2nq-(2n)^2c,$$

$$\mu_3=d-3nq-(3n)^2c,$$

…………………………

或

$$s_n=nd-n^2q-n^3c, \tag{1}$$

$$s_{2n}=(2n)d-(2n)^2q-(2n)^3c,$$

$$s_{3n}=(3n)d-(3n)^2q-(3n)^3c,$$

…………………………………

为 n 日末，$2n$ 日末，$3n$ 日末，……盈缩积，或限积。

又可知：$s_0=0$，

$$s_1=d-q-c,$$

$$s_2=2d-2^2q-2^3c,$$

$$s_3=3d-3^2q-3^3c,$$

……………………

$$s_{n-2}=(n-2)d-(n-2)^2q-(n-2)^3c,$$

$$s_{n-1}=(n-1)d-(n-1)^2q-(n-1)^3c,$$

$$s_n=nd-n^2q-n^3c$$

为 1 日末，2 日末，3 日末，……n 日末盈缩积，或限积。再以逐差之法，求得加分，a，平立合差，b，加分立差，k，如：

（加分）	（平立合差）	（加分立差）
$s_1-s_0=d-q-c=a$，		
	$(-2q-6c)=b$	
$s_2-s_1=d-3q-7c$，		
	$(-2q-6c)-6c$	$-6c=k$
$s_3-s_2=d-5q-19c$，		
	$(-2q-6c)-2\times6c$	$-6c$
$s_4-s_3=d-7q-37c$，		
	$(-2q-6c)-3\times6c$	$-6c$
……………………		
	……………………	$-6c$
……………………	……………………	……
……………………		
	$(-2q-6c)-(n-3)6c$	$-6c$
$s_{n-1}-s_{n-2}=d-(2n-3)q$		
		$-6c$
$-(3n^2-9n+7)c$，	$(-2q-6c)-(n-2)6c$	
$s_n-s_{n-1}=d-(2n-1)q$		
$-(3n^2-3n+1)c$，		

而

初日加分$=d-q-c=a$,次日加分$=(d-q-c)+(-2q-6c)$,

初日平立合差$=(-2q-6c)=b$,次日平立合差$=(-2q-6c)-6c$,

n日平立合差$=(-2q-6c)-(n-2)6c$

加分立差$=-6c=k$,

初日末盈缩积$=d-q-c$,

次日末盈缩积$=2(d-q-c)+(-2q-6c)$,

三日末盈缩积$=3(d-q-c)+3(-2q-6c)+(-6c)$,

四日末盈缩积$=4(d-q-c)+6(-2q-6c)+4(-6c)$,

五日末盈缩积$=5(d-q-c)+10(-2q-6c)+10(-6c)$,

…………………………………………………………

n日末盈缩积

$$=n(d-q-c)+\frac{(n-1)n}{2}(-2q-6c)+\frac{(n-2)(n-1)n}{6}(-6c)$$

$$=na+\frac{(n-1)n}{2}\cdot b+\frac{(n-2)(n-1)n}{6}\cdot k。$$

$$s_n=nd-n^2q-n^3c。$$

换言之,即n日末盈缩积:

$$s_n=a+(a+b)+(a+2b+k)+(a+3b+3k)+(a+4b+6k)$$

$$+\cdots\cdots+\left[a+(n-1)\cdot b+\frac{(n-2)(n-1)}{2}\cdot k\right]$$

$$=na+\frac{(n-1)n}{2}\cdot b+\frac{(n-2)(n-1)n}{6}\cdot k \tag{2}$$

$$=nd-n^2q-n^3c。$$

故既知a,b,k,则冬至后按日盈缩,及每日盈行度,可依次加减,造成立成。[①] 这是内插方法。[②]

第二十八章　近古数学家小传（九）

43. 刘大鉴　44. 元朱世杰

43. 刘大鉴　字润夫，霍山邢颂不弟子。著《乾坤括囊》，末有人元二问。[③]

44. 朱世杰　字汉卿，号松庭。寓居燕山。周流四方二十余年。复游广陵，踵门而学者云集。撰《算学启蒙》三卷，分二十门，立二百五十九问，首总括无卷数。大德己亥（1299 年）赵城序而梓传焉。朱世杰又因宋元之间，蒋周、李文一、石信道、刘汝谐、元裕仅言天元，李德载仅言地元，刘大鉴仅言人元，乃按天、地、人、物立成四元，以元气居中，立天元一于下，地元一于左，人元一于右，物元一于上，上升下降，左右进退，互通变化，乘除往来，用假象真，以虚问实，错综正负，分成四式，必以寄之，剔之，余筹易位，横冲直撞，精而不杂，自然而然，消而和会，以成开方之式也。书成名曰《四元玉鉴》，厘为三卷，分门二十四，立问二百八十八，大德癸卯（1303 年）临川莫若（1274 年进士）序而传焉。[④]

① 《明史》卷三三。
② 参看李俨：《中算家的内插法研究》，1957 年 4 月，科学出版社。
③ 祖颐：《四元玉鉴后序》，《观我生室汇稿》本。
④ 《算学启蒙四元玉鉴序》，《观我生室汇稿》本。

第二十九章　朱世杰数理学说

(一)朱世杰正负开方术

朱世杰《算学启蒙》《四元玉鉴》中筹位和李治相同,不用简号,负数以斜画为记。论正负开方,多者为十三乘方,而“上实下法”,亦与李治相同,而自平方至十三乘方各数应列之地位,如:就中平方,立方,三乘方或不记正,负,从,益。正负开方中,实为正者称正实,为负者称益实;方为正者称从方,为负者称益方;廉为正者称从廉,为负者称益廉;隅为正者称正隅,或从隅,为负者称益隅。即《四元玉鉴》卷前“今古开方会要之图”,所称:“正者为从,负者为益。”

《算学启蒙》卷下“开方释锁门”开平方术,和“贾宪立成释锁平方法”相同,开立方术则与杨辉所引“增乘方法”相同。《算学启蒙》卷下“开方释锁门”又说:“平方翻法开之”,“三乘方翻法开之”,并翻在从,不翻在实,和秦九韶之翻法,换骨;杨辉之翻积,意义不同。①

---

①　[日]建部贤弘注《算学启蒙》翻法曰:初商入方及众廉,正变为负,负变为正,如:$7x^2-104x-6156=0$,先进廉二位为七百,进方一位为一千〇四十。初商三十,以乘正廉七百;三七,二千一百正,与负方一千〇四十,异名相减,负方变为正一千〇六十,是称翻法。见《算学启蒙谚解》卷下末,第一七页,元禄三年(1690 年)刻本。

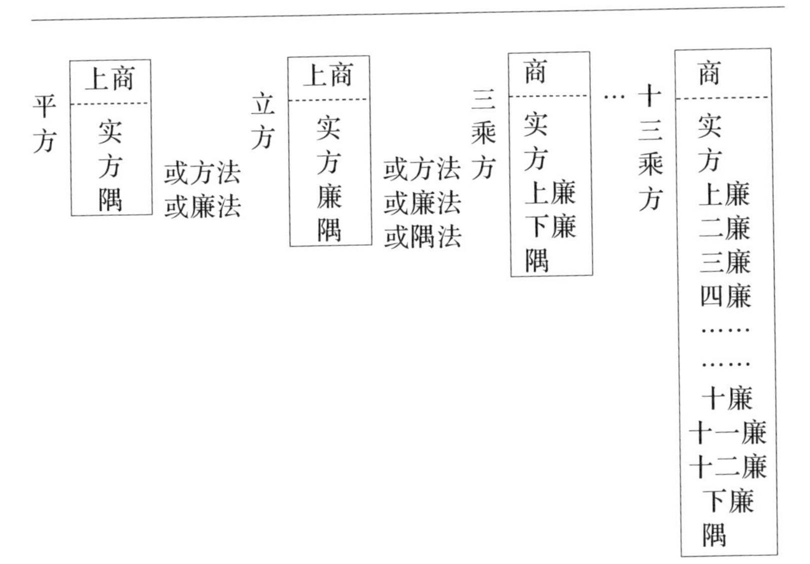

$7x^2-104x-6156=0$，$x=38$；

变式为 $7x_2^2+316x_2-2976=0$，

$109x^2-2288x-348432=0$，$x=68$；

变式为 $109x_x^2+10792x_2-93312=0$，

$x^2-17x-3120=0$，$x=65$；

变式为 $x_2^2+103x_2-540=0$，

$x^4-1496x^2-x+558236=0$，$x=28$；

变式为 $x_2^4+80x_2^3+904x_2^2-27841x_2+119816=0$，

$9x^4-2736x^2-48x+207936=0$，$x=12$；

变式为 $9x_2^4+360x_2^3+2664x_2^2-18768x_2+23856=0$。

且秦九韶曰：凡"乘方一位开尽者，不用翻法"，《算学启蒙》则：

$$x^2-3.75x-1=0, x=4,$$

$$x^3-76x^2+10192x-181440=0, x=20。$$

尚称“翻法开之”，盖秦之换骨，杨之翻积，并翻在实，而此处是特别独翻在从。

开方不尽，共有四种术法：

（一）退商进求小数，如：

《算学启蒙》“开方释锁”第十九问：$x^2-4.25x+1=0$，$x=0.25$。

《四元玉鉴》“锁套吞容”第十七问：

$$135x^2+4608x-138240=0,\ x=19.2。$$

（二）加借算，即“开之不尽命分”，如：

《四元玉鉴》“三率究圆”第十一问：$\sqrt{265}=16\frac{9}{2\times16+1}=16\frac{9}{33}$。同书“杂范类会”第七问：$\sqrt{74}=8.6\frac{4}{2\times86+1}=8.6\frac{4}{173}$。此种加借算之法，朱世杰亦如秦九韶之例，扩充而应用于多乘方。如：《四元玉鉴》“三率究圆”第十三问：如方程式 $x^3-574=0$，初商 $x_1=8$ 后，变原式为 $x_2^3+24x_2^2+192x_2-62=0$。假定此变式根数为1，故“方、廉、隅，同名相并为分母，余实异名为分子”，即 $x=x_1+x_2=8\frac{62}{1+24+192}=8\frac{62}{217}=8\frac{2}{7}$。《四元玉鉴》“锁套吞容”第十九问：$x^2+252x-5292=0$，初商 $x_1=19$ 后，变原式为 $x_x^2+290x_2-143=0$，故 $x=19\frac{143}{291}$。

（三）“以连枝同体术求之，”其例秦九韶曾有说述，仅用于开平方，现朱氏也是如此，如：

《四元玉鉴》“端匹互隐”第一问：$-8x^2+578x-3419=0$，令 $x=\frac{y}{8}$，代入原式得 $-y^2+578y-3419\times8=0$，$y=526$，故知原式之根 $x=\frac{526}{8}=$

$65\frac{3}{4}$。

同书“和分索隐”第一问：$2500x^2-105625=0$，令 $x=\frac{y}{50}$，则 $y^2-105625=0$，$y=325$，$x=\frac{325}{50}=6\frac{1}{2}$。

同书“三率究圆”第二问：$24649x^2-1562500=0$，令 $x=\frac{y}{157}$，则 $y^2-1562500=0$，$y=1250$，$x=\frac{1250}{157}=7\frac{151}{157}$。

（四）“以之分法或之分术”求之，如：

《四元玉鉴》“和分索隐”第十三问：“术曰：立天元一为平，如积求之，得一百六十九万五千二百五十二为益实，三千九百六十为从方，一千七百二十九为从上廉，二千六百四十为益下廉，五百七十六为从隅，三乘方开之，得平，不尽。按之分法求之，再得一百四万二千八十四亿五千二百八十一万二千八百为益实，二千三百三十七亿三十六万一百九十二为从方，九千一百九十万二千五百二十八为从上廉，一万五千七百九十二为从下廉，一为正隅，三乘方开之，得三百八

$$576x^4-2640x^3+1729x^2+3960x-1695252=0,$$

得 $x_1=8$ 后，变式为：

$$576x_2^4+15792x_2^3+159553x_2^2+704392x_2-545300=0,$$

令 $x_2=\frac{y}{576}$，则上式化为：

$$y^4+15792y^3+159553\times576y^2+704392\times\overline{576}^2y-545300\times\overline{576}^3=0,$$

或

$$y^4+15792y^3+91902528y^2+233700360192y-104208452812800=0$$

$$\therefore y=384$$

十四，与分母约之合问。”

$x=8\frac{384}{576}=8\frac{2}{3}$。

此外“和分索隐”第二至第十二问；“拨换截田”第三问：$-9x^2+2500=0, x=16\frac{2}{3}$；“锁套吞容”第十八问：$15x^2-128x-960=0, x=13\frac{1}{3}$；及“杂范类会”第三问：$63x^2-740x-432000=0, x=88\frac{8}{9}$；并如前术求出。

（二）朱世杰四元术

四元是天，地，人，物四元。天元术前已说过，至四元列式，则：

天元，<table><tr><td>太</td></tr><tr><td>|</td></tr></table> $=x$，地元，<table><tr><td>|</td><td>太</td></tr></table> $=y$，人元，<table><tr><td>太</td><td>|</td></tr></table> $=z$，

物元，<table><tr><td>|</td></tr><tr><td>太</td></tr></table> $=w$，“并之”得：<table><tr><td></td><td>|</td><td></td></tr><tr><td>|</td><td>太</td><td>|</td></tr><tr><td></td><td>|</td><td></td></tr></table> $=x+y+z+w$

“自乘为幂得：”<table><tr><td></td><td></td><td></td><td></td><td>|</td><td></td><td></td><td></td><td></td></tr><tr><td></td><td></td><td>||</td><td></td><td>○</td><td></td><td>||</td><td></td><td></td></tr><tr><td></td><td></td><td></td><td></td><td></td><td>||</td><td></td><td></td><td></td></tr><tr><td>|</td><td></td><td>○</td><td></td><td>太</td><td></td><td>○</td><td></td><td>|</td></tr><tr><td></td><td></td><td></td><td>||</td><td></td><td></td><td></td><td></td><td></td></tr><tr><td></td><td></td><td>||</td><td></td><td>○</td><td></td><td>||</td><td></td><td></td></tr><tr><td></td><td></td><td></td><td></td><td>|</td><td></td><td></td><td></td><td></td></tr></table> $=x^2+y^2+z^2+w^2+2xy+2xz+2xw+2yz+2yw+2zw$。

如令 $x=$ 勾，$y=$ 股，$z=$ 弦，$w=$ 黄方，则 $(x+y+z+w)^2$ 自相乘，得“四元

自乘演段之图”,“考图认之,其理显然。”

《四元玉鉴》卷首又有:“四象细草假令之图”,具“一气混元”,“两仪化元”,“三才运元”,“四象会元”四问细草,用以解析天,地,人,物元的应用。天元,如积,寄左之说,《算学启蒙》下卷已说过它的意义,不必再说。至天元以外,二元称“天地配合求之”,三元称“三才相配求之”,四元称“四象和会求之”,虽有细草,语不详细,现另为解释,如:

“两仪化元:

今有股幂(b^2)减弦较较[$c-(b-a)$],与股(b)乘勾(a)等,只云勾幂(a^2),加弦较和[$c+(b-a)$]与勾(a)乘弦(c)同,问股几何?答曰:四步。

草曰:立天元一为股,地元一为勾弦和,天地配合求之得今式:

求到云式:

∥	〇	太
∤	∥	〇
〇	〇	〇
〇	〇	|

如题意,$b^2-[c-(b-a)]$

$=b\times a$,

又　$a^2+[c+(b-a)]=a\times c$,求 b。

令 $x=b$,$y=c+a$,

因$\dfrac{b^2}{c+a}=c-a$,代入第一式得今式:

$x^3+2xy+2x^2y-2y^2-xy^2=0$,

以$(c+a)-\dfrac{b^2}{c+a}=2a$,代入第二式,得云式:

$x^3+2xy+2y^2-xy^2=0$。

(今)-(云),得右式

∦	太
	〇
	|

,

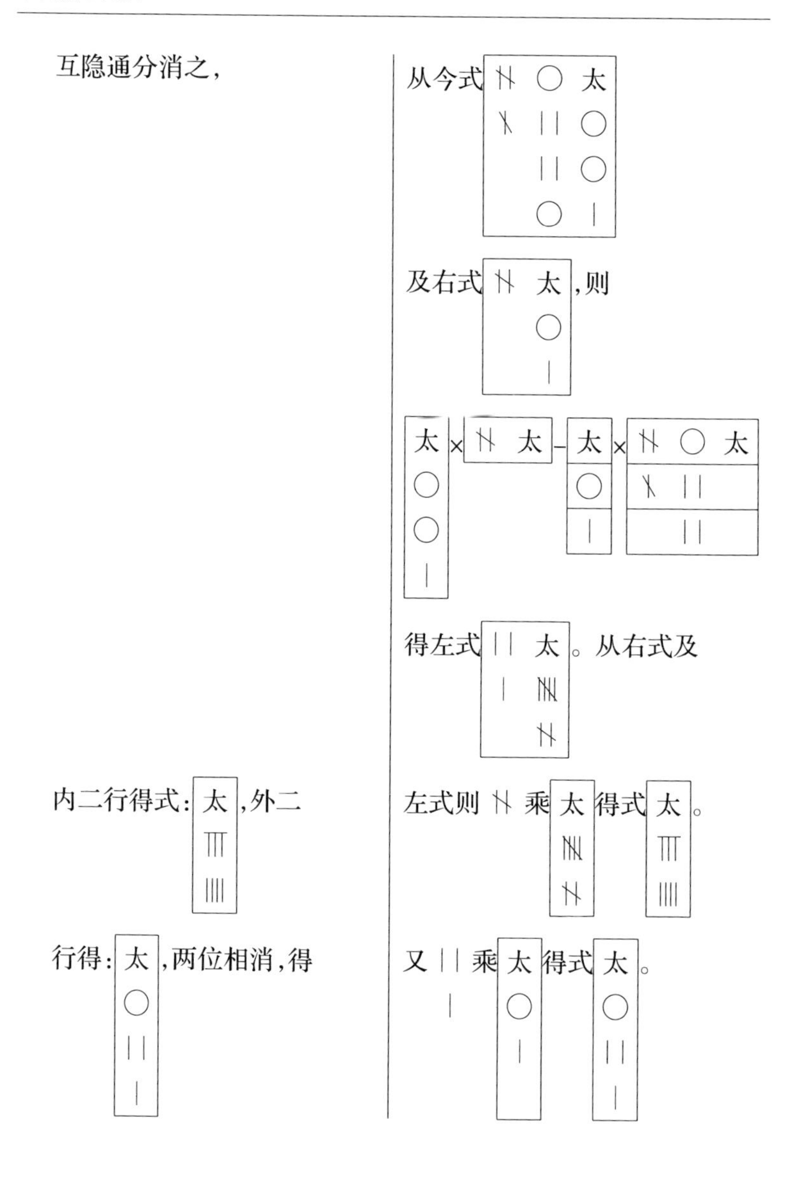
互隐通分消之，
内二行得式：太，外二
行得：太，两位相消，得
从今式
及右式 ，则
得左式 。从右式及
左式则 乘 得式 。
又 乘 得式 。

开方式：，平方开之，

得股四步，合问。”

“三才运元：

今有股弦较（$c-b$），除弦和和（$a+b+c$）与直积（ab）等，只云勾弦较（$c-a$），除弦较和［$c+(b-a)$］与勾（a）同，问弦几何？

答曰：五步。

草曰：立天元一为勾，地元一为股，人元一为弦，三才相配，求得今式：

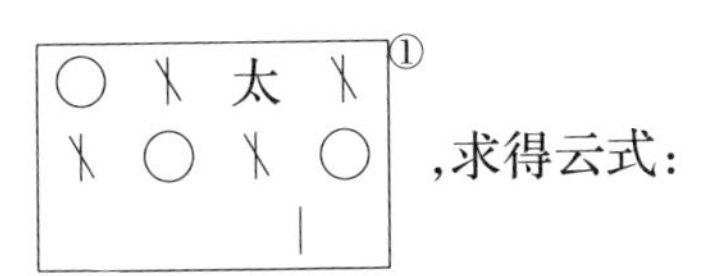①，求得云式：

，求得三元之式：

丨	〇	太	〇	丨̸
〇	〇	〇	〇	〇
〇	〇	丨	〇	〇

，

两位相消，得开方式：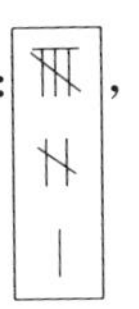，

平方开之，得股四步，合问。

如题意，$\frac{a+b+c}{c-b}=ab$，

又$\frac{c+b-a}{c-a}=a$，

求c。

令$x=a,y=b,z=c$，

则如题意，得今式：

$-x-y-xy^2-z+xyz=0$；

得云式：

$x-x^2-y-z+xz=0$；

得三元之式：

$x^2+y^2-z^2=0$。

从云式：

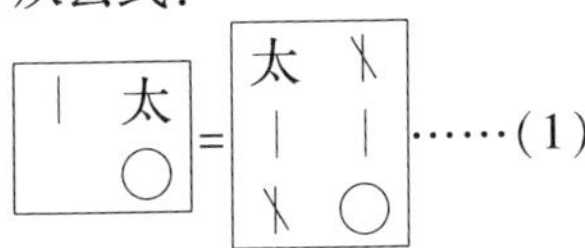……（1）

① 罗士琳寄 xyz 在太左下，丁取忠寄在天左下，今从陈棠寄在天右下。

以三式剔而消之。

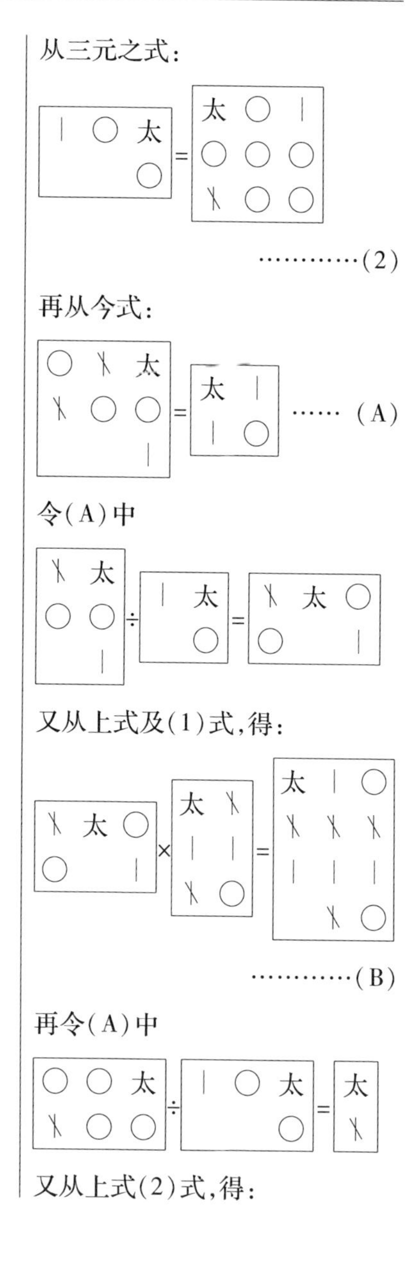

从三元之式：
…………(2)
再从今式：
……(A)
令(A)中
又从上式及(1)式，得：
…………(B)
再令(A)中
又从上式(2)式，得：

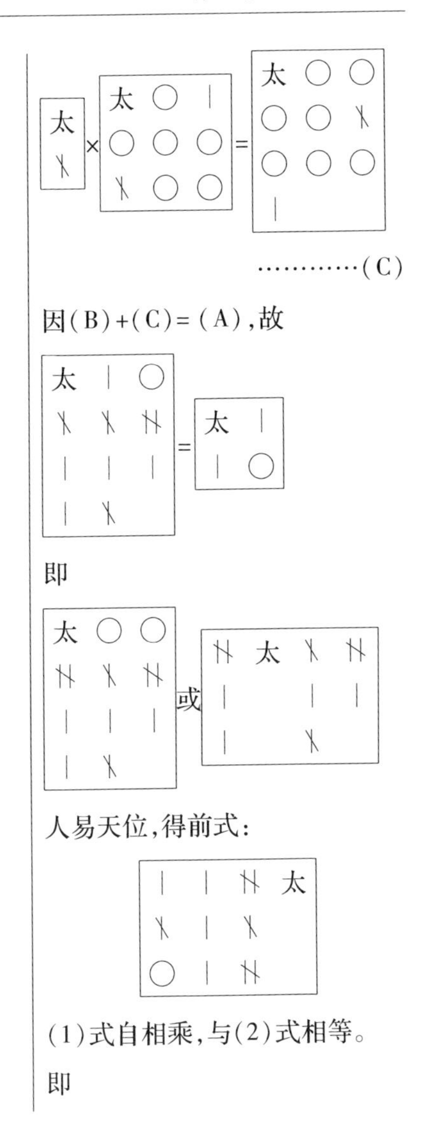

……………(C)

因(B)+(C)=(A),故

即

人易天位,得前式:

(1)式自相乘,与(2)式相等。

即

二式皆人易天位,①前得:

① 所谓易位,不过认定天位为人,地位为天,其体虽变,而数之性情仍无变。李善兰称:若立天元一为弦,立人元一为勾,则不须易位。

后得: 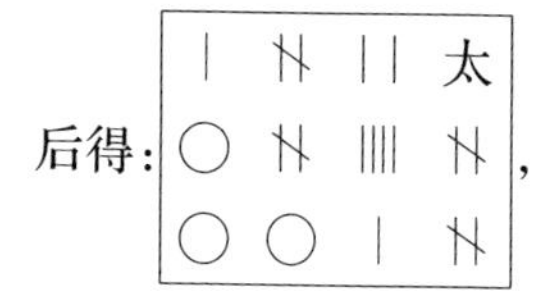,

互隐通分相消,

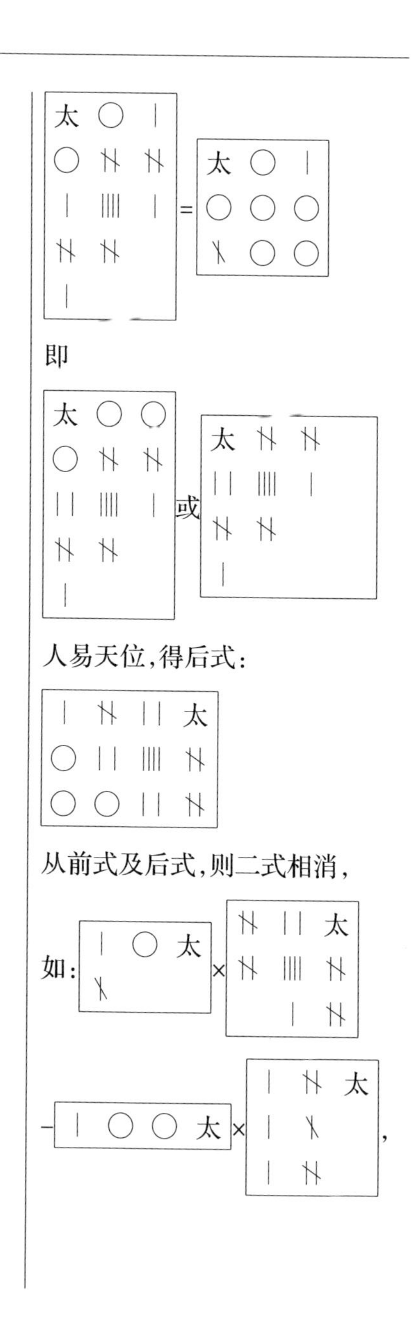

左得：，

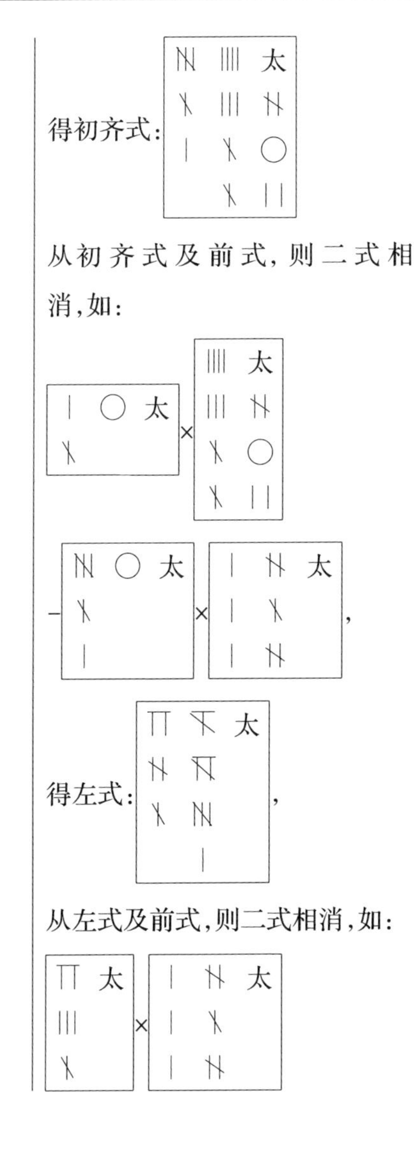

得初齐式：
从初齐式及前式，则二式相消，如：
得左式：
从左式及前式，则二式相消，如：

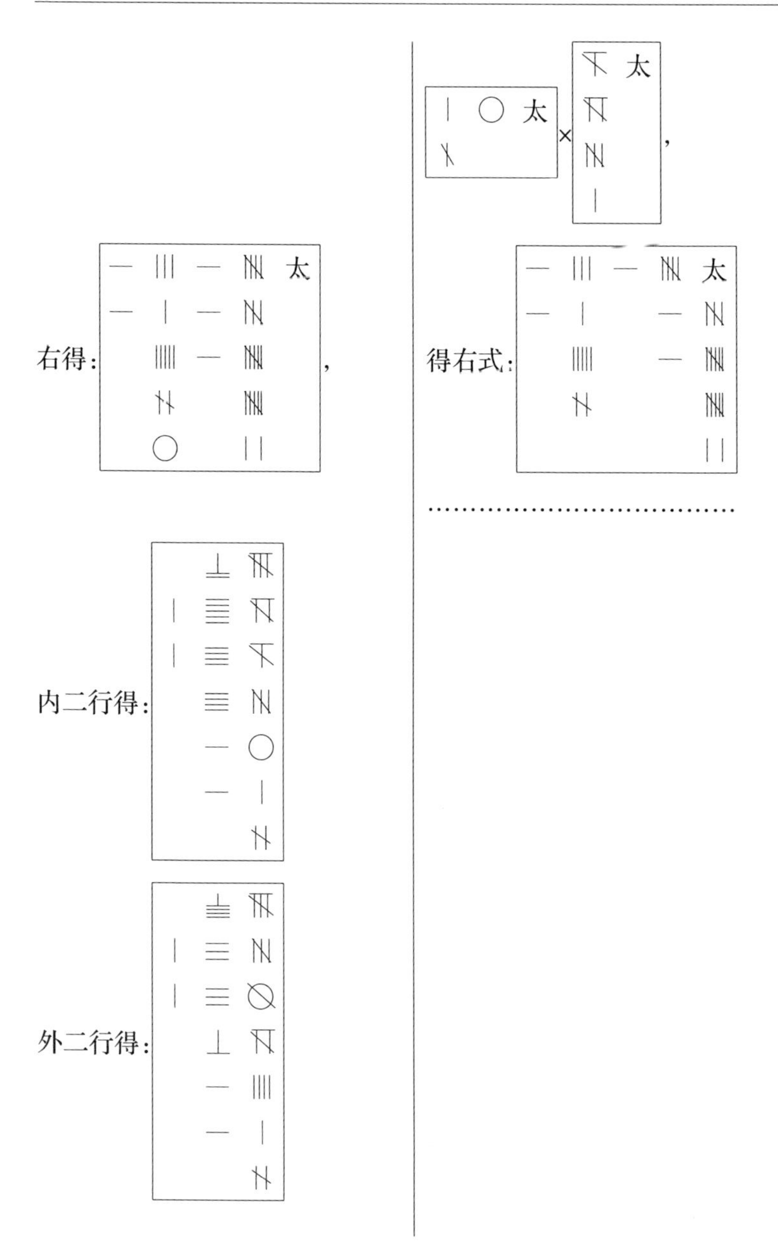

右得：
内二行得：
外二行得：
得右式：
太

内外相消,四约之得开方式:

三乘方开之,得

弦五步,合问。”

“四象会元:

今有股(b)乘五较[勾股较 $b-a$,勾弦较 $c-a$,股弦较 $c-b$,弦较较 $c-(b-a)$,弦和较 $a+b-c$]与弦幂(c^2)加勾乘弦($a\times c$)等。只云勾(a)除五和[勾股和 $a+b$,勾弦和 $a+c$,股弦和 $b+c$,弦和和 $a+b+c$,弦较和 $c+(b-a)$]与股幂(b^2)减勾弦较($c-a$)同。问黄方($a+b-c$)带勾股弦($a+b+c$)共几何?

答曰:一十四步。

草曰:立天元一为勾,地元一为股,人元一为弦,物元一为问数,四象和会求之,求得今式:

如题意,

$$b\{(b-a)+(c-a)+(c-b)+[c-(b-a)]+(a+b-c)\}=c^2+ac。$$

又

$$\frac{(a+b)+(a+c)+(b+c)}{a}+\frac{(a+b+c)+[c+(b-a)]}{a}=b^2-(c-a)。$$

求$(a+b-c)+(a+b+c)$。

令　$x=a,y=b,z=c,$

$w=(a+b-c)+(a+b+c)$,

因,五和$=2a+4b+4c$,

五较　$=2c$。

，求得云式：

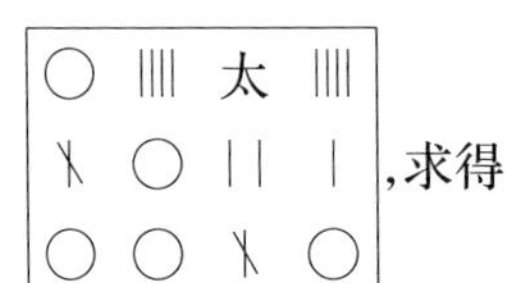

，求得

三元之式：

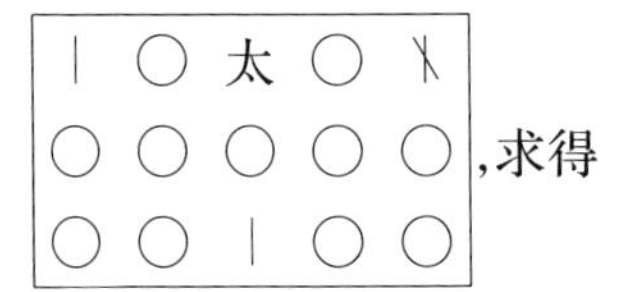

，求得

物元之式：

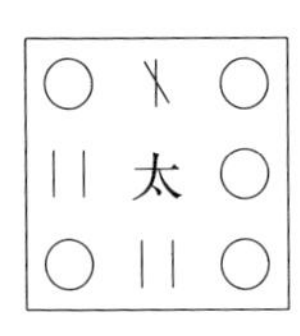

四元和会消而剔之。

如题意，得今式：

$x-2y+z=0$；得云式：

$$2x-x^2+4y-xy^2+4z+xz=0;$$

得三元之式，$x^2+y^2-z^2=0$，

得物元之式，$2x+2y-w=0$。

从今式及云式，则二式相消，如：

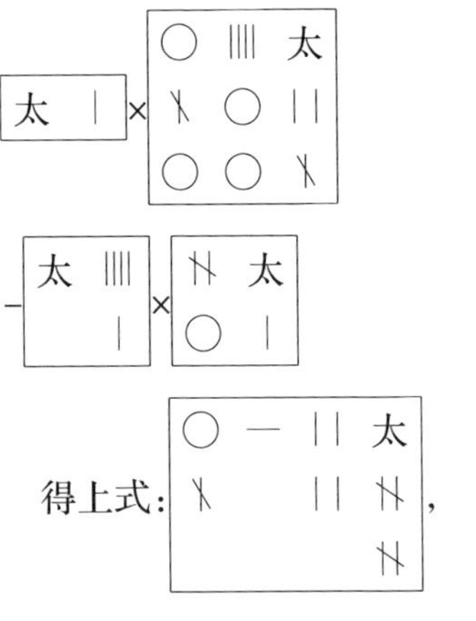

从上式及物元之式，则二式相

皆物易天位,得前式:

消,如:

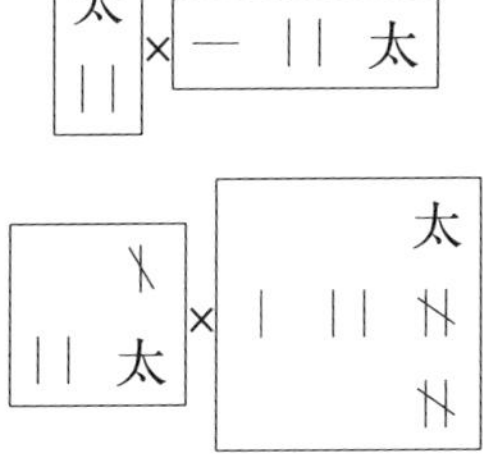

或

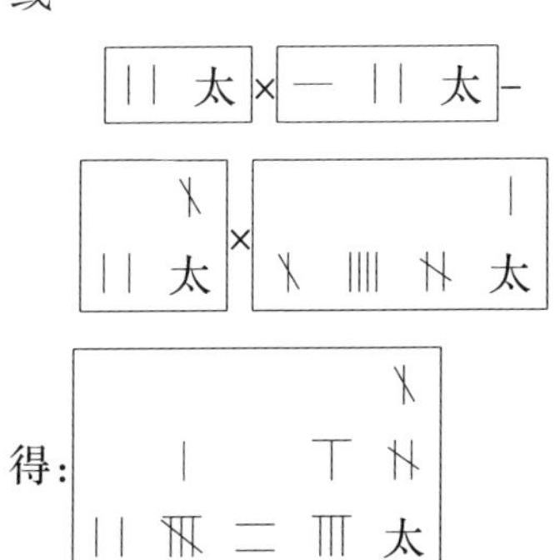

得:

物易天位得前式:

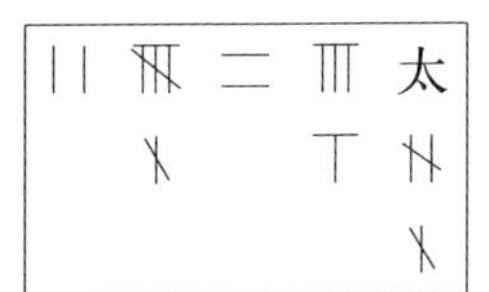

又从今式及三元之式,则二式相消得下式:,从下式及物元之式,则二式相消得:

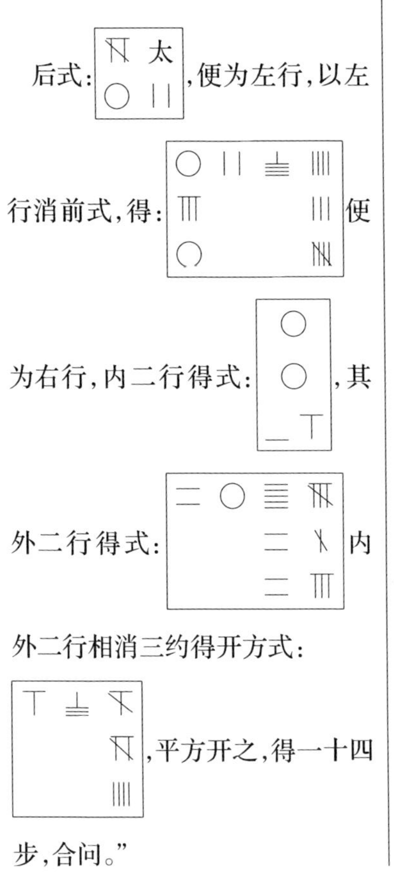

物易天位得后式：

……………………………………

(三)朱世杰级数论

(一)垛积。

1. 落一形(三角形)：

$$1+(1+2)+(1+2+3)+\cdots\cdots+(1+2+3+\cdots\cdots+n)$$

$$=\frac{1}{6}n(n+1)(n+2)$$

即　$1\cdot2+2\cdot3+3\cdot4+\cdots\cdots+n(n+1)=\frac{1}{3}n(n+1)(n+2)$。

2. 撒星形(三角落一形):

$$1+(1+3)+(1+3+6)+\cdots\cdots+\left[1+3+6+\cdots\cdots+\frac{1}{2}n(n+1)\right]$$

$$=\frac{1}{24}n(n+1)(n+2)(n+3)$$

即　$1\cdot2\cdot3+2\cdot3\cdot4+3\cdot4\cdot5+\cdots\cdots+n(n+1)(n+2)$

$$=\frac{1}{4}n(n+1)(n+2)(n+3)$$

3. 四角落一形:

$$1+(1+4)+(1+4+9)+\cdots\cdots+(1+4+9+\cdots\cdots+n^2)$$

$$=\frac{1}{12}n(n+1)(n+1)(n+2)$$

即　$1\cdot2\cdot3+2\cdot3\cdot5+3\cdot4\cdot7+\cdots\cdots+n(n+1)(2n+1)$

$$=\frac{1}{2}(n)(n+1)(n+1)(n+2)$$ 。

4. 岚峰形:

$$1+(1+5)+(1+5+12)+\cdots\cdots$$

$$+\left[1+5+12+\cdots\cdots+\frac{1}{2}n(3n-1)\right]$$

$$=\frac{1}{24}n(n+1)(n+2)(3n+1)$$

即　$1\cdot1+2(1+2)+3(1+2+3)+\cdots\cdots+n(1+2+3+\cdots\cdots+n)$

$$=\frac{1}{24}n(n+1)(n+2)(3n+1)$$

或　$1\cdot2\cdot1+2\cdot3\cdot2+3\cdot4\cdot3+\cdots\cdots+n(n+1)n$

$$=\frac{1}{12}n(n+1)(n+2)(3n+1)。$$

5. 三角岚峰形（一称岚峰更落一形）：

$$1\cdot1+2(1+3)+3(1+3+6)+\cdots\cdots$$

$$+n\left[1+3+6+\cdots+\frac{1}{2}n(n+1)\right]$$

$$=\frac{1}{120}n(n+1)(n+2)(n+3)(4n+1)$$

即　$1\cdot2\cdot3\cdot1+2\cdot3\cdot4\cdot2+3\cdot4\cdot5\cdot3+\cdots\cdots$

$$+n(n+1)(n+2)n$$

$$=\frac{1}{20}n(n+1)(n+2)(n+3)(4n+1)。$$

6. 四角岚峰形：

$$1\cdot1+2(1+4)+3(1+4+9)+\cdots\cdots$$

$$+n(1+4+9+\cdots\cdots+n^2)$$

$$=\frac{1}{60}n(n+1)(n+2)\left[n\left(4n+1\frac{1}{2}\right)+\left(4n+\frac{1}{2}\right)\right]$$

即　$1\cdot2\cdot3\cdot1+2\cdot3\cdot5\cdot2+3\cdot4\cdot7\cdot3+\cdots\cdots$

$$+n(n+1)(2n+1)n$$

$$=\frac{1}{10}n(n+1)(n+2)\left[n\left(4n+1\frac{1}{2}\right)+\left(4n+\frac{1}{2}\right)\right]。$$

其中岚峰形之 1，2，3，……n；三角岚峰形之 1，3，6，……，$\frac{1}{2}n(n+1)$；四角岚峰形之 1，4，9，……n^2；谓之茭草形，三角形，四角形。

茭草形：○，○○，○○○，○○○○，…，$S=\frac{1}{2}n(n+1)$，

三角形：○，…，$S=\frac{1}{2}n(n+1)(n+2)$，

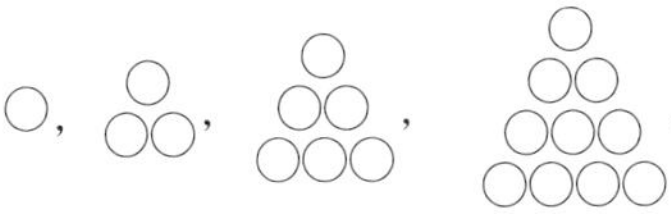

四角形：○，…，$S=\frac{1}{2}n(n+1)(2n+1)$。

7. 撒星更落一形：

$$1+(1+4)+(1+4+10)+\cdots\cdots+\left[1+4+10+\cdots\cdots+\frac{1}{6}n(n+1)(n+2)\right]$$

$$=1\cdot 1+(2\cdot 1+1\cdot 3)+(3\cdot 1+2\cdot 3+1\cdot 6)$$

$$+(4\cdot 1+3\cdot 3+2\cdot 6+1\cdot 10)+\cdots\cdots$$

$$+\left\{n\cdot 1+(n-1)\cdot 3+(n-2)\cdot 6+\cdots\cdots+1\cdot\left[\frac{1}{2}n\cdot(n+1)\right]\right\}$$

$$=1+[1+(1+3)]+[1+(1+3)+(1+3+6)]+\cdots\cdots$$

$$+\left[1+(1+3)+(1+3+6)+\cdots\cdots+(1+3+6)+\cdots\cdots+\frac{1}{2}n(n+1)\right]$$

$$=\frac{1}{120}n(n+1)(n+2)(n+3)(n+4)。$$

即　$1\cdot 2\cdot 3\cdot 4+2\cdot 3\cdot 4\cdot 5+3\cdot 4\cdot 5\cdot 6+\cdots\cdots+n(n+1)(n+2)(n+3)$

$$=\frac{1}{5}n(n+1)(n+2)(n+3)(n+4)。$$

8. 三角撒星更落一形：

$$1+(1+5)+(1+5+15)+\cdots\cdots+\{1+5+15+\cdots\cdots$$

$$+\frac{1}{24}n(n+1)(n+2)(n+3)\}$$

$$=1\cdot 1+(3\cdot 1+1\cdot 3)+(6\cdot 1+3\cdot 3+1\cdot 6)$$

$$+(10\cdot 1+6\cdot 3+3\cdot 6+1\cdot 10)+\cdots\cdots$$

$$+\left\{\frac{1}{2}n(n+1)\cdot 1+\frac{1}{2}(n-1)n\cdot 3\right.$$

$$\left.+\frac{1}{2}(n-2)(n-1)\cdot 6+\cdots\cdots+1\cdot\left[\frac{1}{2}n(n+1)\right]\right\}$$

$$=1+[1+(1+4)]+[1+(1+4)+(1+4+10)]+\cdots\cdots$$

$$+\left[1+(1+4)+(1+4+10)+\cdots\cdots\right.$$

$$\left.+(1+4+10)+\cdots\cdots+\frac{1}{6}n(n+1)(n+2)\right]$$

$$=\frac{1}{720}n(n+1)(n+2)(n+3)(n+4)(n+5)$$

即 $1\cdot 2\cdot 3\cdot 4\cdot 5+2\cdot 3\cdot 4\cdot 5\cdot 6+3\cdot 4\cdot 5\cdot 6\cdot 7+\cdots\cdots$

$$+n(n+1)(n+2)(n+3)(n+4)$$

$$=\frac{1}{6}n(n+1)(n+2)(n+3)(n+4)(n+5)。$$

9. 圆锥垛积①：

如 r_1，为奇数，r_2 为偶数，则

$$1+3+7+12+19+27+37+48+61+\cdots\cdots$$

中奇项，$\mu r_1=\frac{(d_1+3)^2+3}{12}$，而 $d_1=6\left(\frac{n-1}{2}\right)$。

偶项，$\mu r_2=\frac{(d_2+3)^2}{12}$，而 $d_2=6\left(\frac{n}{2}-1\right)+3$。

如 n 为奇，则 $S\mu r_1$：

$1+3+7+12+19+27+37+48+61+\cdots\cdots$

---

① 此称更迭(alternating)级数，见《四元玉鉴》"果积叠藏"第七问。此据罗士琳《台锥演积术释》(1837年)。

$$=\frac{d_1[(d_1+6)^2+(d_1+3)^2]+3^2[(d_1+6)(d_2+3)+6]}{216},$$

如 n 为偶,则 $S\mu r_2$:

$$1+3+7+12+19+27+37+48+61+\cdots\cdots$$

$$=\frac{d_2[(d_2+6)^2+(d_2+3)^2]+3^2[(d_2+6)(d_2+3)+3]}{216}。$$

(二)招差。

《四元玉鉴》“如象招数”门,最后一问,题称:

> 今有官司依立方招兵,初招方面三尺,次招方面转多一尺,每人日支钱二百五十文,已招二万三千四百人,支钱二万三千四百六十二贯,问招来几日?
>
> 答曰:一十五日。

原书此问注称:

> 或问还原依立方招兵:初招方面三尺,次招方面转多一尺,得数为兵,今招十五方,每人日支钱二百五十文,问招兵及支钱各几何?
>
> 答曰:兵二万三千四百人,钱二万三千四百六十二贯。
>
> 术曰:求得上差二十七,二差三十七,三差二十四,下差六。

求差方法和“授时平立定三差法”相同。《授时历》之“加分”,“平立合差”,“加分立即”,即朱氏之二差、三差、下差,此处亦可如《授时历》之例,得表如下:

上差	二差	三差	下差
$a^3=27$,			
	$3a^2b+1\times3ab^2+b^3=37$,		
$(a+1b)^3=64$,		$2\times3ab^2+6b^3=24$,	
	$3a^2b+3\times3ab^2+7b^3=61$,		$6b^3-6$,
$(a+2b)^3+125$,		$2\times3ab^2+12b^3=30$,	
	$3a^2b+5\times3ab^2+19b^3=91$,		$6b^3=6$,
$(a+3b)^3=216$,		$2\times3ab^2+18b^3=36$,	
	$3a^2b+7\times3ab^2+37b^3-127$,		
$(a+4b)^3=343$。			

即：

上差	二差	三差	下差
$d_1=\mu_1$,			
	$d_2=\mu_2-\mu_1$,		
		$d_3=\mu_3-(2\mu_2-\mu_1)$	
μ_2,			
		$=\mu_3-(2d_2+d_1)$,	
			$d_4=\mu_4-[3(\mu_3-\mu_2)+\mu_1]$
	$\mu_3-\mu_2$,		
			$=\mu_4-[3(d_3+d_2)+d_1]$,
		$\mu_4-(2\mu_3-\mu_2)$	
μ_3,			
		$=\mu_4-(2d_3+d_2)$,	
	$\mu_4-\mu_3$		
μ_4,		$\mu_5-(2\mu_4-\mu_3)$,	
	$\mu_5-\mu_4$,		

μ_5，故　上差，$d_1=\mu_1$，

二差，$d_2=\mu_2-\mu_1$，

三差，$d_3=\mu_3-(2d_2+d_1)$，

下差，$d_4=\mu_4-[3(d_3+d_2)+d_1]$。

今考原书此问自注又称：

求兵者今招为上积；又今招减一为茭草底子积，为二积；又今招减二为三角底子积，为三积；又今招减三为三角落一底子*积，为下积。以各差乘各积，四位并之，即招兵数也。

即

$$a^3+(a+1b)^3+(a+2b)^3+\cdots\cdots+[a+(n-1)b]^3$$
$$=nd_1+\frac{1}{2}(n-1)nd_2+\frac{1}{6}(n-2)(n-1)nd_3$$
$$+\frac{1}{24}(n-3)(n-2)(n-1)nd_4$$

原书此问自注又称：

求支钱者，以今招为茭草底子**积，为上积；又今招减一为三角底子积，为二积；又今招减二为三角落一底子**积，为三积；又今招减三为三角撒星底子**积，为下积。以各差乘各积，四位并之。所得又以每日支钱乘之，即得支钱之数也。

即

$$na^3+(n+1)(a+1b)^3+(n-2)(a+2b)^3+\cdots\cdots$$
$$+1[a+(n-1)b]^3$$
$$=\frac{1}{2}n(n+1)d_1+\frac{1}{6}(n-1)n(n+1)d_2$$

* 原文无“底子”二字，李俨补。

** 此三处，原文无“底子”二字，李俨补。

$$+\frac{1}{24}(n-2)(n-1)n(n+1)d_3$$

$$+\frac{1}{120}(n-3)(n-2)(n-1)n(n+1)d_4$$

由是可得下:(1)筑堤差夫,差夫给米;(2)圆箭束招兵,招兵给米;(3)平方招兵,招兵支银,招兵给米;(4)立方招兵,招兵支钱,各式。

1. 筑堤差夫:

上差,$d_1=a$;　　下差,$d_2=b$。

$$a+(a+1b)+(a+2b)+\cdots\cdots+[a+(n-1)b]$$

$$=nd_1+\frac{1}{2}(n-1)nd_2。$$

差夫给米:

$$na+(n-1)(a+1b)+(n-2)(a+2b)+\cdots\cdots$$

$$+(n+1-r)[a+(r-1)b]+\cdots\cdots+1[a+(n-1)b]$$

$$=\frac{1}{2}n(n+1)d_1+\frac{1}{6}(n-1)n(n+1)d_2。$$

2. 圆箭束招兵①:

上差,$d_1=\mu_1$,二差,$d_2=\mu_2-\mu_1$,下差,$d_3=\mu_3-(2d_2+d_1)$。

$$[1+K(1+2+3+\cdots\cdots+b)]+\{1+K[1+2+3+\cdots\cdots$$

$$+(b+1)]\}\cdots\cdots+\{1+K[1+2+3+\cdots\cdots+(b+n-1)]\}$$

$$=nd_1+\frac{1}{2}(n-1)nd_2+\frac{1}{6}(n-2)(n+1)nd_3。$$

招兵给米:

$$n[1+K(1+2+3+\cdots\cdots+b)]$$

① 并见《算学启蒙》及《四元玉鉴》中。

$$+1(n-1)\{1+K[1+2+3+\cdots\cdots+(b+1)]\}$$

$$+\cdots\cdots+1\{1+K[1+2+3+\cdots\cdots+(b+n-1)]\}$$

$$=\frac{1}{2}n(n+1)d_1+\frac{1}{6}(n-1)n(n+1)d_2$$

$$+\frac{1}{24}(n-2)(n-1)n(n+1)d_3。$$

3. 平方招兵：

上差，$d_1=\mu_1$，二差，$d_2=\mu_2-\mu_1$，下差，$d_3=\mu_3-(2d_2+d_1)$。

$$a^2+(a+1b)^2+(a+2b)^2+\cdots\cdots+[a+(n-1)b]^2$$

$$=nd_1+\frac{1}{2}(n-1)nd_2+\frac{1}{6}(n-2)(n-1)nd_3。$$

招兵支银：

$$na^2+(n-1)(a+1b)^2+(n-2)(a+2b)^2+\cdots\cdots$$

$$+1[a+(n-1)b]^2$$

$$=\frac{1}{2}n(n+1)d_1+\frac{1}{6}(n-1)n(n+1)d_2$$

$$+\frac{1}{24}(n-2)(n-1)n(n+1)d_3。$$

招兵给米：

$$a^2+[a^2+(a+1b)^2]2+[a_2+(a+1b)^2+(a+2b)^2]3+\cdots\cdots$$

$$+\{a^2+(a+1b)^2+(a+2b)^2+\cdots\cdots$$

$$+[a+(r-1)b]^2\}r+\cdots\cdots$$

$$+\{a^2+(a+1b)^2+(a+2b)^2+\cdots\cdots+[a+(n-1)b]^2\}n$$

$$=\frac{1}{6}n(n+1)(2n+1)d_1+\frac{1}{24}(n-1)n(n+1)(3n+2)d_2$$

$$+\frac{1}{120}(n-2)(n-1)n(n+1)(4n+3)d_3。$$①

4. 立方招兵：

上差，$d_1=\mu_1$，二差，$d_2=\mu_2-\mu_1$，三差，$d_3=\mu_3-(2d_2+d_1)$，

下差，$d_4=\mu_4-[3(d_3+d_2)+d_1]$。

$$a^3+(a+1b)^3+(a+2b)^3+\cdots\cdots+[a+(n-1)b]^3$$

$$=nd_1+\frac{1}{2}(n-1)nd_2+\frac{1}{6}(n-2)(n-1)nd_3$$

$$+\frac{1}{24}(n-3)(n-2)(n-1)nd_4。$$

① 此式可由"平方招兵"化得，如：

$$a^2+[a^2+(a+1\cdot b)^2]2+[a^2+(a+1\cdot b)^2+(a+2\cdot b^2)]3+\cdots\cdots$$
$$+\{a^2+(a+1\cdot b)^2+(a+2\cdot b)^2+\cdots\cdots+[a+(n-1\cdot b)^2]\}n$$
$$=1(d_1)+2(2d_1+d_2)+3(3d_1+3d_2+d_3)+4(4d_1+6d_2+4d_3)$$
$$+5(5d_1+10d_2+10d_3)+\cdots\cdots$$
$$+(n-1)\left[(n+1)\cdot d_1+\frac{1}{2}(n-2)(n-1)d_2+\frac{1}{6}(n-3)(n-2)(n-1))d_3\right]$$
$$+n\left[nd_1+\frac{1}{2}(n-1)nd_2+\frac{1}{6}(n-2)(n-1)nd_3\right]$$
$$=(1^2+2^2+3^2+\cdots\cdots+n^2)d_1$$
$$+\left[1\cdot 1+2\cdot 3+3\cdot 6+4\cdot 10+\cdots\cdots+(n-2)\frac{1}{2}(n-2)(n-1)\right.$$
$$\left.+(n-1)\frac{1}{2}(n-1)n\right]d_2+\left[1+3+6+10+\cdots\cdots+\frac{1}{2}(n-2)(n-1)\right.$$
$$\left.+\frac{1}{2}(n-1)n\right]d_2+\left[1\cdot 1+2\cdot 4+3\cdot 10+\cdots\cdots\right.$$
$$\left.+(n-3)\frac{1}{6}(n-3)(n-2)(n-1)+(n-2)\frac{1}{6}(n-2)(n-1)n\right]d_3$$
$$+2\left[1+4+10+\cdots\cdots+\frac{1}{6}(n-3)(n-2)(n-1)+\frac{1}{6}(n-2)(n-1)n\right]d_3$$
$$=\frac{1}{6}n(n+1)(2n+1)d_1+\frac{1}{24}(n-1)n(n+1)[3(n-1)+1]d_2$$
$$+\frac{1}{6}(n-1)n(n+1)d_2+\frac{1}{120}(n-2)(n-1)n(n+1)[4(n-1)+1]d_3$$
$$+2\cdot\frac{1}{24}(n-2)(n-1)n(n+1)d_3=\frac{1}{6}n(n+1)(2n+1)d_1$$
$$+\frac{1}{24}(n-1)n(n+1)(3n+2)d_2+\frac{1}{120}(n-2)(n-1)n(n+1)(4n+3)d_3。$$

招兵支钱：

$$na^3+(n-1)(a+1b)^3+(n-2)(a+2b)^3+\cdots\cdots+1[a+(n-1)b]^3$$

$$=\frac{1}{2}n(n+1)d_1+\frac{1}{6}(n-1)n(n+1)d_2$$

$$+\frac{1}{24}(n-2)(n-1)n(n+1)d_3$$

$$+\frac{1}{120}(n-3)(n-2)(n-1)n(n+1)d_4$$

清阮元称:《四元玉鉴》卷中"茭草形段,如像招数,果积叠藏各门,为自来算书所未及。"①现考"如像招数"出于秦九韶,郭守敬;"果积叠藏"出于沈括,杨辉,不是全无本原,不过朱世杰收集诸家学说,加以排比整齐,较有成就。

第三十章　近古数学家小传(十)

45. 元丁巨　46. 赵友钦　47. 贾亨　48. 陈普

49. 彭丝　50. 安止斋　51. 何平子

45. 丁巨　元时人,著《丁巨算法》八卷,有至正十五年(1355年)自序。现存本残缺不全。②

46. 赵友钦　字子公*,鄱阳人。宋宗室子,隐遁自晦,不确知

① 阮元:《研经室外集》,四库未收书目提要。

② 《知不足斋丛书》所收《丁巨算法》不足一卷,《永乐大典》卷一六三四三…卷一六三四四内收有此书"异乘同除"和"少广"题问。见李俨:《十三、十四世纪中国民间数学》。

* 作者在边页注"子恭"二字。

其名字。世因其自号,曾称为缘督先生。著《革象新书》五卷,宋景濂曾为作序,称其学通乎天人。明王炜删定《革象新书》成二卷,即《重修革象新书》,其中"乾象周髀"篇,说平面割圆术。① 己巳(1329年)秋寓衡阳。卒葬衢州龙游山。

47. 贾亨　字季通,长沙人。《永乐大典》作贾通。著《算法全能集》二卷,总目有总说五项:钱、粮、端匹、斤秤、田亩。常用法有二十项:因法、加法、乘法、减法即定身除、归法、归除、求一、商除、异乘同除、就物抽分、差分、和合差分、端匹、斤秤、堆垛、盘量仓窖、丈量田亩、修筑、约分、开平方。现在《玄览堂丛书》有印本。②

48. 陈普(1244~1315)　即陈尚德,字玉汝,号惧斋,宁德人。著《石塘算书》四卷,见明陈第《世善堂书目》,和《补元史艺文志》。《新元史》卷235,有《陈普传》称:"陈普,字尚德,宁德人,隐居石堂山。学者称为石堂先生。"未记《石塘算书》。查"石堂"、"石塘"音相同,可作陈普(尚德)撰《石塘算书》之证。又《千顷堂书目》有元《陈普先生集》二十卷。生平见《元诗选》小传。

49. 彭丝(1239~1299)　字鲁叔,江西安福人,著《算经图释》

---

① 参看柯劭忞:《新元史》卷三四,志第一;和卷二四一,列传第一三八,"赵友钦"。

明永乐初陈霆:《草堂清话》,钞本,有赵友钦传,北京图书馆藏。

《革象新书》,《重修革象新书》,《四库全书》本。

陈铭珪:《长春道教源流》,引[元]陈致虚:《金丹大要》。

② 贾亨《算法全能集》有元刻本。元刻本作二卷,《也是园书目》误作六卷。《玄览堂丛书》第三集,第二十九册是贾亨《算法全能集》二卷,由总说五项(一)"钱"到常用法二十项(十)"就物抽分",是上卷。(十一)"差分"到(二十)"开平方",是下卷。

九卷见明陈第《世善堂书目》和《文献通考》。[①] 彭丝又著《黄钟律说》八篇。[②]

50. 安止斋　51. 何平子　元时人，著《详明算法》上下二卷。《算法统宗》卷十三称："《详明算法》有乘除而无九章。"[③]《详明算法》上卷十六项：九章各数、小大各数、九九合数、斗斛丈尺、斤秤田亩、口诀、乘除见总、因法、加法、乘法、归法、减法、即定身除。归除、求一、商除、约分；下卷十一项：异乘同除、就物抽分、差分、和合差分、端匹、斤秤、堆垛、盘量仓窖、丈量田亩、田亩纽粮、修筑。[④]

第三十一章　赵友钦平面割圆术

赵友钦平面割圆术载在《革象新书》"乾象周髀"之内，和刘徽相似，以内容四边形起算。如图(1)。

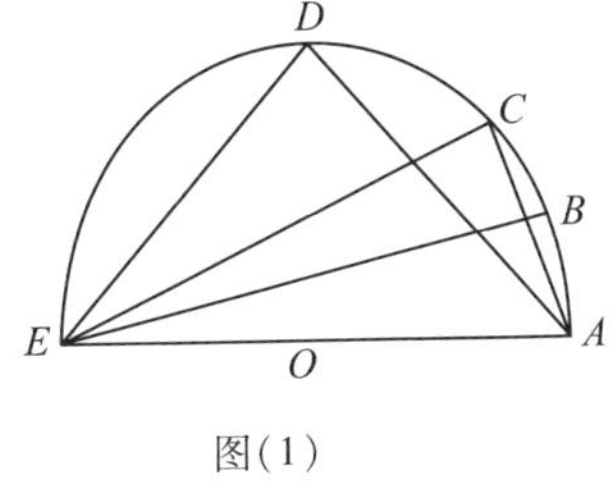

图(1)

赵友钦割圆术屡求 ED，EC，EB，各边(即大股)长度，这大股长度和大弦 EA 较，折半，即得各小勾。这和《周髀算经》的"环矩以为圆"方法相似。所以赵友钦将这方法列在"乾象周髀"篇。

① 参看《江西通志》卷九十九，艺文略(1880 年)引明嘉靖年林庭棉《江西通志》。

张惟骧，疑年录汇编(1925 年)。《明史艺文志补编》上册第 472 页，1959 年 11 月上海商务印书馆。

② 见[明]王圻辑：《续文献通考》。

③ 见《算法统宗》卷一三，"算经源流"。

④ 见《详明算法》本书。

又如图(2)由内容四边形,第一次算出小弦 AB 之值,第二次由内容八边形算出小弦 AI 之值。

第一次:大弦 AE

大勾 AC

大股 CE

小勾 $=\frac{1}{2}(BF-CE)=BP$ 即 $\frac{1}{2}\times$较$_1$

小股 $=\frac{1}{2}AC=AP$

小弦 $=AB$

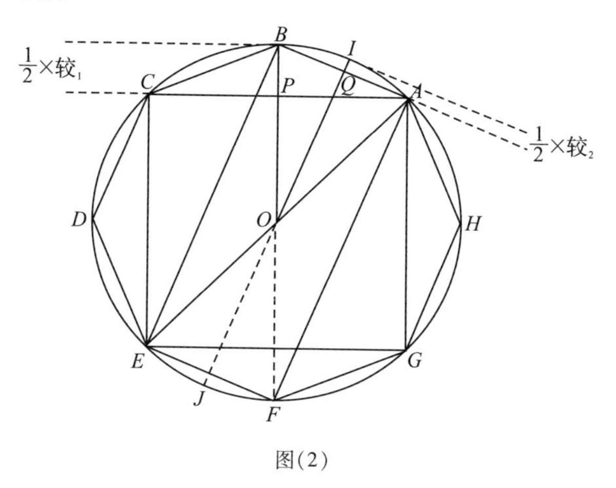

图(2)

第二次:大弦 $=AE$

大勾 $=AB$

大股 $=BE$

小勾 $=\frac{1}{2}(IJ-BE)=IQ$ 即 $\frac{1}{2}\times$较$_2$

小股 $=\frac{1}{2}AB=AQ$

小弦 $=AI$

逐次如是,由八边求十六边,由十六边求三十二边。求至 $16384=2^{14}$ 边,知 $\pi=3.1415926+$,以证 $\pi=\frac{355}{113}$ 为法精密。其入算还用 $\pi=3.1416$ 所以《革象新书》算赤道周天和中径之比是 $\pi=\frac{365.2575}{116.2561}$。①

第三十二章　近古末期数学书志

近古末期数学最为发达。各家著述并记于前。此外之见于《永乐大典》,而不记撰述人姓名者,又有《透帘细草》及《锦囊启源》二书,《知不足斋丛书》及《诸家算法序记》所收,并出于《永乐大典》,而不得其全。今《永乐大典》残本卷一六三四四,引有《透帘细草》一问。如:

> 今有立方、圆、平方各一所,共计积二十二万九千六百七尺,只云立方面多如立圆径七尺,其平方面如立圆径三分之二,问三事各多少?
>
> 答曰:立方面五十五尺。立圆径四十八尺。平方面三十二尺。

算得:

① 《革象新书》,《重修革象新书》,《四库全书》本。

实	33014016，
从法	21168，
廉法	3088，
隅法	225。

立方开之，得 48 尺。其演算次序，和秦九韶方法相同。①

第三十三章　归法、归除、撞归法

宋杨辉《乘除通变算宝》卷中（1274 年）称："今人以第一位用归，第二位、第三位仍用商除。"元朱世杰《算学启蒙·总括》"九归除法"条谓："古法多用商除，为初学者难入，则后人以此（九归除）法代之，非正术也。"元贾亨《算法全能集》，归法歌曰："九归之法乃分平。凑数从来有现成。数若有多归作十。归如不倒答添行。"是宋时始由商除进用归法，杨辉以为不便，乃另立歌诀，开始是如此。以后有归除中"撞归"，"起一"之法，如：

元贾亨《算法全能集》，归除歌曰：

> 惟有归除法更奇。将身归了次除之。有归若是无除数，起一回将元数施。或值本归归不得，撞归之法莫教迟。若还识得中间法，算者并无差一厘。撞归法：谓：如四归见四，本作一十，然下位无除，不以为十，以四撞身为九十四，则下位有数除也，故谓之撞归。推此法内用

① 《永乐大典》，影摄本。参看李俨：《十三、十四世纪中国民间数学》，1957，科学出版社。

之,余仿此。

二归为九十二,三归为九十三,四归为九十四,

五归为九十五,六归为九十六,七归为九十七,

八归为九十八,九归为九十九。

元《丁巨算法》(1355年):“今有子粒折收”题云:“此重法也;去租,破锭,归除,减乘,皆有之,……撞归九十三。”

元安止斋《详明算法》序称:“夫学者初习因归,则口授心会,至于撞归、起一,时有差谬,……”

《详明算法》上卷“归除”项内,又称“又有撞归之法,皆变通之术也,亦不可不知,今具列如后:

见二无除作九二;见三无除作九三;

见四无除作九四;见五无除作九五;

见六无除作九六;见七无除作九七;

见八无除作九八;见九无除作九九。”

撞归方法:元贾亨、丁巨、安止斋方说到,是十四世纪由筹算过渡到珠算时期的一种民间数学歌诀。明程大位《算法统宗》卷二(1592年)所载归除歌就和贾亨归除歌相同。起一方法亦和贾亨、安止斋所记相同,曾称:“已有归而无除,用起一还原法”,自注称:即是“起一还将原数施”,就是一个例子。此时虽用歌诀,珠算未正式出现,所以各算书还用筹算记录。[①]

① 参看[宋]杨辉:《乘除通变算宝》,《宜稼堂丛书》本。[元]贾亨《算法全能集》,《玄览堂丛书》传刻元刻本。《丁巨算法》,《知不足斋丛书》本。《诸家算法序记》,钞本。程大位《算法统宗》,《图书集成》本和《详明算法》,钞本。

现录《丁巨算法》(1355 年)题问,可以看到撞归法的应用。

“今有子粒折收轻赍,[①]每石正价三两五钱,分例耗谷[②]三升五合,今欲先起解钞一百锭,[③]内除带解租钞二锭一两四分八厘三毫五丝,问该正耗分例各若干?

答曰:钞一百锭,子粒正耗分例谷一千三百九十九石六斗七升一合九勺,……

此重法也。去租,破锭,归除,减乘,皆有之,故曰重也。置一百锭,先除二锭一两一钱四分八厘三毫五丝,余九十七锭四十八两八钱五分一厘六毫五丝。	此节为去租。
折锭得四千八百九十八两八钱五分一厘六毫五丝。	此节为破锭。
以三归五除之;呼逢三进一十,除一五如五。呼三一三十一,除三五一十五。呼撞归九十三,除五九四十五。呼撞归九十三,除五九四十五。呼三二六十二,除五六三十。呼三二六十二,逢三进一十;除五七三十五。呼逢三进一十,除一五如五。撞归九十三,	此节为归除。如图用 35 除 4898,85165,先将 4898,85165 列第一排。实数之首两位 48,可容 35 之一倍,先以 3 除 4,呼“逢三进一十”于 4 内减 3,进一位于前,如第二排。再“除”去商数 1,和法数 5 相乘数“一五如五”,如第三排。以 35 之

① 《元史》卷九三,食货志第四二“税粮”条作“折输轻赍”或“折纳轻赍”。

② 《元史》卷九三,作:“鼠耗,分例”。

③ 一锭为五十两。

除五九四十五。总得谷一千三百九十九石六斗七升一合九勺。

```
 4898,85165     |35
118
 139
 349
  348
  978
   338
   968
    235
    655
     251
     671
     741
       66
      136
       315
       945
       900
```

首位3除第三排之139,首两位上10,先商得3余1,"呼三一三十一",如第四排:再"除"去"三五一十五",如第五排。

第五排之34,不能容35,"呼撞归九十三",如第六排。

再"除五九四十五",如第七排。

第七排之33,不能容35,"呼撞归九十三",如第八排。

再"除五九四十五",如第九排。

以35之首位3,除第九排235之首两位上20,先商得6余2,"呼三二六十二",如第十排。

再"除六五三十",如第十一排。

以35之首位3,除第十一排251首两位上20,先商得6余2,"呼三二六十二",如第十二排。

余数2,并前位5为7,以35之首位3除7,至少可得商7,再"除五七三十五",如第十三、十四排。

以35之首位3,除第十四排66之首位6,至少可得商1,"呼逢三进一十",如第十五排。

再"除一五如五",如第十六排。

	第十六排之31,不能容35呼“撞归九十三”,如第十七排。
	再“除五九四十五”,如第十八排。
自首退位减三五得正谷一千三百五十二石三斗四升,反减总数得耗谷四十七石三斗三升一合九勺,各以价乘之合问。”①	此时所留139,96719即商得数。此节为减乘。

看以上所记,归除次序是和珠算方法完全一致。② 钱大昕又曾据陶宗仪《辍耕录》有走盘珠、算盘珠之喻,以为元代已有算盘,③还是过早。筹算亦有筹算用的算盘。

第三十四章　元代域外数学家

在元代全盛时期,教皇的使臣,以及印度的佛教徒,巴黎、意大利的艺士,东罗马和阿美尼亚的商贾,都和阿拉伯的官吏,波斯、印度的天算家会合在蒙古王庭。④ 据《元史》记载:“元世祖(1260～1280)在潜邸时,有旨征回回为星学者札马剌丁等以其艺进,未有官署。”⑤

① 《丁巨算法》第一〇页,第一一页,《知不足斋丛书》本。

② 参看熊季光:《日用珠算学习法》(三),第三页至第五页,上海商务印书馆,(1925年)1月初版。

③ [清]钱大昕:《十驾斋养新录》卷一七,“算盘”条。

④ 汉译韦尔斯:《世界史纲》下册,第607页,上海,1927年。

⑤ 《元史》卷九〇。*Jemal-ud-din Muhammed ibn Tahiribn Muhammed Zeidi.*

“至元四年(1267 年)西域札马鲁丁撰进万年历,世祖稍颁行之。”[①]“至元八年(1271 年)始置(回回)司天台,秩从五品。”[②]至元十七年(1280 年)颁行《授时历》,一面还兼用回回历。经此文化交流,所以以后西方纳速剌丁,兀鲁伯通晓历数,同时亦兼通中国历法。

1. 纳速剌丁(Al-Tūsï Nasir Al-Din,1201 ~ 1274)　途思人。其中纳速剌丁原系护教意义。纳速剌丁,1201 年生于途思(一作徒思)。[③]擅长百科学术,特精数理,早岁即闻名乡里。所著有论代数,有论几何的。稍后又编成一本极完备的平面、弧面三角术。三角术之离天文而成纯粹数学者,实自此始。[④] 旭烈兀以宋理宗宝祐丙辰(1256 年)西征,纳速剌丁说其酋木斯大生(Mostasem)降。翌年夏,遂获居旭烈兀之左右。又翌年受命在马拉加(Maragha)建观象台。[⑤] 白塔怖称:旭烈兀左右集中国学人、天文家甚众,中有一名傅穆斋(译音),通

---

① 《元史》卷五二

② 《元史》卷九〇。

③ 参看:M. Houisma, Th. etc., *Encyclopaedia of Islam*, 5 vols., w. 4 supp. (All-Tūsi Nasir Al-Din, 1201 ~ 1274), pp. 980 ~ 982, vol. IV.

④ *Eneström's Bibliotheca Mathematica*, p. 6. Leipzig, 1893.

⑤ Howorth, *History of Mongols*, vol. IV, pp. 102, 103, 108, 109, 115, 137, 138. M. Maximilies, *Histoires des Sciences Mathématiques et Physiques*, Tome II, pp. 155 ~ 158, Paris, 1883. H. G. Zeuthen, *Histoire des Mathématiques dans l'Antiquité et le Moyen Age*, Tr. Par J. Mascart, pp. 267 ~ 270, Paris, 1902.

称先生。[①] 纳速剌丁实从知中国纪年，与其计算表之方。[②] 曾献伊儿汗表（Ilkhanic table）于蒙古汗，尝疏欧几里得《几何》，多禄某《大辑》（Almagest），及柏拉图，亚理斯多得之《伦理》。历仕旭烈兀（1258～1265），阿八哈（1265～1282）两朝。以宋度宗咸淳甲戌（1274 年）六月二十五日，卒于报达（Bagdad），或马拉加；或又谓卒于其年之 12 月 12 日，生于 1201 年 2 月 17 日。[③] 有子二人，亦善天文。[④]

2. 兀鲁伯（1393 ～ 1449） 跛帖木儿（Timur the Lame，或 Timurlane）系出成吉斯汗后裔之女支。建国于撒马尔于（Samaricand）。跛帖木儿孙兀鲁伯（Ulûg Beg）生于突厥（Sultanich），时在洪武癸酉（1393 年），或云甲戌（1394 年）。至正统丁卯（1447 年）继父沙哈鲁为撒马尔干王。后二年（1449 年）见弑于长子，因欲废此长子。兀鲁伯善天文历数。[⑤] 当其未即位时（1420～1447）尝协助人观象。因成《兀鲁伯表》四卷。其第一卷亦论中国历法纪闰之

---

① 白塔怖（Beidavi）所谓 Sing-Sing，即《元典章》卷二三所记之道教法箓先生，《马可波罗游记》所题之 Sensim 或 Sensin. 元代有四种人等，即和尚，也里可温，先生，答失斋。

② "Tempore Hulagu-Chan magna manus Philosophum & Astronomorum Chataicorum cum illo huc profec i sunt. Ex his Fu-muen-gi erat, vir Philosophus, Sing-Sing Cognomento dictus, h. c. polyhistor. Eodem tempore Dominus, Nasiro'd Din, Tuso, (urbe Chorasanœ) Oriundus de mandata Hulagu Chan Tabulas Ilchanicas condidit" in Abdallah Beidavi's *History of China*（Latin translation by A. Mäller, Geiffenhag, 1689. pp. 5,6）.

③ Howorth, *History of Mongols*, vol. IV, p. 282.

④ 参看冯承钧译：《多桑蒙古史》（下）第四卷第 72、75、76、82、83、93、94 页；第五卷第 18、44 页（1936 年）。又，参看章用：《阳历甲子考》，《数学杂志》，一卷一期，第 45～47 页，1936 年，上海。

⑤ 参看：M. Houtsma, Th. etc., *Encyclopaedia of Islam*, 5 vol., w. 4 supp.（Ulugh Beg, 1393～1449），pp. 994～996, vol. IV.

"Fuit Rex justus, doctus, perfectus, praesertim in mathematicis, scientiam et ejusdem cultores dilexit." —Abu Muhammed Mustapham.

义。此表之成，波斯师傅阿罗弥（Al-Kashi 或 Jemshid ibn Mes'ûd ibn Mahmud，Giyât ed-din al-Kâshi 或作 Kazi zadeh al Rumi，？ ～1456）曾经助他。① 阿罗弥又自著书论算术及几何，其所举圆周率之数，有十六位正确。②

---

① M. Cantor, *Vorlesungen über Geschichte der Mathematik*, vol. I. 1907, pp. 780～781; E. B. Knobel, *Ulug Beg's Catalogues of Stars*, Washington, 1917, pp. 5～14. The Carnegie Institution of Washington.

② H. Hankel, *Geschichte der Mathematik*, p. 289, Leipzig, 1874. D. E. Smith, *History of Mathematics*, vol. I, pp. 289～290, Boston, 1923.

阿罗弥（Al-Kashi）所著算术和几何二书，书名 Miftân al-hisâb 和 Al-ricala, al-Muhitiya，十六位圆周率载在后书，此二书有俄文全译本，见 Историко-Математические Исследования，第 VII 册，1954 年，莫斯科。